21世纪高职高专规划教材

高等职业教育规划教材编委会专家审定

计算机应用基础

狄国汉　主　编
鄣建国　副主编
洪克龙　主　审

北京邮电大学出版社
·北京·

内 容 简 介

本书是作者在多年的教学实践的基础上,按照全国计算机信息高新技术考试的大纲和基本要求,编写的一本计算机应用基础教材。本书在全面讲解计算机应用基础知识和办公室自动化软件的同时,还介绍了大量的实例,实例来源于全国计算机信息高新技术考试办公自动化模块的题库,对考试有较大的帮助。本书配有相应的习题和习题参考答案以实现教与学的统一,本书配有电子教案方便教和学。

全书共 6 章,主要内容包括计算机基础知识、Windows 操作系统、Word 应用、Excel 应用、Word 和 Excel 综合应用、PowerPoint 演示文稿。本书内容丰富详实、语言通俗易懂、深入浅出、构思新颖、突出适用、系统性强,既可以作为高职高专院校及中等职业技术学校各专业学生计算机应用基础的教学用书,也可作为参加全国计算机信息高新技术考试和从事管理工作的人员的参考书。

图书在版编目(CIP)数据

计算机应用基础/狄国汉主编.--北京:北京邮电大学出版社,2010.8(2022.1重印)

ISBN 978-7-5635-2406-8

Ⅰ.①计… Ⅱ.①狄… Ⅲ.①电子计算机—高等学校—教材 Ⅳ.①TP3

中国版本图书馆 CIP 数据核字(2010)第 167843 号

书　　　名:	计算机应用基础
主　　　编:	狄国汉
责任编辑:	付兆华
出版发行:	北京邮电大学出版社
社　　　址:	北京市海淀区西土城路 10 号(邮编:100876)
发 行 部:	电话:010-62282185　传真:010-62283578
E-mail:	publish@bupt.edu.cn
经　　　销:	各地新华书店
印　　　刷:	北京九州迅驰传媒文化有限公司
开　　　本:	787 mm×1 092 mm　1/16
印　　　张:	18.75
字　　　数:	462 千字
版　　　次:	2010 年 8 月第 1 版　2022 年 1 月第 11 次印刷

ISBN 978-7-5635-2406-8　　　　　　　　　　　　　　　　　　　定　价:45.00 元

· 如有印装质量问题,请与北京邮电大学出版社发行部联系 ·

前　言

现在,计算机已成为人们生活和工作不可或缺的工具。可以设想一下,假如生活中没有了计算机,会是一个什么状况? 机关人员无法办公、工厂的自动化流水线停产、商店的买卖交易停滞……甚至可以说,没有了计算机,人们便无法生活或工作。

作为职业技术院校的学生,更应该学习和掌握计算机应用方面的基础性知识和技能,这也是学生毕业的必备条件,是工厂或用人单位对新员工能力的一项基本要求。为了帮助学生学习和掌握计算机应用基础的知识和技能,并能顺利通过全国计算机信息高新技术考试办公自动化的考证,我们组织了长期从事"计算机应用基础"教学且富有丰富经验的教师,根据全国计算机信息高新技术考试的大纲和基本要求,编写了这本《计算机应用基础》教材。

本书在全面讲解计算机应用基础知识和办公室自动化软件的同时,还介绍了大量的实例,实例来源于全国计算机信息高新技术考试办公自动化模块的题库,对考试有较大的帮助。

全书共 6 章,主要内容包括计算机基础知识、Windows 操作系统、Word 应用、Excel 应用、Word 和 Excel 综合应用、PowerPoint 演示文稿。本书内容丰富详实、语言通俗易懂、深入浅出、构思新颖、突出适用、系统性强,既可以作为高职高专院校及中等职业技术学校各专业学生计算机应用基础的教学用书,也可作为参加全国计算机信息高新技术考试和从事管理工作的人员的参考书。

本书由狄国汉主编,邹建国副主编,参加编写的有唐和平、肖小英、张玉、成剑、洪克龙等,全书由洪克龙主审。

本书在编写过程中参考了相关的图书、资料,在此对这些图书、资料的作者表示感谢。对在编写中给予帮助的其他老师一并表示感谢。

由于编者水平有限,书中难免有不妥之处,敬请读者批评指正。并恳请将意见和建议发至:nj_dgh@qq.com。

作　者

目　　录

第1章 计算机基础知识

 本章学习目标与要求

※ 了解计算机的发展与作用；

※ 了解什么是信息，什么是信息处理，什么是信息技术；

※ 了解什么是微电子技术及集成电路技术，它的作用和意义；

※ 了解计算机系统的组成；

※ 了解计算机网络的组成、发展与分类；

※ 了解局域网的特点与组成；

※ 了解因特网服务分类及应用；

※ 了解网络安全知识；

※ 了解多媒体的概念。

1.1 计算机发展史

1.1.1 信息及信息技术

信息是物质运动规律的总和，是各种事物的变化和特征的反映。它既不是物质也不是能量。通常，以客观事物立场来看，信息是指"事物运动的状态及状态变化的方式"；以认识主体立场来看，信息是"认识主体所感知或所表述的事物运动及其变化方式的形式、内容和效用"。

世间一切事物都在运动，都具有一定的运动状态，这些运动状态都按某种方式发生变化，因而都在产生信息。哪里有运动的事物，哪里就存在信息。信息是极其普遍和广泛的，它作为人们认识世界、改造世界的一种基本资源，与人类的生存和发展有着密切的关系。

信息与人类认识物质世界和自身成长的历史息息相关。人类社会之所以如此丰富多彩，都是因为信息和信息技术一直持续进步的必然结果。信息技术是研究信息的获取、传输和处理的技术，由计算机技术、通信技术、微电子技术结合而成，有时也叫做"现代信息技术"。也就是说，信息技术是利用计算机进行信息处理，利用现代电子通信技术从事信息采集、存储、加工、利用以及相关产品制造、技术开发、信息服务的新学科。

信息科学是以信息为主要研究对象，以信息的运动规律和应用方法为主要研究内容，以计算机等技术为主要研究工具，以扩展人类的信息功能为主要目标的一门新兴的综合性学科。

随着科学技术的发展，现代信息技术在扩展人的信息器官功能方面已经取得了许多杰出的成就，大大地提高了人们信息功能的水平。例如，雷达、卫星遥感等感测与识别技术使人们的感知范围、感知精度和灵敏度大为提高；电话、电视、因特网（Internet）等通信技术与

光、电、磁等信息存储技术几乎消除了人们交流信息的空间和时间障碍；计算机、机器人等信息处理和控制技术大大增强了人们的信息加工处理和控制能力。毫无疑问，信息技术已经成为当今社会最有活力、最有效益的生产力之一。

信息处理系统就是用于辅助人们进行信息获取、传递、存储、加工处理、控制及显示的综合使用各种信息技术的系统。它能为人们更多、更好地获得和使用信息服务。

信息处理系统一般具有的结构如图 1.1.1 所示。信息处理系统一般指以计算机为基础的处理系统。由输入、输出、处理 3 部分组成，或者说由硬件（包括中央处理器、存储器、输入输出设备等）、系统软件（包括操作系统、实用程序、数据库管理系统等）、应用程序和数据库所组成。一个信息处理系统是一个信息转换机构，有一组转换规则。系统根据输入内容和数据库内容决定输出内容，或根据输入内容修改数据库内容。系统必须能识别输入信息。对于以计算机为核心的信息处理系统来说，如果输入信息是数值数据，则系统可以直接接收，不需要任何转换；如果输入信息是非数值信息（包括图像、报告、文献、消息、语音和文字等），则必须转换为数值数据后才能予以处理。对应于系统输出，则有一个相应的逆过程。

图 1.1.1　信息处理系统示意图

1.1.2　计算机的发展与功能

1. 计算机的发展

第一台电子计算机，即电子数字积分机和计算器（Electronic Numerical Integrator and Calculator，ENIAC），于 1946 年在美国宾夕法尼亚大学研制成功。它是当时数学、物理等理论研究成果和电子管等电子器件产生相结合的结果。这台电子计算机由 18 000 多个电子管、1 500 多个继电器、10 000 多只电容器和 7 000 多只电阻构成，占地 170 多平方米，功耗为 150 千瓦，重量约 30 吨，采用电子管作为计算机的逻辑元件，存储容量为 17 000 多个单元，每秒能进行 5 000 次加法运算。这台计算机的功能虽然无法与今天的计算机相比，但它的诞生却是科学技术发展史上的一次意义重大的事件，展现了新技术革命的曙光。

根据电子计算机所采用的物理器件，一般将电子计算机的发展分成 4 个阶段，也称为 4代。如表 1.1.1 所示。

表 1.1.1　电子计算机的发展阶段

代别	时间阶段	主要元件	主存储器	使用的软件	主要用途
第 1 代	20 世纪 40 年代末至 50 年代末	电子管	磁芯 磁鼓	使用机器语言和汇编语言编写程序	科学计算
第 2 代	20 世纪 50 年代末至 60 年代末	晶体管	磁芯 磁带	使用 FORTRAN 等高级程序设计语言	科学计算、数据处理、事务管理以及工业控制

续 表

代别	时间阶段	主要元件	主存储器	使用的软件	主要用途
第3代	20世纪60年代中期开始	中、小规模集成电路	磁芯磁盘	操作系统、数据库管理系统等	科学计算、文字处理、自动控制、企业管理等方面
第4代	20世纪70年代初开始	大规模和超大规模集成电路	半导体磁盘	软件开发工具和平台、分布式计算软件等	办公自动化、数据库管理、文字编辑排版、图像识别、语音识别、专家系统等领域

50多年来,随着技术的更新和应用的推动,计算机有了飞速的发展。如今,集处理文字、图形、图像、声音为一体的多媒体计算机方兴未艾,计算机也进入到了以计算机网络为特征的时代。

电子计算机的发展趋势,可以概括为"巨"、"微"、"网"、"智"4个字。

"巨",指速度快、容量大、计算处理功能强的巨型计算机系统。主要用于像宇宙飞行、卫星图像及军事项目等有特殊需要的领域。

"微",指价格低、体积小、可靠性高、使用灵活方便、用途广泛的微型计算机系统。计算机的微型化是当前研究计算机最明显、最广泛的发展趋向,目前便携式计算机、笔记本式计算机都已逐步普及。

"网",指把多个分布在不同地点的计算机通过通信线路连接起来,使用户共享硬件、软件和数据等资源的计算机网络。目前全球范围的电子邮件传递和电子数据交换系统都已形成。

"智",指具有"听觉"、"视觉"、"嗅觉"和"触觉",甚至具有"情感"等感知能力和推理、联想、学习等思维功能的计算机系统。

目前,正处于超大规模集成电路全面发展和计算机广泛应用的阶段。据专家预计,新一代的计算机应是"智能"计算机,它应当具有像人一样能看、能听、能思考的能力。

2. 计算机的特点

电子计算机是一种能存储程序,能自动连续地对各种数字化信息进行算术、逻辑运算的电子设备。基于数字化的信息表示方式与存储程序的工作方式,这样的计算机具有许多突出的特点。概括起来,电子计算机主要有如下几个显著的特点。

(1)自动化程度高

由于采用存储程序的工作方法,一旦输入所编制好的程序,只要给定运行程序的条件,计算机从开始工作直到得到计算处理结果,整个工作过程都可以在程序控制下自动进行,一般在运算处理过程中不需要人的直接干预。对工作过程中出现的故障,计算机还可以自动进行"诊断"、"隔离"等处理。这是电子计算机的一个基本特点,也是它和其他计算工具最本质的区别所在。

(2)运算速度快

计算机的运算速度通常是指每秒钟所执行的指令条数。一般来说,计算机的运算速度可以达到上百万次,目前最快的已达到十万亿次以上。计算机的高速运算能力,为完成那些计算量大、时间性要求强的工作提供了保证。例如天气预报、大地测量的高阶线性代数方程

的求解,导弹或其他发射装置运行参数的计算,情报、人口普查等超大量数据的检索处理等。

（3）数据存储容量大

计算机能够储存大量数据和资料,而且可以长期保留,还能根据需要随时存取、删除和修改其中的数据。计算机的大容量存储使得情报检索、事务处理、卫星图像处理等需要进行大量数据处理的工作可以通过计算机来实现。现在,一块存储芯片可以存储几百页英文书籍的内容。

（4）通用性强

由于计算机采用数字化信息来表示数值与其他各种类型的信息（如文字、图形、声音等）,采用逻辑代数作为硬件设计的基本数学工具。因此,计算机不仅可以用于数值计算,而且还被广泛应用于数据处理、自动控制、辅助设计、逻辑关系加工与人工智能等非数值计算性质的处理。一般来说,凡是能将信息用数字化形式表示的,就能归结为算术运算或逻辑运算的计算,并能够严格规则化的工作,都可以由计算机来处理。因此计算机具有极强的通用性,能应用于科学技术的各个领域,并渗透到社会生活的各个方面。

正是由于以上特点,使计算机能够模仿人的运算、判断、记忆等某些思维能力,代替人的一部分脑力劳动,按照人们的意愿自动地工作,因此计算机也被称为"电脑"。但计算机本身又是人类智慧所创造的,计算机的一切活动又要受到人的控制,它只是人脑的补充和延伸,利用计算机可以辅助和提高人的思维能力。

3. 计算机的应用

计算机的应用十分广泛,目前已渗透到人类活动的各个领域,国防、科技、工业、农业、商业、交通运输、文化教育、政府部门、服务行业等各行各业都在广泛地应用计算机解决各种实际问题。归纳起来,目前计算机主要应用在如下几个方面。

（1）数值计算（科学计算）

科学研究、工程技术的计算是计算机应用的一个基本方面,也是计算机最早应用的领域。科学计算所解决的大都是一些十分复杂的数学问题。数值计算的特点是计算公式复杂,计算量大和数值变化范围大,原始数据相应较少。这类问题只有具有高速运算和信息存储能力以及高精度的计算机系统才能完成。例如数学、物理、化学、天文学、地学、生物学等基础科学的研究以及航天飞船、飞机设计、船舶设计、建筑设计、水利发电、天气预报、地质探矿等方面的大量计算都可以使用计算机来完成。

（2）数据处理（信息处理）

数据处理是对数值、文字、图表等信息数据及时地加以记录、整理、检索、分类、统计、综合和传递,得出人们所要求的有关信息。它是目前计算机最广泛的应用领域。数据处理的特点是原始数据多、时间性强、计算公式相应比较简单。例如财贸、交通运输、石油勘探、电报电话、医疗卫生等方面的计划统计、财务管理、物资管理、人事管理、行政管理、项目管理、购销管理、情况分析、市场预测等工作。目前,在数据处理方面已进一步形成事务处理系统（TPS）、办公自动化系统（OAS）、电子数据交换系统（EDI）、管理信息系统（MIS）、决策支持系统（DSS）等应用系统。

（3）过程控制（实时控制）

过程控制是指利用计算机进行生产过程、实时过程的控制,它要求很快的反应速度和很高的可靠性,以提高产量和质量,提高生产率,改善劳动条件,节约原料消耗,降低成本,达到过程的最优控制。例如,计算机广泛应用于石油化工、水电、冶金、机械加工、交通运输及其他国民经济部门中生产过程的控制以及导弹、火箭和航天飞船等的自动控制。

（4）计算机辅助设计（Computer Aided Design,CAD）

利用计算机进行辅助设计,可以提高设计质量和自动化程度,大大缩短设计周期、降低生产成本、节省人力物力。由于计算机有快速数值计算、较强的数据处理以及模拟的能力,目前,CAD 已被广泛应用在大规模集成电路、计算机、建筑、船舶、飞机、机床、机械,甚至服装的设计上。除计算机辅助设计（CAD）外,还有计算机辅助制造（CAM）、计算机辅助测试（CAT）、计算机辅助教学（CAI）等。

（5）人工智能（Artificial Intelligence,AI）

人工智能是使计算机能模拟人类的感知、推理、学习和理解等某些智能行为,实现自然语言理解与生成、定理机器证明、自动程序设计、自动翻译、图像识别、声音识别、疾病诊断,并能用于各种专家系统和机器人构造等。近年来人工智能的研究开始走向实用化。人工智能是计算机应用研究的前沿学科。

（6）计算机网络

计算机网络是利用通信设备和线路将地理位置不同的、功能独立的多个计算机系统连接起来所形成的"网"。利用计算机网络,可以使一个地区、一个国家,甚至在世界范围内计算机与计算机之间实现软件、硬件和信息资源共享,这样可以大大促进地区间、国际间的通信与各种数据的传递与处理,同时也改变了人们的时空概念。计算机网络的应用已渗透到社会生活的各个方面。目前,Internet 已成为全球性的互联网络。

（7）多媒体技术

这里的媒体是指表示和传播信息的载体,如文字、声音、图像等。随着 20 世纪 80 年代以来数字化音频和视频技术的发展,逐步形成了集声、文、图、像一体化的多媒体计算机系统。它不仅使计算机应用更接近人类习惯的信息交流方式,而且将开拓许多新的应用领域。

4. 计算机的分类

按照信息、元件、规模和用途的不同,电子计算机也相应有不同的分类。

（1）按数据类型分类

电子计算机可以分为数字计算机、模拟计算机和混合计算机 3 种。在数字计算机中,所处理的数据都是以"0"与"1"数字代码的数据形式表示,这些数据在时间上是离散的,称为数字量,经过算术与逻辑运算后仍以数字量的形式输出;在模拟计算机中,要处理的数据都是以电压或电流量等的大小来表示,这些数据在时间上是连续的,称为模拟量,处理后仍以连续的数据（图形或图表形式）输出;在混合计算机中,要处理的数据用数字与模拟两种数据形式混合表示,它既能处理数字量,又能处理模拟量,并具有数字量和模拟量之间相互转换的能力。目前的电子计算机绝大多数都是数字计算机。

（2）按元件分类

电子计算机可以分为电子管计算机、晶体管计算机、集成电路计算机和大规模集成电路计算机等。随着计算机的发展,电子元件也在不断更新,将来的计算机将发展成为利用超导电子元件的超导计算机,利用光学器件及光路代替电子器件电路的光学计算机,利用某些有机化合物作为元件的生物计算机等。

（3）按规模分类

电子计算机可以分为巨型机、大型机、中型机、小型机和微型机等。"规模"主要是指计算机所配置的设备数量、输入输出量、存储量和处理速度等多方面的综合规模能力。

（4）按用途分类

电子计算机可以分为通用计算机和专用计算机两种。通用计算机的用途广泛，可以完成不同的应用任务；专用计算机是为完成某些特定的任务而专门设计研制的计算机，用途单纯，结构较简单，工作效率也较高。现在使用的大多是通用计算机，四通打字机、银行取款机等都是专用计算机。

1.1.3 信息在计算机中的表示

计算机要处理各种信息，首先要将信息表示成具体的数据形式，计算机内的信息都是以二进制数的形式表示。这是因为二进制数具有在电路上容易实现、可靠性高、运算规则简单及可直接用作逻辑运算等优点，但人们习惯的还是十进制数。此外，为了简化二进制的表示，又引入了八进制和十六进制。二进制数与其他进制之间具有一定的联系，相互之间也能进行转换。

1．十进制数（Decimal）

十进制数是人们十分熟悉的计数体制。它用 0、1、2、3、4、5、6、7、8、9 十个数字符号，按照一定规律排列起来表示数值的大小。

任意一个十进制数，如 527 可表示为 $(527)_{10}$、$[527]_{10}$ 或 527_D。有时表示十进制数后的下标 10 或 D 也可以省略。

例 1.1.1 四位数 6 486，可以写成：

$$6\ 486 = 6 \times 10^3 + 4 \times 10^2 + 8 \times 10^1 + 6 \times 10^0$$

从这个十进制数的表达式中，可以得到十进制数的特点如下。

① 每一个位置（数位）只能出现十个数字符号 0～9 中的一个。通常把这些符号的个数称为基数，十进制数的基数为 10。

② 同一个数字符号在不同的位置代表的数值是不同的。例 1.1.1 中左右两边的数字都是 6，但右边第一位数的数值为 6，而左边第一位数的数值为 6 000。

③ 十进制的基本运算规则是"逢十进一"。例 1.1.1 中右边第一位为个位，记作 10^0；第二位为十位，记作 10^1；第三、四位为百位和千位，记作 10^2 和 10^3。通常把 10^0、10^1、10^2、10^3 等称为是对应数位的权，各数位的权都是基数的幂。每个数位对应的数字符号称为系数。显然，某数位的数值等于该位的系数和权的乘积。

一般地说，n 位十进制正整数 $[X]_{10} = a_{n-1}a_{n-2}\cdots a_1 a_0$，可表达为以下形式：

$$[X]_{10} = a_{n-1} \times 10^{n-1} + a_{n-2} \times 10^{n-2} + \cdots + a_1 \times 10^1 + a_0 \times 10^0$$

式中 $a_0, a_1, \cdots, a_{n-1}$ 为各数位的系数（a^i 是第 i 位的系数），它可以取 0～9 十个数字符号中的任意一个；$10^0, 10^1, \cdots, 10^{n-1}$ 为各数位的权；$[X]_{10}$ 中下标 10 表示 X 是十进制数，十进制数的括号也经常被省略。

2．二进制数（Binary）

与十进制类似，二进制的基数为 2，即二进制中只有两个数字符号（0 和 1）。二进制的基本运算规则是"逢二进一"，各位的权为 2 的幂。

任意一个二进制数,如 110 可表示为$(110)_2$、$[110]_2$ 或 110_B。

一般地说,n 位二进制正整数$[X]_2$ 表达式可以写成:

$$[X]_2 = a_{n-1} \times 2^{n-1} + a_{n-2} \times 2^{n-2} + \cdots + a_1 \times 2^1 + a_0 \times 2^0$$

式中 $a_0, a_1, \cdots, a_{n-1}$ 为系数,可取 0 或 1 两种值;$2^0, 2^1, \cdots, 2^{n-1}$ 为各数位的权。

例 1.1.2　8 位二进制数$[X]_2 = 00101001$,写出各位权的表达式及对应十进制数值。

$$\begin{aligned}
[X]_2 &= [00101001]_2 \\
&= [0 \times 2^7 + 0 \times 2^6 + 1 \times 2^5 + 0 \times 2^4 + 1 \times 2^3 + 0 \times 2^2 + 0 \times 2^1 + 1 \times 2^0]_{10} \\
&= [0 \times 128 + 0 \times 64 + 1 \times 32 + 0 \times 16 + 1 \times 8 + 0 \times 4 + 0 \times 2 + 1 \times 1]_{10} \\
&= [41]_{10}
\end{aligned}$$

所以$[00101001]_2 = [41]_{10}$。

从例 1.1.2 中可以看出,二进制数进行算术运算简单。但也可以看到,两位十进制数 41,就用了 8 位二进制数表示。如果数值再大,位数会更多,既难记忆,又不便读写,还容易出错。为此,在计算机的应用中,又经常使用八进制和十六进制数表示。

3. 八进制数(Octal)

在八进制中,基数为 8,它有 0、1、2、3、4、5、6、7 八个数字符号,八进制的基本运算规则是"逢八进一",各数位的权是 8 的幂。

任意一个八进制数,如 425 可表示为$[425]_8$、$(425)_8$ 或 425_Q(注:为了区分 0 与 O,把 O 用 Q 来表示)。

n 位八进制正整数的表达式可写成:

$$[X]_8 = a_{n-1} \times 8^{n-1} + a_{n-2} \times 8^{n-2} + \cdots + a_1 \times 8^1 + a_0 + 8^0$$

例 1.1.3　求 3 位八进制数$[X]_8 = [212]_8$ 所对应的十进制数的值。

$$\begin{aligned}
[X]_8 = [212]_8 &= [2 \times 8^2 + 1 \times 8^1 + 2 \times 8^0]_{10} \\
&= [128 + 8 + 2]_{10} = [138]_{10}
\end{aligned}$$

所以$[212]_8 = [138]_{10}$。

4. 十六进制数(Hexadecimal)

在十六进制中,基数为 16。它有 0、1、2、3、4、5、6、7、8、9、A、B、C、D、E、F 十六个数字符号。十六进制的基本运算规则是"逢十六进一",各数位的权为 16 的幂。

任意一个十六进制数,如 7B5 可表示为$(7B5)_{16}$、$[7B5]_{16}$ 或 $7B5_H$。

n 位十六进制正整数的一般表达式为:

$$[X]_{16} = a_{n-1} \times 16^{n-1} + a_{n-2} \times 16^{n-2} + \cdots + a_1 \times 16^1 + a_0 \times 16^0$$

例 1.1.4　求十六进制正整数$[2BF]_{16}$ 所对应的十进制数的值。

$$[2BF]_{16} = [2 \times 16^2 + 11 \times 16^1 + 15 \times 16^0]_{10} = [703]_{10}$$

1.1.4　二进制编码

1. ASCII 码

由于计算机只能直接接受、存储和处理二进制数。对于数值信息可以采用二进制数码表示,对于非数值信息可以采用二进制代码编码表示。编码是指用少量基本符号根据一定规则组合起来以表示大量复杂多样的信息。一般来说,需要用二进制代码表示哪些文字、符号取决于用户要求计算机能够"识别"哪些文字、符号。为了能将文字、符号也存储在计算机

里,必须将文字、符号按照规定的编码转换成二进制数代码。目前,计算机中一般都采用国际标准化组织规定的 ASCII 码(美国标准信息交换码)来表示英文字母和符号。

基本 ASCII 码的最高位为 0,其范围用二进制表示为 00000000～01111111,用十进制表示为 0～127,共 128 种。

2. 汉字编码

对于英文,大小写字母总计只有 52 个,加上数字、标点符号和其他常用符号,128 个编码基本够用,所以 ASCII 码基本上满足了英语信息处理的需要。我国使用汉字不是拼音文字,而是象形文字,由于常用的汉字也有 6 000 多个,因此使用 7 位二进制编码是不够的,必须使用更多的二进制位。

1981 年,我国国家标准局颁布的《信息交换用汉字编码字符集·基本集》,收录了 6 763 个汉字和 619 个图形符号。在 GB2312—80 中规定用 2 个连续字节,即 16 位二进制代码表示一个汉字。由于每个字节的高位规定为 1,这样就可以表示 128×128＝16 384 个汉字。在 GB2312—80 中,根据汉字使用频率分为两级,第一级有 3 755 个,按汉语拼音字母的顺序排列;第二级有 3 008 个,按部首排列。

英文是拼音文字,基本符号比较少,编码比较容易,而且在计算机系统中,输入、内部处理、存储和输出都可以使用同一代码。汉字种类繁多,编码比西文要困难得多,而且在一个汉字处理系统中,输入、内部处理、输出对汉字代码要求不尽相同,所以用的代码也不尽相同。汉字信息处理系统在处理汉字和词语时,要进行一系列的汉字代码转换。下面介绍主要的汉字代码。

(1) 汉字输入码(外码)

汉字的字数繁多,字形复杂,字音多变,常用汉字就有 6 000 多个。在计算机系统中使用汉字,首先遇到的问题就是如何把汉字输入到计算机内。为了能直接使用西文标准键盘进行输入,必须为汉字设计相应的编码方法。汉字编码方法主要有拼音输入、数字输入、字形输入、音形输入等方法。

(2) 汉字内部码(内码)

汉字内部码是汉字在设备和信息处理系统内部最基本的表达形式,是在设备和信息处理系统内部存储、处理和传输汉字用的代码。目前,世界各大计算机公司一般均以 ASCII 码为内部码来设计计算机系统。汉字数量多,用一个字节无法区分,一般用两个字节来存放汉字的内码,两个字节共有 16 位,可以表示 65 536 个可区别的码,如果两个字节各用 7 位,则可表示 16 384 个可区别的码,这已经够用了。另外,汉字字符必须和英文字符能相互区别开,以免造成混淆。英文字符的机内代码是 7 位 ASCII 码,最高位为"0",汉字机内代码中两个字节的最高位均为"1"。不同的计算机系统所采用的汉字内部码有可能不同。

(3) 汉字字形码(输出码)

汉字字形码是汉字字库中存储的汉字字形的数字化信息,用于汉字的显示和打印。字形码也称字模码,是用点阵表示的汉字字形代码,它是汉字的输出形式,根据输出汉字的要求不同,点阵的多少也不同。简易型汉字为 16×16 点阵,提高型汉字为 24×24 点阵、32×32 点阵、48×48 点阵等。

字模点阵的信息量是很大的,所占存储空间也很大,以 16×16 点阵为例,每个汉字就要占用 32 个字节,两级汉字大约占用 256 KB。

一个完整的汉字信息处理都离不开从输入码到机内码、由机内码到字形码的转换。虽然汉字输入码、机内码、字形码目前并不统一，但是只要在信息交换时，使用统一的国家标准，就可以达到信息交换的目的。

我国国家标准局于 2000 年 3 月颁布的国家标准 GB8030—2000《信息技术和信息交换用汉字编码字符集·基本集的扩充》，收录了 2.7 万多个汉字。它彻底解决了邮政、户政、金融、地理信息系统等迫切需要人名、地名所用汉字，也为汉字研究、古籍整理等领域提供了统一的信息平台基础。

3．图形、图像、声音编码的概念

对于文字可以使用二进制代码编码，对于图形、图像和声音也可以使用二进制代码编码。例如，一幅图像是由像素阵列构成的。每个像素点的颜色值可以用二进制代码表示，即二进制的 1 位可以表示黑白两色，2 位可以表示 4 种颜色，24 位可以表示真彩色（即 224≈1 600 万种颜色）。声音信号是一种连续变化的波形，可以将它分割成离散的数字信号，将其幅值划分为 28＝256 个等级值或 216＝65 536 个等级值加以表示。

虽然这样得到的代码数量是非常大的。例如，一幅具有中等分辨率（640×480）彩色（24 bit/像素）数字视频图像的数据量约 737 万比特/帧，一个 1 亿字节的硬盘只能存放约 100 帧静止图像画面。如果是运动图像，以每秒 30 帧或 25 帧的速度播放，如果存放在 6 亿字节光盘中，只能播放 20 秒。对于音频信号，采样频率 44.1 kHz，每个采样点量化为 16 bit，二通道立体声，1 亿字节的硬盘也只能存储 10 分钟的录音。因此图像和声音编码总是同数据压缩技术密切联系在一起的。目前公认的压缩编码的国际标准有 JPEG、MPEG、CCITTH.261 等。

1.1.5 微电子技术

1．电子管及晶体管

在信息技术领域中，微电子技术是发展电子信息产业和各项高技术的基础，是关键性的技术。微电子技术的飞跃发展，为电子信息技术的广泛应用开辟了广阔的前景。

早期的电子技术以真空电子管为基础元件，在这个阶段产生了广播、电视、无线电通信、电子仪表、自动控制和第一代电子计算机。美国贝尔研究所的 3 位科学家因研制成功第一个结晶体三极管，获得 1956 年诺贝尔物理学奖。随着晶体管的发明，再加上印制电路组装技术的使用，使电子电路在小型化方面大大地迈进了一步。晶体管成为集成电路技术发展的基础，现代微电子技术就是建立在以集成电路为核心的各种半导体器件基础上的高新电子技术。电子管、晶体管如图 1.1.2 所示。

2．集成电路

集成电路的生产始于 1959 年，其特点是体积小、重量轻、可靠性高、工作速度快。衡量微电子技术进步的标志主要有 3 个方面：一是缩小芯片中器件结构的尺寸，即缩小加工线条的宽度；二是增加芯片中所包含的元器件的数量，即扩大集成规模；三是开拓有针对性的设计应用。

集成电路是采用半导体制作工艺，在一块较小的单晶硅片上制作许多晶体管及电阻器、电容器等元器件，并按照多层布线或遂道布线的方法将元器件组合成完整的电子电路。如图 1.1.3 所示。

电子管　　晶体管

图 1.1.2　电子管和晶体管

图 1.1.3　集成电路

集成电路根据它所包含的电子元件如晶体管、电阻等的数目可以分为小规模、中规模、大规模、超大规模和极大规模集成电路。通常集成度小于 100 的集成电路称为小规模集成电路（SSI）；集成度在 100～3 000 个电子元件之间的集成电路称为中规模集成电路（MSI）；集成度在 3 000～100 000 个电子元件的集成电路称为大规模集成电路（ISI）；集成度达 10 万～100 万个电子元件的集成电路称为超大规模集成电路（VLSI）；集成度超过 100 万个电子元件的集成电路称为极大规模集成电路（ULSI），通常并不严格区分 VLSI 和 ULSI，而是统称为 VLSI。中、小规模集成电路一般以简单的门电路或单级放大器为集成对象，大规模集成电路则以功能部件、子系统为集成对象。现在计算机中使用的微处理器、芯片组、图形加速芯片等都是超大规模和极大规模集成电路。

集成电路芯片是微电子技术的结晶，它是计算机和通信设备的硬件核心，是现代信息产业的基础。

3．集成电路及其发展趋势

集成电路的技术进步日新月异。世界上集成电路大生产的主流技术已经达到 12～14 英寸晶圆、0.09 μm（微米）的工艺水平。根据美国半导体协会预测，2010 年将能达到 18 英寸晶圆和 0.07～0.05 μm 的工艺水平。在未来的时间里集成电路的技术还将得到进一步的发展。

从集成电路技术发展趋势的预测可知，不用几年，人们就有可能制造出线宽很小的新一代芯片。然而，当线宽进一步缩小、线路相互间的距离越来越窄以后，干扰将日益严重。为了减少这种干扰，可以采取减小电流的方法来解决。但是，当晶体管的基本线条小到纳米（1 nm＝10^{-9} m）级、线路的电流微弱到仅有几十个甚至几个电子流动时，晶体管已逼近其物理极限，它将无法正常工作。在纳米尺寸下，纳米结构会表现出一些新的量子现象和效应。人们正在研究如何利用这些量子效应研制具有新功能的量子器件，从而把芯片的研制推向量子世界的新阶段——纳米芯片技术。同时，人们还在研究将自然界传播速度最快的光作为信息的载体，发展光子学，研制集成光路；或把电子与光子并用，实现光电子集成。因此有理由相信，纳米芯片技术和许多其他新的微电子技术的发展，必将在电子学领域中引起一次新的革命。

4．集成电路卡

集成电路卡在当今社会使用的非常广泛，也称为 IC 卡。它把集成电路芯片密封在塑料卡基片内部，使其成为能存储、处理和传递数据的载体。比磁卡技术先进很多，能可靠地存储数据，并且不受磁场影响。

① 存储器卡。这种卡封装的集成电路为存储器，其容量大约为几 KB 到几十 KB，信息可长期保存，也可通过读卡器改写。存储卡结构简单，使用方便，读卡器不需要联网就可工

作。主要用于安全性要求不高的场合,如电话卡、水电费卡、公交卡、医疗卡等。还有一种带加密逻辑的存储器卡,这种IC卡除了存储器外,还专设有加密电路,安全性能好,因此用于安全性要求高的场合。

② 智能卡,也称为CPU卡。卡上集成了中央处理器(CPU)、程序存储器和数据存储器,还配有操作系统。这种卡处理能力强,保密性好,常用于作为证件和信用卡使用的重要场合。手机中使用的SIM卡就是一种特殊的CPU卡,它不但存储了用户的身份信息,而且可将电话号码、短消息等也存储在卡上。

③ 接触式IC卡(如电话IC卡),其表面有一个方型镀金接口。使用时必须将IC卡插入读卡机卡口内,通过金属触点传输数据。这种IC卡多用于存储信息量大、读写操作比较复杂的场合。接触式IC卡易磨损、怕油污,寿命不长。

④ 非接触式IC卡,又称为射频卡、感应卡,它采用电磁感应方式无线传输数据,操作方便、快捷。这种IC卡记录的信息简单,读写要求不高,常用于身份验证等场合。此卡采用全密封胶固化,防水、防污,使用寿命长。

IC卡不但可以作为电子证件,用来记录持卡人的数据,作为身份识别之用,也可以作为电子钱包使用,具有广泛的应用前景。

 补充知识

非接触式IC卡的工作原理是:读卡器发出一组固定频率的电磁波,当射频卡靠近时,射频卡内的一个LC串联谐振电路(其谐振频率与读卡器发射的频率相同)便产生电磁共振,使电容充电,为卡内其他电路提供2 V左右的工作电压,然后通过辐射电磁信号将卡内数据发射出去或接收读卡器送来的数据。使用时,IC卡只须在读卡器有效距离(一般为5 cm)之内,不论什么方向,均可与读卡器交换数据,实现预先设计的功能。

我国第二代居民身份证就是采用非接触式IC卡制成的。与第一代证件的区别在于第二代证件内部嵌入了一枚指甲盖大小的非接触式集成电路芯片,实现了"电子防伪"和"数字管理"两大功能。

第二代居民身份证在"防伪"方面有多种措施。以往的身份证主要通过眼睛来判断证件上的一系列可视防伪标志以辨别其真伪,而第二代证件除证件表面采用防伪膜和印刷防伪技术之外,还内藏集成电路芯片,将个人数据和图像经过编码、加密后存储在芯片中,需要时可通过非接触式读卡器读取卡内存储的信息进行验证。这样,不但提高了防伪性能,而且验证也更加方便、快捷。今后甚至还可以将人体生物特征如指纹等保存在芯片中,进一步改善防伪性能。第二代证件的芯片是由公安部监制的专用芯片,大大地杜绝了伪造的可能性。

第二代居民身份证更大的应用价值还在于居民身份信息的数字化。证件信息的存储和证件查询采用了数据库和网络技术,既可实现全国联网快速查询和身份识别,也可进行公安机关与政府其他行政管理部门的网络互查,实现信息共享,使第二代证件在公共安全、社会管理、电子政务、电子商务等方面发挥重要作用。

1.1.6 计算机的组成及分类

1. 冯·诺依曼"程序存储"设计思想

冯·诺依曼是美籍匈牙利数学家,他于1946年提出了关于计算机组成和工作方式的基

本设想,到现在为止,尽管计算机制造技术已经发生了极大的变化,但大部分计算机体系结构仍然是根据他的设计思想制造的,这样的计算机称为冯·诺依曼结构计算机。冯·诺依曼设计思想可以简要地概括为以下3点。

① 计算机应包括运算器、存储器、控制器、输入设备和输出设备五大基本部件。

② 计算机内部应采用二进制来表示指令和数据。每条指令一般具有一个操作码和一个地址码。其中操作码表示运算性质,地址码指出操作数在存储器中的地址。

③ 将编好的程序送入内存储器中,然后启动计算机工作,计算机无须操作人员干预,能自动逐条取出指令和执行指令。

2. 计算机系统的组成

计算机系统由硬件系统和软件系统两部分组成。计算机的硬件(简称硬件)是计算机系统中看得见、摸得着的物理实体。如显示器、机箱、键盘、打印机、硬盘、软盘等。一个完整的计算机硬件系统由输入设备、存储器、运算器、控制器和输出设备五大部分组成。计算机软件是指导计算机运行的各种程序及其处理的数据和相关文档。在计算机系统中,硬件和软件是相辅相承,缺一不可的,没有软件的计算机称为裸机,它不能做任何工作,如同一架没有思想的外壳。通常,裸机是计算机系统的物质基础,操作系统为它提供运行的环境。

计算机系统如图1.1.4所示。

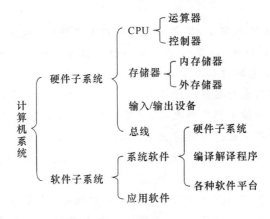

图 1.1.4　计算机系统

计算机硬件从逻辑功能上看,主要包括中央处理器(CPU)、内存储器、外存储器、输入/输出设备等,它们通过系统总线相连。

计算机硬件系统如图1.1.5所示。

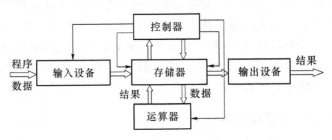

图 1.1.5　计算机硬件系统

（1）CPU（Central Processing Unit）

负责对输入的信息进行各种处理的部件称为"处理器"。处理器能高速执行算术逻辑运算和数据传送等操作。大规模集成电路的出现，将处理器的所有组成部分都制作在了一个不足 4 cm² 的半导体芯片上，因为体积小，所以称之为"微处理器"（microprocessor）。

一台计算机中往往可以有多个处理器，它们各自分工不同的任务，有的用于绘图，有的用于通信，其中承担系统软件和应用程序运行的处理器是"中央处理器"。中央处理器是一台计算机必不可少的核心部件，由运算器和控制器组成，运算器负责对数据进行算术和逻辑运算及对程序指令进行分析，控制器控制并协调输入、输出操作或对内存的访问。所以人们又常常把 CPU 比作是计算机的大脑，90％以上的数据信息都是由其来完成的。CPU 工作速度的快慢直接影响到整个计算机的运行速度和性能。

CPU 从最初发展至今已经有二三十年的历史了，这期间，按照其处理信息的字长，CPU可以分为 4 位微处理器、8 位微处理器、16 位微处理器、32 位微处理器以及 64 位微处理器。大多数的计算机只包含一个 CPU，为了提高其运行速度，计算机中也可以包含 2 个、4 个、8个甚至几千个 CPU。

CPU 的实物图如图 1.1.6 表示。

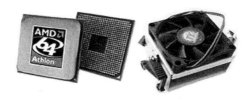

图 1.1.6　CPU 实物图

（2）存储器

存储器是计算机的记忆部件，用于存储程序和数据，可分为主（内）存储器与外存储器。内存储直接与 CPU 相连，存储正在运行的程序和需要立即处理的数据，因此它的存储速度快，但容量较小；外存储器是计算机的辅助性存储设备，能够长期存放计算机中所有的数据信息，因此，外存储器的存储容量大，但存储速度相对于内储器来说较慢。

CPU 在工作时，把指令和相关要计算和处理的数据从内存中取出进行操作，产生的结果存放在内存中，如果程序和数据存放在外存储器上，则必须首先把外存储器中的数据先传送到内存中，然后再将其调入 CPU 进行操作。处理器加上内存储器就构成了主机，有了它们，计算机就可以脱离人的直接干预，自动地进行工作。

内存和外存的实物图如图 1.1.7、图 1.1.8 所示。

图 1.1.7　内存储器

图 1.1.8　外存储器

内存储器和外存储器的区别如表 1.1.2 所示。

表 1.1.2　内存储器与外存储器的区别

名称	作用	构成和特点	内容
内存储器	用来存入需要执行的程序及需要处理的数据,能由 CPU 读出和写入	由半导体存储器构成,速度较高,有一定的存储容量	按字节存放或读取内容,即允许 CPU 直接编址访问
外存储器	用来存放需要联机存放但暂不执行的程序和数据,当需要时再由外存调入主存	由磁性材料或光材料构成,如磁盘、光盘等,存储容量大、速度较低	按文件进行组织

（3）输入/输出设备 I/O(Input/Output 设备)

输入/输出设备是计算机与用户或者其他通信设备交流信息的桥梁,输入设备提供计算机操作时所需的程序和数据,如键盘,鼠标等。输出设备输出计算机处理信息的结果,如显示器、打印机等。此外,外存储器,如硬盘、软盘、光盘等,也是一种输入/输出设备,它们既可以向主机发送各种信息,也可以接收、保存主机传过来的信息。以上提到的这些设备均称为外设。

（4）总线与接口

内存储器、外存储器、CPU 和输入/输出设备是计算机的组成部件,这些部件必须有机地连接在一起,才能相互协调工作,总线便是起到连接作用的信息传输线。根据总线上传输信号的不同,总线可分为数据总线(Data Bus,DB)、地址总线(Address Bus,AB)和控制总线(Control Bus,CB)。顾名思义,数据总线用于传输数据信号,地址总线用来传送地址信号,控制总线则用来传送控制信号、时序信号和状态信号。根据连接方式的不同,连接同一台计算机系统的各部件,如 CPU、内存、通道和各类 I/O 接口间的总线,称为系统总线。连接内存和 I/O 设备的总线称为 I/O 总线。

各种设备之间、主机与外设之间的性能差异很大,因此,外设一般需要通过接口和各种适配器经系统总线才能与主机相连接。接口即 I/O 设备适配器,具体指 CPU 和主存、外围设备之间通过总线进行连接的逻辑部件。接口部件在它动态连接的两个部件之间起着"转换器"的作用,以便实现彼此之间的信息传送。

（5）系统软件与应用软件

系统软件是一组为使计算机系统良好运行而编制的基础软件。从软件配置的角度看,系统软件是用户所购置的计算机系统的一部分,是提供给用户的系统资源的一种软设备。从功能的角度看,系统软件是负责计算机系统的调度管理,提供程序的运行环境和开发环境,向用户提供各种服务的一类软件。

应用软件指用户在各自应用领域中为解决各类问题而编写程序,也就是直接面向用户需要的一类软件。应用软件的种类有科学计算、工程设计、数据处理、信息管理、自动控制等。

3. 计算机的分类

计算机的分类有很多种,可以按综合性能指标分为巨型计算机、大型计算机、小型计算机、微型计算机和工作站;可以按信息处理方式分为数字计算机、模拟计算机;可以按用途分为专用计算机、通用计算机;可以按字长分 8 位、16 位、32 位、64 位计算机,等等。

下面按计算机的综合性能指标详细介绍各类计算机。

（1）巨型机（或称超级计算机）

巨型机通常是指最大、最快、最贵的计算机。例如目前世界上运行最快的巨型机,速度为每秒数十万亿次浮点运算。巨型机的 CPU 由数以百计、千计甚至万计的处理器组成,同时可以执行数百万用户的指令,大多应用在军事、科研、气象预报、石油勘测、飞机设计模拟、生物信息处理等领域,是衡量一个国家科技实力的重要标志之一。生产巨型机的公司有美国的 Cray 公司、TMC 公司,日本的富士通公司、日立公司等。中国研制的银河机、曙光机也属于巨型机,银河 1 号为亿次机,银河 2 号为十亿次机,曙光 2000 Ⅱ 型为 1 170 亿次/秒。中国于 2003 年研制成功的联想深腾 6800 运算速度超过 4 万亿次,占据全球超级计算机 500 强排行榜的第 14 位。

（2）大型主机

大型机包括我们通常所说的大、中型计算机。大型计算机中的 CPU 一般有 4、8、16、32 个等,运算速度快、存储容量大、通信联网功能完善、可靠性高、安全性好,有丰富的系统软件和应用软件,同时执行数万用户的指令,在大型商场、银行、航空公司订票处理机构、国民经济管理部门中,一般都需要采用大型机做后台服务处理。IBM 公司一直在大型主机市场处于霸主地位,DEC、富士通、日立、NEC 也生产大型主机。随着微机与网络的迅速发展,许多计算中心的大型主机正在被高档微机群取代。

（3）小型机

由于大型主机价格昂贵,操作复杂,只有大企业、大单位才能买得起。在集成电路推动下,20 世纪 60 年代 DEC 推出一系列小型机,如 PDP-11 系列、VAX-11 系列。HP 有 1000、3000 系列等。通常小型机用于中小企业、学校或大企业中某个部门的信息处理,可以同时执行数百用户的指令。

（4）个人计算机或微型机

个人计算机（Personal Computer）,又称个人电脑、PC 或微型计算机,是目前发展最快的领域。根据它使用的微处理器芯片的不同而分为若干类型:首先是使用 Intel 芯片 386、486、586 以及奔腾 Ⅰ、Ⅱ、Ⅲ、Ⅳ 等美国 IBM 公司的 PC 及其兼容机;其次是使用 IBM-Apple-Motorola 联合研制的 PowerPC 芯片的机器,苹果公司的 Macintosh 已有使用这种芯片的机器。个人计算机的特点是价格便宜,使用方便,性能不断提高,适合办公或家庭使用。PC 一般为单用户使用,也可执行数个用户的指令,还可以把光盘（音频、视频）、电话、传真、电视等融为一体,成为多媒体个人电脑,而且都可接到有线或无线网络上。

PC 可以分为桌面型机和便携式机,桌面型机适合在办公室或家中使用,而便携式机体积小,重量轻,便于携带,性能也与桌面型机相当,但价格比桌面型机贵出许多。

（5）工作站

工作站与高档微型机之间的界限并不十分明确,而且高性能工作站正接近小型机,甚至接近低端主机。但是,工作站毕竟有它明显的特征:使用大屏幕、高分辨率的显示器;一般采用 UNIX 操作系统,有大容量的内、外存储器,具有多任务、多用户的功能,大都具有网络功能,适合于分布式处理等。它们的用途也比较特殊,例如用于计算机辅助设计、图像处理、软件工程以及大型控制中心。

需要说明的是,随着计算机的发展,以上这些分类并不是绝对的,如高级的低端机可能会与低级的高端机重叠。

1.2 计算机网络技术

今天,遍布全球的因特网正在改变着人们的工作、学习和生活。计算机网络技术得到了飞速的发展,它是计算机技术与通信技术紧密相结合的产物。本节主要介绍计算机网络的基础知识,包括因特网的组成、应用及安全技术。

1.2.1 计算机网络基本知识

1. 计算机网络

计算机网络是把分布在不同地理位置上的具有独立功能的多台计算机、终端及其网络设备在物理上互连,以便相互共享资源和进行信息传递形成一个系统。

计算机网络也是一种通信系统。它与电话、电视系统不同,电话是语音通信系统,电视是图像(声音)通信系统,而计算机网络是一种数据通信系统,计算机之间传输的都是二进制形式的数据。

在计算机网络中,为使计算机之间或计算机与终端之间能正确地传输信息,必须在有关信息传输顺序、信息格式和信息内容等方面有一组约定或规则,例如数据如何表示?命令如何表示?通信对象如何区分?其身份如何鉴别?发生错误如何处理?等等,这些规则、规定或标准称为通信协议,简称协议。协议的三要素:语法、语义、规则。

为了帮助和指导各种计算机在世界范围内互联成网,国际标准化组织(ISO)于 1977 年提出了"开放系统互联参考模型"(简称 OSI/RM)及相关的一系列协议。20 世纪 80 年代中期以来,因特网飞速发展,它由遍布全球的数千万台计算机互联而成,采用了美国国防部提出的 TCP/IP 协议系列,这是目前全球规模最大的计算机网络。

2. 计算机资源共享

为什么需要将分散的计算机互联成为计算机网络呢?一般说来,计算机联网的目的远非出于下列几个方面的考虑。

(1)数据通信

计算机网络能使分散在不同部门、不同单位甚至不同国家或地区的计算机相互进行通信,互相传送数据,方便地进行信息交换。例如,收发电子邮件,在网上聊天,打 IP 电话,开视频会议等。

(2)资源共享

这是计算机网络最具吸引力的功能。从原理上讲,只要允许,用户可以共享网络中其他计算机的软件、硬件和数据等资源,而不必考虑资源所在的地理位置。例如,使用浏览器浏览和下载远程 Web 网站上的信息、访问其他计算机中的文件等。

(3)实现分布式信息处理

由于有了计算机网络,许多大型信息处理问题可以借助于分散在网络中的多台计算机协同完成,解决单机无法完成的信息处理任务。也可以实现分散在各地各部门的许多人通过网络合作完成一项共同的任务。

(4)提高计算机系统的可靠性和可用性

网络中的计算机可以互为后备,一旦某台计算机出现故障,它的任务可由网络中其他计算机取而代之。当网络中某些计算机负荷过重时,网络可将一部分任务分配给较空闲的计算机去完成,提高了系统的可用性。

3. 网络的分类

计算机网络有多种不同的类型,分类的方法也很多。例如,按使用的传输介质可分为有线网和无线网;按网络的使用性质可分为公用网和专用网;按网络的使用范围和对象可分为企业网、政府网、金融网和校园网等。更多的情况下,人们按网络所覆盖的地域范围把计算机网络分为如下几类。

① 局域网(LAN):使用专用的高速通信线路把许多计算机相互连接成网,但地域上局限在较小的范围(如几千米),一般是一幢楼房、一个楼群、一个单位或一个小区。

② 广域网(WAN):把相距遥远的许多局域网和计算机用户互相连接在一起,它的作用范围通常可以从几十千米到几千千米,甚至更大的范围,所以广域网有时也称为远程网。

③ 城域网或市域网(MAN):其作用范围在广域网和局域网之间,例如作用范围是一个城市。城域网的数据传输速率也相当高,其作用距离约为 5～50 km。

1.2.2 局域网特点与组成

1. 局域网的特点

局域网(LAN)指较小地域范围(1千米或几千米)内的计算机网络,一般是一幢建筑物内或一个单位几幢建筑物内的计算机互联成网。局域网常见于公司、学校、政府机构,是计算机网络中最流行的一种形式,全世界估计有上百万个计算机局域网。计算机局域网的主要特点是:

① 为一个单位所拥有,地理范围有限;

② 使用专门铺设的共享的传输介质进行联网;

③ 数据传输速率高($10 M～1 Gbit/s$),延迟时间短,误码率低($10^{-8}～10^{-11}$)。

2. 局域网的组成

计算机局域网的组成包括网络工作站、网络服务器、网络打印机、网络接口卡、传输介质、网络互联设备等。

网络上的每一台设备,包括工作站、服务器以及打印机等都被称为网络上的一个节点(node)。局域网中的每个节点都有一个唯一的物理地址,称为介质访问地址(MAC 地址),以便相互区别,实现节点之间的通信。

为了使得连接在网络上的节点都能得到迅速而公平的服务,局域网要求每个节点把要传输的数据分成小块(称为"帧",frame),而不允许任何节点连续地传输任意长的数据。这样,来自多个节点的、不同的数据帧就以时分多路复用的方式共享传输介质,没有哪个节点会等待很久才能得到传输数据的机会。

数据帧的格式除了包含需要传输的数据(称为"有效载荷")之外,还必须包含发送该数据帧的节点地址和接收该数据帧的节点地址。由于电子设备与传输介质很容易受到电磁干扰,所以传输的数据可能会破坏或丢失,为此在帧中还需要附加一些信息(称为校验信息)随同数据一起进行传输,以供接收节点在收到数据之后验证数据传输是否正确,如果发现数据有错就可以向发送节点指出,以便发送节点将这一帧数据重新再发一次。

3. 网卡

网络上的每个节点都装有网络接口卡,简称网卡。每块网卡都有一个全球唯一的地址码,该地址码称为该网卡节点的 MAC 地址。网卡通过传输介质(双绞线、同轴电缆、光纤或者元线电波)把节点与网络连接起来。网卡的任务是负责在传输介质上发送帧和接收帧,CPU 将它视同为一个输入/输出设备。当节点需要发送数据时,网卡将数据分成小块,附加上节点地址和校验信息(这个过程称为"组帧"),然后在传输介质空闲时,把数据帧发送到传输介质。同时,网卡还不断地检测传输介质上有没有发给本节点的数据帧。如果有的话,就把数据帧从介质上接收下来,从帧中提取出数据并检验有无错误(这个过程称为"拆帧"),确定正确无误时就进行相应的处理。不同类型的局域网,其 MAC 地址的规定和数据帧的格式各不相同,因此连入不同局域网的节点需要使用不同类型的网卡。另外,即使是连入同类局域网,使用有线传输介质与使用元线传输介质的网卡也是有区别的。

注意,由于芯片组集成度的提高和计算机联网的普及,现在网卡的功能均已集成在芯片组中。所谓网卡,多数只是逻辑上的一个名称而已。

4. 常见局域网

局域网有多种不同的类型。按照它所使用的传输介质,可以分为有线网和无线网;按照网络中各种设备互联的拓扑结构,可以分为星型网、环型网、总线型网等;按照传输介质所使用的访问控制方法,可以分为以太网、FDDI 网、令牌网等。不同类型的局域网采用不同的 MAC 地址格式和数据帧格式,使用不同的网卡和协议,适合于不同的应用。

1.2.3 广域网

1. 广域网的特点

局域网技术的主要限制是它的规模:一个局域网既不能拥有任意多的计算机,也不能让计算机连接到任意距离的站点上。怎样才能克服局域网在节点数量和距离方面的限制呢?这就是本节要讨论的计算机广域网技术。

广域网(WAN)是跨越很大地域范围(从几十千米到几千千米)并包含大量计算机的一种计算机网络,它把许多局域网和计算机用户互相连接在一起,使网上用户能相互通信、共享资源。从功能上来说,广域网与局域网并无本质区别,只是由于数据传输速率相差很大,一些局域网上能够实现的功能在广域网上可能很难完成。

广域网中有许多是一些机构或组织自行构建用于处理特定事务的专用广域网,例如政府网、金融网、教育网、军事网等。还有一些是网络服务提供商(如电信局、有线电视台)构建的用于为社会公众提供数据通信服务的营运性网络,称为公用数据网。

2. 因特网

因特网是覆盖全球的、最大的计算机广域网,它由大量的局域网和公用数据网互联而成,是一个计算机网络的网络。它起源于美国国防部 ARPANET 计划,后来与美国国家科学基金会的科学教育网合并。20 世纪 90 年代起,美国政府机构和公司的计算机也纷纷入网,并迅速扩大到全球约 100 多个国家和地区。据估计,目前因特网已经连接数百万个网络,上亿台计算机,用户数目已达到 10 亿。因特网在美国分为 3 个层次:底层为大学校园网或企业网,中间层为地区网,最高层为全国主干网,如国家自然科学基金网——NSFnet 等。它们联通了美国东西海岸,并通过海底电缆或卫星通信等手段连接到世界各国。

因特网是一个异构的计算机网络,凡是采用 TCP/IP 协议并且能够与因特网进行通信的计算机,都可以看成是因特网的一部分。因特网采用了目前最流行的客户/服务器工作模式,大大增强了网络信息服务的灵活性。

因特网最初的宗旨是为大学和科研单位服务。由于其信息资源丰富、收费低廉,目前已成为服务于全球的公用计算机网络,而且已经逐步走向商业化。

3. 因特网的接入

如上所述,因特网是由大量的局域网、广域网、路由器以及将它们连接在一起的通信线路和设施构成的。其中,处于核心的是能传输各种多媒体信息的高速宽带主干网(backbone),它外连许多汇聚点 POP。单位用户和家庭用户可以通过电话线、有线电视电缆、光纤、无线信道等不同的传输介质以及不同的技术组成的接入网接入,然后由汇聚点集中后连入主干网。

(1)电话拨号接入

家庭计算机用户连接因特网最简便的方法是利用本地电话网。由于计算机输入/输出的数据都是数字信号,而现有的电话网用户线仅适合传输模拟信号,为此必须使用调制解调器。调制解调器把计算机送出的数字信号采用频移或相移键控的方法调制成为适合于在电话用户线上传输的音频模拟信号,接收方的解调器再把模拟信号恢复成数字信号,然后接入局域网或因特网。

(2)ISDN 接入

为了向用户提供大范围的数字通信服务,电话公司开发建设了"综合业务数字网"(ISDN)。ISDN 通过普通电话的本地环路向用户提供数字语音和数据传输服务,也就是说,ISDN 使用与模拟信号电话系统相同类型的双绞铜线,但却提供端到端的数字通信线路,这是它与电话网的最大不同。

(3)ADSL 接入

通过电话线的本地环路提供数字服务的新技术中,最有效的一类是称为数字用户线(DSL)的技术。实际上它们有多种变化。由于它们的名称只在前几个字上不同,因此被通称为 xDSL。

xDSL 技术中最有趣的一种是不对称数字用户线 ADSL,它是一种为接收信息远多于发送信息的用户而优化的技术。为适应这类应用,ADSL 为下行数据流提供比上行数据流更高的传输速率。采取这样的做法,是因为大多数因特网用户其绝大部分流量是用户浏览Web 页面或下载文件所产生的,用户发送的数据一般都是简短的请求,仅仅几十或者几百个字节而已。

ADSL 并不需要改变电话的本地环路,它仍然利用普通铜质电话线作为传输介质,只须在线路两端加装 ADSL 设备(专用的 ADSL Modem)即可实现数据的高速传输。标准ADSL 的数据上传速度一般只有 4 k~256 kbit/s,最高达 1 Mbit/s,而数据下行速度在理想状态下可以达到 8 Mbit/s(通常情况下为 1 Mbit/s 左右)。有效传输距离一般在 3~5 km。

ADSL 的特点如下:

① 一条电话线可同时接听、拨打电话并进行数据传输,两者互不影响;

② 虽然使用的还是原来的电话线,但 ADSL 传输的数据并不通过电话交换机,所以ADSL 上网不需要缴付额外的电话费,节省了费用;

③ ADSL 的数据传输速率是根据线路的情况自动调整的,它以"尽力而为"的方式进行数据传输。

ADSL 利用普通电话线作为传输介质,它通过一种自适应的数字信号调制解调技术,能

在电话线上得到 3 个信息通道：一个是为电话服务的通道，一个是速率为 64 k~256 kbit/s 的上行通道，另一个是速率为 1 M~8 Mbit/s 的高速下行通道，它们可以同时工作。

（4）电缆调制解调器接入

有线电视系统的传输介质——同轴电缆，具有很大的容量，而且抗电子干扰能力强，它使用频分多路复用技术可同时传送上百个电视频道。更重要的是，由于有线电视系统的设计容量远高于现在使用的电视频道数目，未使用的带宽（即频道）可用来传输数据。因此，人们研究开发了用有线电视网高速传送数字信息的技术，这就是电缆调制解调器（Cable MODEM）技术。

（5）光纤接入

光纤接入网指的是使用光纤作为主要传输介质的因特网接入系统，其结构是在交换局一侧先把电信号转换为光信号，以便在光纤中传输，到达用户端之后，再使用光网络单元把光信号转换成电信号，然后再传送到计算机。

4. 因特网的服务

因特网由大量的计算机和信息资源组成，它为网络用户提供了非常丰富的功能。这些服务包括电子邮件（E-mail）、文件传输（FTP）、远程登录（Telnet）、信息服务（WWW）、电子公告牌（BBS）、专题讨论、在线交谈及游戏等。

1.3　多媒体技术

1.3.1　多媒体技术的基本概念

1. 媒体的概念及类型

媒体（medium）是信息表示和传播的载体。媒体在计算机领域有两种含义：一种是指媒质，即存储信息的实体，如磁盘、光盘、磁带、半导体存储器等；二是指传递信息的载体，如数字、文字、声音、图形和图像等。

国际电话与电报咨询委员会（CCITT）将媒体作如下分类。

（1）感觉媒体

感觉媒体（perception media）指能直接作用于人的感官，使人直接产生感觉的媒体。如人类的语言、音乐、声音、图形、图像，计算机系统中的文字、数据和文件等都是感觉媒体。

（2）表示媒体

表示媒体（representation media）是为加工、处理和传输感觉媒体而人为研究、构造出来的一种媒体。其目的是更有效地加工、处理和传送感觉媒体。表示媒体包括各种编码方式，如语言编码、文本编码、图像编码等。

（3）表现媒体

表现媒体（presentation media）是指感受媒体和用于通信的电信号之间转换的一类媒体。它又分为两种：一种是输入表现媒体，如键盘、摄像机、光笔、话筒等；另一种是输出表现媒体，如显示器、音箱、打印机等。

（4）存储媒体

存储媒体（storage medium）是用来存放表示媒体，以方便计算机处理、加工和调用，这类媒体主要是指与计算机相关的外部存储设备。

（5）传输媒体

传输媒体是用来将媒体从一处传送到另一处的物理载体。传输媒体是通信中的信息载体，如双绞线、同轴电缆、光纤等。

在多媒体技术中所说的媒体一般指感觉媒体。感觉媒体通常又分为3种。

（1）视觉类媒体

视觉类媒体（vision media）包括图像、图形、符号、视频、动画等。

图像（image）即位图图像（bitmap），将所观察的景物按行列方式进行数字化，对图像的每一点都用一个数值表示，所有这些值就组成了位图图像。显示设备可以根据这些数字在不同的位置表示不同颜色来显示一幅图像。位图图像是所有视觉表示方法的基础。

图形（graphics）是图像的抽象，它反映图像上的关键特征，如点、线、面等。图形的表示不直接描述图像的每一点，而是描述产生这些点的过程和方法。如用两个点表示直线，只要记录这两点的位置，就能画出这条直线。

符号（symbol）包括文字和文本，主要是人类的各种语言。符号在计算机中用特定的数值表示，如 ASCII 码、中文国标码等。

视频（video）又称动态图像，是一组图像按时间顺序的连续表现。视频的表示与图像序列、时间关系有关。

动画（animation）是动态图像的一种，与视频不同之处在于，动画中的图像采用的是计算机产生出来或人工绘制的图像或图形，而视频中的图像采用的是真实的图像。动画包括二维动画、三维动画等多种形式。

（2）听觉类媒体

听觉类媒体包括话音、音乐和音响。

话音（speech）也叫语音，是人类为表达思想通过发音器官发出的声音，是人类语言的物理形式。音乐是符号化了的声音，比语音更规范。音响则指自然界除语音和音乐以外的声音，包括天空的惊雷、山林的狂风、大海的涛声等，也包括各种噪声。

（3）触觉类媒体

触觉类媒体通过直接或间接与人体接触，使人能感觉到对象位置、大小、方向、方位、质地等性质。计算机可以通过某种装置记录参与者（人或物）的动作及其他性质，也可以将模拟的自然界的物质通过一些事实上的电子、机械的装置表现出来。

2. 多媒体技术的概念

多媒体（multimedia）是指用信息表示媒体的多样化，它能够同时获取、处理、编辑、存储和展示两种以上不同类型信息媒体的技术。这些信息媒体包括文字、声音、图形、图像、动画与视频等。多媒体不仅是指多种媒体本身，而且包含处理和应用它的一整套技术，因此，"多媒体"与"多媒体技术"是同义词。

多媒体技术将所有这些媒体形式集成起来，使人们能以更加自然的方式使用信息和与计算机进行交流，且使表现的信息图、文、声并茂。因此，多媒体技术是计算机集成、音频视频处理集成、图像压缩技术、文字处理、网络及通信等多种技术的完美结合。

多媒体技术就是计算机交互式综合处理多种媒体信息——文本、图形、图像和声音，使多种信息建立逻辑连接，集成为一个系统并具有交互性。简言之，多媒体技术就是计算机综合处理声、文、图信息的技术，具有集成性、实时性和交互性。

3. 多媒体技术的主要特征

根据多媒体技术的定义,它有 4 个显著的特征,即集成性、实时性、数字化和交互性,这也是它区别于传统计算机系统的特征。

(1) 集成性

一方面是媒体信息的集成,即文字、声音、图形、图像、视频等的集成。在众多信息中,每一种信息都有自己的特殊性,同时又具有共性,多媒体信息的集成处理把信息看成一个有机的整体,采用多种途径获取信息、统一格式存储信息、组织与合成信息,对信息进行集成化处理。另一方面是显示或表现媒体设备的集成,即多媒体系统不仅包括计算机本身,而且包括像电视、音响、摄像机、DVD 播放机等设备,把不同功能、不同种类的设备集成在一起使其共同完成信息处理工作。

(2) 实时性

实时性指在多媒体系统中声音及活动的视频图像是强实时的(hard realtime),多媒体系统需要提供对这些与时间密切相关的媒体实时处理的能力。

(3) 数字化

数字化指多媒体系统中的各种媒体信息都以数字形式存储在计算机中。

(4) 交互性

人可以通过多媒体计算机系统对多媒体信息进行加工、处理并控制多媒体信息的输入、输出和播放。简单的交互对象是数据流,较复杂的交互对象是多样化的信息,如文字、图像、动画以及语言等。

多媒体技术是一种基于计算机的综合技术,包括数字信号处理技术、音频和视频压缩技术、计算机硬件和软件技术、人工智能和模式识别技术、网络通信技术等。它包含了计算机领域内较新的硬件技术和软件技术,并将不同性质的设备和媒体处理软件集成为一体,以计算机为中心综合处理各种信息。

1.3.2 多媒体技术的发展历程

多媒体计算机是一个不断发展、不断完善的系统。多媒体技术最早起源于 20 世纪 80 年代中期。

1984 年,美国 Apple 公司首先在 Macintosh 机上引入位图(bitmap)等技术,并提出了视窗和图标的用户界面形式,从而使人们告别了计算机枯燥无味的黑白显示风格,开始走向色彩斑斓的新征程。

1985 年,美国 Commodore 公司推出了世界上第一台真正的多媒体系统 Amige,这套系统以其功能完备的视听处理能力、大量丰富的实用工具以及性能优良的硬件,使全世界看到了多媒体技术的美好未来。

1986 年,荷兰 PHILIPS 公司和日本 Sony 公司联合推出了交互式紧凑光盘系统 CD-I,它将高质量的声音、文字、计算机程序、图形、动画及静止图像等都以数字的形式存储在 650 MB 的只读光盘上。用户可以通过读取光盘上的数字化内容来进行播放。大容量光盘的出现为存储表示文字、声音、图形、视频等高质量的数字化媒体提供了有效的手段。

1987 年,RCA 公司首次公布了交互式数字视频系统(Tigital Video Interactive,DVI)技术的科研成果。它以计算机技术为基础,用标准光盘片来存储和检索静止图像、动态图像、音频和其他数据。1988年,Intel公司将其技术购买,并于1989年与IBM公司合作,在国际市场上推出第一代DVI技术产品,随后在1991年推出了第二代DVI技术产品。

随着多媒体技术的迅速发展,特别是多媒体技术向产业化发展,为了规范市场,使多媒体计算机进入标准化的发展时代,1990年,由Microsoft公司会同多家厂商成立了"多媒体计算机市场协会",并制定了多媒体个人计算机(MPC-1)的第1个标准。在这个标准中,制定了多媒体计算机系统应具备的最低标准。

1991年,在第六届国际多媒体和CD-ROM大会上宣布了扩展结构系统标准CD-ROM/XA,从而填补了原有标准在音频方面的缺陷,经过几年的发展,CD-ROM技术日趋完善和成熟。而计算机价格的下降,为多媒体技术的实用化提供了可靠的保证。

1992年,正式公布MPEG-1数字电视标准,它是由运动图像专家组(Moving Picture Expert Group,MPEG)开发制定的。MPEG系列的其他标准还有MPEG-2、MPEG-4、MPEG-7和现在正在制订的MPEG-21。

1993年,"多媒体计算机市场协会"又推出了MPC的第2个标准,其中包括全动态的视频图像,并将音频信号数字化的采集量化位数提高到16位。

1995年6月,多媒体个人计算机市场协会又宣布了新的多媒体计算机技术规范MPC3.0。事实上,随着应用要求的提高,多媒体技术的不断改进,多媒体功能已成为新型个人计算机的基本功能,MPC的新标准也无继续发布的必要性。

多媒体技术已经从一个乳婴成长为一个青年,随着技术的不断发展和创新,多媒体技术将更多地融入到用户的日常学习、工作和生活。

多媒体技术不仅是多学科交汇的技术,也是顺应信息时代的需要,它能促进和带动新产业的形成和发展,能在多领域应用。多媒体技术发展方向是高分辨率化,提高显示质量;高速度化,缩短处理时间;简单化,便于操作;高维化,三维、四维或更高维;智能化,提高信息识别能力;标准化,便于信息交换和资源共享;多媒体技术的发展趋势是计算机支持的协同工作环境(Computer Supported Collaborative Work,CSCW);增加计算机的智能,如文字和语音的识别和输入、自然语言理解和机器翻译、图形的识别和理解、机器人视觉和计算机视觉、知识工程以及人工智能等;把多媒体和通信技术融合到CPU芯片中等。

1.3.3 流媒体技术

流媒体是从英语Streaming Media翻译过来的,它是一种可以使音频、视频和其他多媒体信息能够在Internet及Intranet上以实时的、无须下载等待的方式进行播放的技术,流式传播方式是将动画、视频、音频等多媒体文件经过特殊的压缩方式分成一个个压缩包,由视频服务器向用户计算机连续、实时地传递。

在网络上传输音频、视频等要求较高带宽的多媒体信息,目前主要有下载和流式传输两种方案。下载方式的主要缺点是用户必须等待所有的文件都传送到位,才能够利用软件播放。随着互联网的普及和多媒体技术在互联网上的应用,迫切要求能解决实时传送视频、音频、计算机动画等媒体文件的技术。因此流式传输就应运而生了。

(1) 流式传输

通俗地讲,流式传输就是在互联网上的音视频服务器将声音、图像或动画等媒体文件从服务器向客户端实时连续传输,用户不必等待全部媒体文件下载完毕,而只须延迟几秒或十

几秒,就可以在用户的计算机上播放,而文件的其余部分则由用户计算机在后台继续接收,直至播放完毕或用户中止。这种技术使用户在播放音视频或动画等媒体的等待时间减少,而且不需要太多的缓存。

(2) 流媒体

流媒体就是在网络中使用流式传输技术的连续时基媒体(如视频和音频数据)。这种技术的出现,使得在窄带互联网中传播多媒体信息成为可能。这主要是归功于 1995 年 Progressive Network 公司(即后来的 Real Network 公司)推出的 RealPlay 系列产品。

实际上,流媒体技术是网络音频、视频技术发展到一定阶段的产物,是一种解决多媒体播放时带宽问题的"软技术"。这是融合了网络技术之后所产生的技术,涉及流媒体数据的采集、压缩、存储、传输和通信等领域。

实现流式传输有两种方式:实时流式传输(real time streaming)和顺序流式传输(progressive streaming)。

(1) 顺序流式传输

顺序流式传输是指顺序下载,在下载文件的同时用户可观看在线媒体。在给定时刻,用户只能观看已下载的部分,而不能跳到还未下载的部分,顺序流式传输不像实时流式传输在传输期间根据用户连接的速度作调整。由于标准的 HTTP 服务器可发送这种形式的文件,也不需要其他特殊协议,它经常被称作 HTTP 流式传输。顺序流式传输比较适合高质量的短片段,如片头、片尾和广告,由于该文件在播放前观看的部分是无损下载的,这种方法保证电影播放的最终质量。这意味着用户在观看前必须延迟,对较慢的连接尤其如此。

顺序流式文件是放在标准 HTTP 或 FTP 服务器上,易于管理,基本上与防火墙无关。它不适合长片段和有随机访问要求的视频,如讲座、演说与演示。也不支持现场广播,严格说来,是一种点播技术。

(2) 实时流式传输

实时流式传播指保证媒体信号带宽与网络连接匹配,使媒体可被实时观看。实时流式与 HTTP 流式传输不同,它需要专用的流媒体服务器与传输协议。由于实时流式传输总是实时传送,因此特别适合现场事件,也支持随机访问,用户可快进或后退以观看前面或后面的内容。理论上,实时流一经播放就可以不停止,但实际上可能发生周期暂停。

实时流式传输必须匹配连接带宽,这意味着在以调制解调器速度连接时图像质量较差,而且由于出错丢失的信息被忽略掉,网络拥挤或出现问题时,视频质量很差。如欲保证视频质量,顺序流式传输更好。实时流式传输需要特定服务器,如 QuickTime Streaming Server、Real Server 与 Windows Media Server,它们分别对应了流媒体三巨头,即苹果、Real Network 和微软。这些服务器允许对媒体发送进行更多级别的控制,因而系统设置、管理比标准 HTTP 服务器更复杂。实时流式传输还需要特殊网络协议,如 RSTP(Real Time Streaming Protocol)或 MMS(Microsoft Media Server)。这些协议在有防火墙时可能会出现问题,导致用户不能看到一些地点的实时内容。但现在随着各种浏览器与操作系统的升级已经很少发生了。

1.3.4 多媒体技术的研究内容和应用领域

多媒体技术涉及的范围很广,应用的领域也非常广泛,几乎遍布各行各业以及人们生活的各个角落。本节主要介绍多媒体技术的研究内容和应用领域。

1. 多媒体技术的研究内容

多媒体技术研究内容主要包括感觉媒体的表示技术、数据压缩技术、多媒体数据存储技术、多媒体数据的传输技术、多媒体计算机及外围设备、多媒体系统软件平台等。尽管多媒体技术涉及的范围很广,但它研究的主要内容可归纳如下。

(1)多媒体数据压缩/解压缩算法与标准

在多媒体计算机系统中要表示、传输和处理声音、图像等信息,特别是数字化图像和视频要占用大量的存储空间,因此为了解决存储和传输问题,高效的压缩和解压缩算法是多媒体系统运行的关键。

(2)多媒体数据存储技术

高效快速的存储设备是多媒体系统的基本部件之一,光盘系统是目前较好的多媒体数据存储设备,它又分为只读光盘(CD-ROM)、一次写多次读光盘(WORM)、可擦写光盘(writable)。目前流行的移动设备"U 盘"和移动硬盘,主要用于多媒体数据文件的转移存储。

(3)多媒体计算机硬件平台和软件平台

多媒体计算机系统硬件平台一般要有较大的内存和外存(硬盘),并配有光驱、音频卡、视频卡、音像输入/输出设备等。软件平台主要指支持多媒体功能的操作系统,如微软公司的 Windows 视窗操作系统。

(4)多媒体开发和编著工具

为了便于用户编程开发多媒体应用系统,一般在多媒体操作系统之上提供了丰富的多媒体开发工具,有些是对图形、视频、声音等文件进行转换和编辑的工具。另外,为了方便多媒体节目的开发,多媒体计算机系统还提供了一些直观、可视化的交互式编著工具,如动画制作软件 Flash、Director、3D MAX 等,多媒体节目编著工具 Authorware、Tool Book 等。

(5)网络多媒体与 Web 技术

网络多媒体是多媒体技术的一个重要分支,多媒体信息要在网络上存储与传输,需要一些特殊的条件和支持。此外,超文本和超媒体是一种有效的多媒体信息管理技术,它本质上是采用一种非线性的网状结构组织块状信息。目前最流行的是运行于 Internet 的对等式共享文件系统即 P2P 技术。

(6)多媒体数据库与基于内容的检索技术

和传统的数据库相比,多媒体数据库包含着多种数据类型,数据关系更为复杂,需要一种更为有效的管理系统来对多媒体数据库进行管理。多媒体数据库也是多媒体技术研究的内容之一。

(7)多媒体应用和多媒体系统开发

多媒体技术理论研究的最终结果要体现在多媒体应用和多媒体系统开发上,如何选择编程语言、依据什么样的数据模型,都需要研究。主要包括多媒体 CD-ROM 节目(title)制作、多媒体数据库、环球超媒体信息系统(Web)、多目标广播技术(multicasting)、影视点播(Video On Demand,VOD)、电视会议(Video Conferencing)、虚拟现实(Visual Reality)、远程教育系统、教育游戏、动漫、多媒体信息的检索等。

2. 多媒体技术的应用领域

随着多媒体技术的不断发展,多媒体技术的应用也越来越广泛。多媒体技术涉及文字、图形、图像、声音、视频、网络通信等多个领域,多媒体应用系统可以处理的信息种类和数量越来越多,极大地缩短了人与人之间、人与计算机之间的距离,多媒体技术的标准化、集成化

以及多媒体软件技术的发展,使信息的接收、处理和传输更加方便、快捷。

多媒体技术的应用领域主要有以下5个方面。

(1) 教育培训领域

目前多媒体技术应用最为广泛的领域之一。它包括计算机辅助教学(Computer Assited Instruction,CAI)、光盘制作、公司和地区的多媒体演示、导游及介绍系统等。现在多媒体制作工具的相关技术已经比较成熟,这方面的发展主要在实现技术和创意两个方面。

多媒体计算机辅助教学已经在教育教学中得到了广泛的应用,多媒体教材通过图、文、声、像的有机组合,能多角度、多侧面地展示教学内容。多媒体技术通过视觉和听觉或视听并用等多种方式同时刺激学生的感觉器官,能够激发学生的学习兴趣,提高学习效率,帮助教师将抽象的、不易用语言和文字表达的教学内容,表达得更清晰、直观。计算机多媒体技术能够以多种方式向学生提供学习材料,包括抽象的教学内容、动态的变化过程、多次的重复等。利用计算机存储容量大、显示速度快的特点,能快速展现和处理教学信息,拓展教学信息的来源,扩大教学容量,并且能够在有限的时间内检索到所需要的内容。

多媒体教学网络系统在教育培训领域中得到广泛应用,教学网络系统可以提供丰富的教学资源,优化教师的教学,应用于教学中,突破了传统的教学模式,使学生在学习时间、学习地点上有了更多自由选择的空间,更有利于个别化学习。多媒体教学网络系统在教学管理、教育培训、远程教育等方面发挥着重要的作用,越来越多地应用于各种培训教学、学习教学、个别化学习等教学和学习过程中。

(2) 电子出版领域

电子出版是多媒体技术应用的一个重要方面。我国国家新闻出版署对电子出版物曾有过如下定义:电子出版物是指以数字代码方式将图、文、声、像等信息存储在磁、光、电介质上,通过计算机或类似设备阅读使用,并可复制发行的大众传播媒体。

电子出版物的内容可以是多种多样的,当CD-ROM光盘出现以后,由于CD-ROM存储量大,能将文字、图形、图像、声音等信息进行存储和播放,出现了多种电子出版物,如电子杂志、百科全书、地图集、信息咨询、剪报等。电子出版物可以将文字、声音、图像、动画、影像等种类繁多的信息集成为一体,存储密度非常高,这是纸质印刷品所不能比的。

电子出版物中信息的录入、编辑、制作和复制都借助计算机完成,人们在获取信息的过程中需要对信息进行检索、选择,因此电子出版物的使用方式灵活、方便、交互性强。

电子出版物的出版形式主要有电子网络出版和电子书刊两大类。电子网络出版是以数据库和通信网络为基础的一种出版形式,通过计算机向用户提供网络联机、电子报刊、电子邮件以及影视作品等服务,信息的传播速度快、更新快。电子书刊主要以只读光盘、交互式光盘、集成卡等为载体,容量大、成本低是其突出的特点。

(3) 娱乐领域

随着多媒体技术的日益成熟,多媒体系统已大量进入娱乐领域。多媒体计算机游戏和网络游戏,不仅具有很强的交互性而且人物造型逼真、情节引人入胜,使人容易进入游戏情景,如同身临其境一般。另外,如数字照相机、数字摄像机、DVD等也越来越多地进入到人们的生活和娱乐活动中。

(4) 咨询服务领域

多媒体技术在咨询服务领域的应用,主要是使用触摸屏查询相应的多媒体信息,如宾馆饭店查询、展览信息查询、图书情报查询、导购信息查询等,查询信息的内容可以是文字、图形、图像、声音和视频等。查询系统信息存储量较大,使用非常方便。

(5)多媒体网络通信领域

20 世纪 90 年代,随着数据通信的快速发展,局域网(Local Area Network,LAN)、综合业务数字网络(Integrated Services Digital Network,ISDN),以异步传输模式(Asynchronous Transfer Mode,ATM)技术为主的宽带综合业务数字网(Broadband Integrated Service Digital Network,B-ISDN)和以 IP 技术为主的宽带 IP 网,为实施多媒体网络通信奠定了技术基础。网络多媒体应用系统主要包括可视电话、多媒体会议系统、视频点播系统、远程教育系统、IP 电话等。

多媒体网络是多媒体应用的一个重要方面,通过网络实现图像、语音、动画和视频等多媒体信息的实时传输是多媒体时代用户的极大需求。这方面的应用非常多,如视频会议、远程教学、远程医疗诊断、视频点播以及各种多媒体信息在网络上的传输。远程教学是发展较为突出的一个多媒体网络传输应用。多媒体网络的另一个目标是使用户可以通过现有的电话网络、有线电视网络实现交互式宽带多媒体传输。

多媒体技术的广泛应用必将给人们的工作和生活的各个方面带来新的体验,而越来越多的应用也必将促进多媒体技术的进一步发展。

3. 多媒体产品及其开发

计算机技术已经经过了速度与频带无限增长的时代,即将跨入以功能为主导、以品质为标准的时代。多媒体产品不仅包括硬件方面的产品,也包括软件方面的产品。正是在多媒体硬件产品的支持下,丰富、美妙、逼真的声音,色彩斑斓的图像,才能从制作到还原,让广大用户体验多媒体带来的快乐享受,品质更高、功能更完善的多媒体硬件产品是完美体验的物质基础。在关注多媒体硬件产品的同时,也出现了更多的多媒体软件产品,让用户更自由、更高品质地享受多媒体带来的快乐与幸福。

4. 多媒体产品的特点

多媒体产品有两个显著特点。首先是它的综合性,它将计算机、声像、通信技术合为一体,是计算机、电视机、录像机、录音机、音响、游戏机、传真机的性能大综合;其次是充分的互动性,它可以形成人与机器、人与人及机器间的互动,互相交流的操作环境及身临其境的场景,人们根据需要进行控制。人机相互交流是多媒体产品最大的特点。

多媒体产品应用非常广泛,涉及广大用户的工作、学习、生活。多媒体作品具有以下特点。

(1)多媒体产品加工特点

加工工具主要是以计算机为核心,这是区别于其他媒体产品的重要标志。这里讲的计算机包括计算机硬件系统和软件系统。没有一个多媒体开发平台(软件系统)无法生成多媒体产品。

(2)多媒体产品静态特点

具有信息集合媒体形式多样性,按照习惯,媒体形式至少两种以上。

(3)多媒体产品动态特点

具有交互功能。如信息流的非线性展示等。

(4)多媒体产品人文特点

多媒体产品从加工到出品及生成的目的等都围绕人展开,信息由人借助工具而采集获得,然后借助人开发软件来完成多媒体创作,最终服务于人。这是以人为核心的信息集合。所以,必须符合人对物理参数要求和审美情趣、文化习俗等方面的要求,在作品引用方面还有著作权法的约束等。

第2章 Windows XP 操作系统

 本章学习目标与要求

※ 了解 Windows XP 操作系统；

※ 掌握 Windows XP 的基本操作；

※ 掌握文件和文件夹的基本操作；

※ 了解 Windows 的系统环境设置；

※ 掌握常用软件的使用。

2.1 Windows XP 基本操作

Windows 是由微软公司为个人计算机开发的一组操作系统。当前全世界90%的个人计算机安装的都是 Windows 操作系统。Windows 是一种基于图形界面的多任务操作系统。它提供了图形用户接口(GUI)、虚拟存储器管理、多任务处理，并支持大量外围设备，用统一的界面或图标来表示磁盘驱动器、文件夹、文件以及其他操作系统的命令和动作，标准化的图形用户界面使得 Windows 以及其应用软件的界面和操作形成了统一的风格。

最初的 Windows 系统只是基于 MS-DOS 提供文件系统服务的一种16位应用程序，但它拥有自己的可执行文件格式以及设备驱动(图形、打印机、鼠标、键盘以及声音)。Windows 系统支持用户使用多任务图形应用软件，并可以实现完善的基于段的软件虚拟存储模式，从而使得应用程序的实际运行空间比可利用空间大。它的多任务环境允许用户在同一时刻运行多个程序，可以工作娱乐两不误，已成为广大计算机用户熟悉和欢迎的操作系统。

2.1.1 Windows 的发展及特点

Windows 操作系统的发展及特点如表2.1.1所示。

表 2.1.1 Windows 操作系统的发展及特点

版 本	时间/年	硬件基础(CPU)	特点
Windows 1.0	1985	8088	弹出式平铺窗口
Windows 2.0	1987	80386	重叠窗口
Windows 3.0	1990	16 位	界面友好,多任务
Windows 3.1	1992	16 位	网络,多媒体功能等
Windows 95	1995	32 位	独立操作系统等
Windows 98	1998	486 DX66 16 MB+120 MB(内存加硬盘)	活动桌面与因特网相联系
Windows 2000	2000	P133 64 MB+2 GB(内存加硬盘)	面向商业和网络,高稳定性和安全性
Windows XP	2002	PMMX233 64 MB+1.5 GB(内存加硬盘)	多媒体,网络功能,高安全性和稳定性

此外,随着 Windows 操作系统的发展,与 Internet 的联系已经越来越紧密,更多地体现对多媒体功能的支持。

综上所述,Windows 操作系统的主要特点如下:

① 具有优秀的图形界面;

② 简单的操作方式;

③ 协调的多任务管理;

④ 新硬件标准的支持;

⑤ 丰富的应用程序;

⑥ 方便的数据传递;

⑦ 有效的管理工具和实用的汉字处理功能。

现在使用的操作系统 Windows XP 的中文版,是一个多用户、多任务、窗口图形界面的操作系统。它结合并强化了 Windows NT 的性能和稳定性,以及 Windows 9X 的简易与可操作性,并且扩展了许多新特性,是一种适合从最小的移动设备到最大的电子商务服务器新硬件的操作系统。

2.1.2 Windows 运行环境

Windows 操作系统对处理器、内存容量、硬盘自由空间、显示器、光盘驱动器及光标定位设备等最低个人计算机硬件配置如表 2.1.2 所示。

表 2.1.2　Windows 操作系统的个人计算机硬件配置

硬　件	配　置
处理器	133 MHz Pentium 或更高的微处理器 Windows Professional 支持双 CPU
内存容量	推荐至少 64 MB 内存(最小支持 32 MB,最大 4 GB)
硬盘自由空间	2 GB 硬盘,850 MB 的可用空间 如果从网络安装,还需要更多的可用磁盘空间
显示器	VGA 或更高分辨率
光盘驱动器	CD-ROM 或 DVD-ROM 驱动器
光标定位设备	Microsoft 的鼠标或与其兼容的定位设备

上述硬件配置只是可运行 Windows 操作系统的最低指标,更高的指标可以明显提高其运行性能。如需要连入计算机网络和增加多媒体功能,则需要配置调制解调器(MODEM)、声卡、DVD 驱动器等附属设备。

2.1.3 Windows XP 桌面介绍

当 Windows 启动后显示的整个屏幕即为桌面,如图 2.1.1 所示。桌面(Desktop)是屏幕的整个背景区域,它是组织和管理资源的一种有效的方式,正如我们常常在日常的办公桌面搁置一些常用工具一样,Windows XP 也利用桌面承载各类系统资源,它将 Desktop 文件夹中的内容以图标的形式直观地呈现在屏幕上,便于用户信手拈来。

Windows 桌面主要由 4 部分组成:桌面图标、"开始"按钮、任务栏和窗口。

图 2.1.1 Windows 的桌面

1. 桌面图标

桌面上的图标通常是 Windows 环境下,可以执行的一个应用程序,用户可以通过双击其中的任意图标打开一个相应的应用程序窗口并进行具体的操作。常用的有以下几个图标。

(1)"我的电脑"图标

用于管理计算机能够使用的所有磁盘资源,如计算机中的各个驱动器(包括网络共享驱动器),在"我的电脑"中,还有一类特殊的文件夹,如"控制面板",它们并不是真正意义上的文件夹,而是一些应用程序或是 Windows XP 提供的控制功能。

当双击"我的电脑"图标后,屏幕上就出现一个窗口,在该窗口中包括了计算机系统中的各种资源设置,主要包括软盘驱动器、硬盘驱动器以及控制面版。

(2)"我的文档"图标

Windows XP 系统自动将此文件夹作为文档保存的默认存放位置。"我的文档"中的内容是基于每个用户进行存储的,即使有多个用户共用一台计算机,一个用户不会看到另一个用户的文档。

(3)"网上邻居"图标

此文件夹用于快速访问当前计算机所在局域网中的硬件和软件资源,例如访问可被网上用户共享的打印机等。双击该图标,可以浏览工作组中的计算机和网上的全部计算机,可以查看整个网络中其他已登录用户的情况。

(4)"回收站"图标

此文件夹用于暂时存放被丢弃(删除)的文件及其他对象。倘若因误操作丢弃了某个文件,可从"回收站"中安全地恢复过来。它可以使用户重新找回被删除的文件。一旦执行该文件夹"文件"菜单中的"清空回收站"命令,"回收站"中的文件将被永久地删除。

对桌面上的图标可以通过鼠标拖动改变其在桌面的位置,也可以通过鼠标右击桌面空白处,在弹出的菜单中选中"排列图标"项,在其下级菜单中按名字、类型、大小或日期 4 种方式中的一种进行重新排列,还可以创建、移动及删除图标。

如果注意观察桌面上的图标,会发现不同图标之间有一些微小的差别,有的图标在左下角有一个向上小斜箭头,这样的图标称为快捷方式。

2．开始按钮

"开始"按钮位于桌面的左下角。单击"开始"按钮就可以打开 Windows 的开始菜单,用户可以在该菜单中选择相应的命令进行操作。

在 Windows 界面中,"开始"按钮是使用最为简单的方式。用户要求的功能,99％都可以由开始菜单提供(包括运行程序、打开文以及执行其他常规任务等)。

开始菜单中的主要选项功能如下。

(1)程序选项:显示程序文件夹和存于其中的程序项(快捷方式),单击某程序项就可以执行指定的程序。

(2)文档选项:当鼠标指向"文档"时,即列出最近使用过的 15 个文档。

(3)设置选项:由 4 个项目组成,即"控制面板"、"打印机"、"任务栏和开始菜单"和"网络和拨号链接"。

(4)搜索选项:用于对自己的计算机或者网络中其他计算机的文件夹进行搜索和查找。

(5)帮助选项:使用中出现的问题都可以求助于系统的联机帮助,获取有关信息。

(6)运行选项:提供了一种通过输入命令字符串来启动程序、打开文档或文件夹及浏览 Web 站点的方法。

(7)关机选项:在 Windows XP 操作完毕准备关机时,选择该选项。

3．任务栏

任务栏位于桌面的底部。从左到右依次为"开始"按钮、快捷启动工具栏、当前打开程序的最小化窗口按钮以及最右端矩形框中的状态指示器,状态指示器里面包含音量控制器、系统时间及输入指示器等,如图 2.1.2 所示。

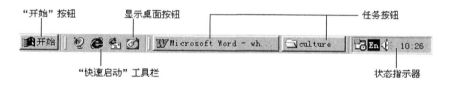

图 2.1.2　任务栏

所有正在运行的应用程序和打开的文件夹均以按钮的形式显示在任务栏上,要切换到某个应用程序或文件夹窗口,只须单击任务栏上相对应的按钮即可。在任务栏的右边有一块凹下去的矩形区域,里面包含了多个状态指示器。

根据系统配置的不同,该区域中的指示器个数和内容也不同。例如最右边的时间指示器,如果用户把鼠标放在该指示器上停留一会儿,系统就会弹出一条提示信息来显示当前日期和时间。

4．窗口

Windows XP 采用了多视窗技术,在使用 Windows 操作系统时,桌面上可能会出现多种类型的窗口,其中包括应用程序窗口、文档窗口、文件夹窗口及对话窗口等,如图 2.1.3 所示。

(1)应用程序窗口

应用程序窗口包含一个正在运行的应用程序,在窗口的顶部会出现应用程序的名称和

应用程序菜单栏。

图 2.1.3　窗口

（2）文档窗口

在应用程序出现的其他窗口称为文档窗口,它常常包含用户的文档或数据文件。

（3）文件夹窗口

文件夹是用来存放其他文件和文件夹的,双击文件夹图标即可打开一个文件夹窗口,用于显示该文件夹中的文档组成内容和组织方式。

（4）对话窗口

对话窗口也称为对话框。Windows 系统为了完成某项任务而需要从用户那里得到更多的信息时,它就显示一个"对话框"。顾名思义,对话框是系统与用户对话、交互的场所,是窗口界面的重要组成部分。

2.1.4　基本操作

Windows 的基本操作包括系统的启动和退出、鼠标和键盘的使用、快捷方式、资源管理器的使用和文件与文件夹的操作等。

1. Windows 的启动与退出

启动 Windows 是指运行 Windows 系统核心程序 Win.com 进入 Windows 系统,使用户在 Windows 系统的控制下操作和管理计算机。

退出 Windows 系统是指结束 Windows 系统的运行,使计算机的控制权交给其他操作系统或关机,结束计算机的操作。

2. 应用程序的启动和退出

使用 Windows 系统可以帮助用户完成很多工作,比如文字处理、网络浏览、收发电子邮件、图形处理、休闲游戏等,可是 Windows 本身并不会完成这些任务,帮助用户完成这些工作的就是计算机程序,我们把完成特定任务的计算机程序称为应用程序。正因为有大量的应用程序,计算机才日益体现出强大的功能。

启动应用程序的方法多种多样,下面以 IE 浏览器的启动为例,分别介绍不同的启动方式。

(1) 通过快捷方式

① 通过"开始"菜单启动应用程序

鼠标单击"开始/程序/Internet Explorer",即可启动 IE 浏览器,这是一种最常见的启动应用程序的方法。

② 通过桌面应用程序的快捷图标启动应用程序

如果一个应用程序在桌面上建立了一个快捷图标,那就可以通过双击该快捷图标来启动应用程序。在桌面上找到 IE 浏览器的快捷图标"Internet Explorer ",双击该图标就可以启动 IE 浏览器。

桌面图标是一种最有效、最快的应用程序启动方法,所以一般人们总把经常用到的应用程序的快捷图标放在桌面上,便于快速启动这个应用程序。但如果桌面上没有建立应用程序的快捷图标或者快捷图标被删除了,那就无法用此方法启动应用程序了。

③ 通过任务栏上的"快速启动"工具栏启动应用程序

单击桌面任务栏上"快速启动"工具栏中的"Internet Explorer " 工具按钮,就可以快速地启动 IE 浏览器。

虽然"快速启动"工具栏上的工具按钮可以自定义增加一些,但由于任务栏的空间很小,容纳不下太多的"快速启动"工具按钮,所以在实际的应用中用得并不多。

这 3 种快速启动应用程序的方法,其共同的特点是:一般来说它们只是应用程序的快捷方式,并不是应用程序的可执行文件。而正因为是快捷方式,用户无须知道应用程序的可执行文件在磁盘中的位置,只要执行这些快捷方式就可以快速地启动应用程序。

(2) 通过直接运行应用程序的可执行文件

前面介绍的 3 种启动应用程序的方法,从实质上说,都是应用程序快捷方式的不同形式,本身并不是可执行文件,只是指向这些可执行文件的一个链接而已。一旦由于各种原因,这种对应关系遭到破坏,或者快捷方式被删除了,那么,就没有办法启动应用程序了。这时,只要找到应用程序的可执行文件,就能启动这个应用程序。

同样以启动 IE 浏览器为例,通过"我的电脑",用户可以在 C 盘的"Program Files"文件夹的"Internet Explorer"文件夹中发现 IE 浏览器的可执行文件"explore. exe",双击这个可执行文件就能启动 IE 浏览器。

(3) 通过关联文档启动应用程序

在 Windows XP 系统中,每一个应用程序都会与一系列的文件建立关联,那么只要双击这些文件,就能启动与之相关联的应用程序,同时打开该文档。因为 HTML 网页文件是 IE 浏览器的关联文档,所以找到任何一个 HTML 网页文件,双击 HTML 网页文件,就能启动 IE 浏览器。

如果双击一个没有与任何应用程序关联的文档时,Windows XP 系统会出现一个"打开方式"对话框,如图 2.1.4 所示,让用户选择一个已经安装的应用程序来打开这个文件,如果选中"始终使用该程序打开这种文件"复选框,则自动建立了这种类型的文件与该程序的关

联,那么以后再次双击这种类型的文件时,就会启动该应用程序。

退出应用程序同样有多种方法,其外在的特征都是将应用程序的窗口关闭,关闭了应用程序的窗口即退出了应用程序。

(1) 正常退出应用程序的方法

① 单击程序窗口的"关闭窗口"按钮;

② 双击程序窗口的"控制菜单框";

③ 使用"控制菜单框"菜单中的"关闭"命令;

④ 使用应用程序的菜单栏"文件"菜单中的"退出"或"关闭"命令。

(2) 非正常退出

有时候由于一些原因,应用程序无法通过关闭窗口的方法正常退出,这时可以同时按下组合键"〈Ctrl〉+〈Alt〉+〈Delete〉",调出"Windows 任务管理器"窗口,如图 2.1.5 所示。在"应用程序"窗口中选取要退出的应用程序的程序名,然后按"结束任务"按钮即可强制退出该应用程序。但是很多时候一次这样的操作还不能退出应用程序,则可以再次进行上述操作。有时,Windows XP 系统会询问是否结束任务,单击"是"按钮即可。

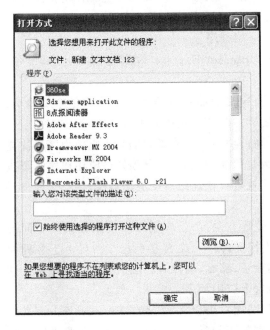

图 2.1.4 "打开方式"对话框   图 2.1.5 Windows 任务管理器

(3) 特殊程序"MS-DOS 方式"的退出

MS-DOS 方式的退出比较特殊,在窗口方式下退出的方法与其他应用程序的退出方法一样,而在全屏幕方式下,无法用上面的方法退出,必须要在 MS-DOS 提示符下用"EXIT"命令,退出 MS-DOS 方式,返回 Windows XP 系统。

2.1.5 键盘和鼠标

Windows XP 操作系统通过友好的界面把信息从计算机那里准确传达给用户,而鼠标和键盘则把用户给出的信息传达给计算机。用户通过鼠标和键盘输入数据或对计算机的行为进行控制。有时候可以只用鼠标或者只用键盘,有时候则需要两者合作。

1. 鼠标

(1)鼠标的分类

机械鼠标、光电鼠标、网络鼠标等。

(2)鼠标的基本操作

① 指向:移动鼠标,使鼠标指针接触到屏幕上某个目标。

② 单击:指向某一项,按下左键,然后释放。

③ 双击:指向某一项,连续两次快速单击左键。

④ 右击:指向某一项,按下右键。

⑤ 左键拖动:移动鼠标时,始终按住鼠标左键。

⑥ 右键拖动:移动鼠标时,始终按住右键。

如果鼠标的两个按键之间还有一个滑动按钮的话,用户可以通过滚动滑动按钮来翻动浏览窗口的内容。

2. 键盘

键盘上的键除了有与打字机一致排列的主要键以外,还有一些特殊的控制键,有的键是需要与其他键配合使用才能起作用。以〈键名 1〉+〈键名 2〉的形式来表示需要配合使用的组合键。

快捷键是快速实现某些功能的组合键。例如〈Ctrl〉+〈Esc〉键就可以打开"开始"菜单。在 Windows 中快捷键有许多,可以在使用的过程中逐渐掌握。

2.2 文件、文件夹的管理

2.2.1 资源管理器

计算机资源包括硬件资源和软件资源两部分。硬件资源指的是计算机本身或外接的各种硬件设备,如存储器、打印机、多媒体设备等;软件资源是指存储于磁盘、光盘或者网络中的软件和数据。

Windows XP 操作系统提供了两种资源管理的方法:使用"我的电脑"窗口和使用"资源管理器"窗口。这两种窗口所提供的功能基本相同,操作方法也是大同小异。

1. Windows 的"资源管理器"

Windows 操作系统是计算机软件和硬件的"大管家",负责管理和调度计算机的各种资源。"我的电脑"和"资源管理器"是具体对资源进行管理的两个应用程序。"我的电脑"是系统默认的文件夹窗口,而"资源管理器"则是 Windows 中的一个应用程序。

2. 启动"资源管理器"

(1)选择"开始"按钮,单击"程序"菜单,选择"资源管理器"命令。

(2)鼠标右击"我的电脑",选择"资源管理器"命令。

(3)鼠标右击"开始"按钮,选择"资源管理器"命令。

3. "资源管理器"窗口的基本功能

"资源管理器"具有查看计算机资源、管理磁盘、文件和文件夹与启动应用程序的功能。

双击"资源管理器"中某个应用程序名或者双击某个已经注册的文档,都能启动应用程序。

4．"资源管理器"的设置

调整"资源管理器"窗口、文件夹框和文件夹内容框大小的具体步骤如下。

① 单击"资源管理器"窗口右上角的最大化按钮;

② 将鼠标指针移到文件夹框和文件夹内容框之间的分隔条处,使鼠标指针变为双向箭头;

③ 拖动分隔条至合适位置,释放鼠标左键。

隐藏工具按钮、地址栏,然后再恢复的具体步骤如下。

① 单击"查看"菜单,指向"工具栏",单击"标准按钮"(取消前面的"√"),则将工具按钮栏隐藏。

② 单击"查看"菜单,指向"工具栏",单击"地址栏"(取消前面的"√"),则将地址栏隐藏。

③ 再单击"查看"菜单,指向"工具栏",单击"标准按钮"(恢复前面的"√"),则恢复工具按钮。

④ 再单击"查看"菜单,指向"工具栏",单击"地址栏"(恢复前面的"√"),则恢复地址栏。

关闭文件夹框,再恢复文件夹框的具体步骤如下。

① 单击文件夹框右上角的关闭按钮,则关闭文件夹框。

② 单击"查看"菜单,指向"浏览器栏",单击"文件夹",则恢复显示文件夹框。

5．"资源管理器"的显示方式

通过"查看"菜单可以对"资源管理器"或者"我的电脑"窗口的显示方式进行设置。显示方式包括目录显示形式和图标排列顺序等。

(1) 单窗格显示

打开"我的电脑"窗口,默认状态下只有一个窗格,双击其中的文件夹图标或者在地址栏中输入文档或者文件夹的路径就可以显示相应的文件或者文件夹。利用标准工具栏上的"后退"、"前进"和"向上"按钮,还可以在已经浏览的画面之间切换(其中"向上"按钮退回到当前文件夹的上一级文件夹)。

(2) 双窗格显示

打开"资源管理器"窗口,默认显示方式为左、右两个窗格(即双区)。左窗格中显示文件夹,右窗格中显示当前的文件夹内容。

在左窗口中可以看到如图 2.2.1 所示的文件夹结构,其中带有"＋"或"－"的文件夹表示包含下级文件夹,单击"＋"可以使文件夹向下展开,单击"－"则将已打开的文件夹折叠。

从"查看"菜单中的"浏览器栏"子菜单中选择"文件夹"命令,可以在单、双窗格显示模式之间切换。

(3) 多窗口设置

利用"我的电脑"窗口浏览信息资源,当双击某个文件夹图标时,窗口中便显示文件夹的内容,如果希望另外打开一个窗口专门显示该文件夹的内容,就需要使用多窗口方式进行资源管理,方法如下:

从"工具"菜单中选择"文件夹选项",打开"文件夹选项"对话框,如图 2.2.2 所示。在"浏览文件夹"下方选中"在不同窗口中打开不同的文件夹"单选按钮,则双击文件夹以后,将打开一个新的窗口来显示该文件夹的内容。

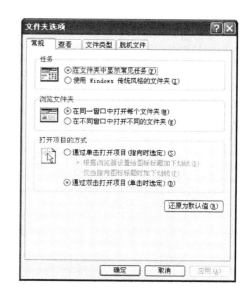

图 2.2.1　文件夹结构

图 2.2.2　"文件夹选项"对话框

6．退出"资源管理器"

退出"资源管理器"的方法有如下几种。

（1）单击"资源管理器"窗口上的 ✕ 窗口按钮。

（2）单击"文件"菜单中的"关闭"命令。

（3）打开"资源管理器"窗口的控制菜单，单击"关闭"命令。

（4）按快捷键〈Alt〉＋〈F4〉。

2.2.2　文件和文件夹

计算机是信息处理的工具，各种信息在计算机中都以文件的形式运行和保存。文件夹（DOS 时代的"目录"）是管理文件的组织形式。对文件和文件夹进行创建、移动、复制、重命名和删除等操作是 Windows"资源管理器"的基本操作。

1．文件和文件夹的概念

文件是相关信息的集合。在计算机中，文件是指存放在磁盘和光盘等计算机外存储器上的、已命名的一组相关信息的集合。通常将程序和数据组织成文件。在 Windows 中，系统也将一些硬件设备（如打印机、移动硬盘等）当作文件对待。文件中的基本访问单位可以是位、字节或记录。文件的属性包括文件类型、文件长度、文件的物理位置、文件的存取控制和文件的建立时间。

文件夹是 Windows 管理文件的组织形式，文件夹内可以包括文件或者子文件。

2．文件类型

① 按性质和用途分为系统文件、用户文件和库文件。

② 按文件中的数据形式分为源文件、目标文件。

③ 按文件的存取控制属性分为只执行文件、只读文件和读写文件。

④ 按文件的逻辑结构分为有结构文件和无结构文件。

⑤ 按文件的物理结构分为顺序文件、链接文件和索引文件。

⑥ 按照文件的内容分为普通文件、目录文件和特殊文件。

3. 命名规则

文件和文件夹的命名形式：主文件名［. 扩展名］，扩展名可以省略，文件名的总长度不能超过 256 个字符。一般情况下，文件夹没有扩展名。

主文件名可以根据文件内容取名，扩展名则代表文件类型，所以又称为类型名，表 2.2.1 中给出了 Windows 中一些常见的文件类型以及对应的扩展名。

表 2.2.1 常见的 Windows 文件类型及对应的扩展名

文件类型	扩展名
程序文件	. COM，. EXE，. BAT，. PIF
系统文件	. OVL，. SYS，. DRV，. DLL
文档文件	. TXT，. DOC，. RTF，. RIF，. WRI，. INF，. INI
图像文件	. BMP，. GIF，. JPEG
声音文件	. WAV，. MID，. MP3
影视文件	. AVI
数据文件	. DBF，. XLS，. MDB
字体文件	. TTF，. FON

这里需要注意以下几点。

① 文件名中是不分大小写字母的，例如 ABC. TXT 与 abc. txt 为同一个文件名。

② 给文件命名的时候，不能出现西文的:\、/:、* 、?、`、〈〉、|字符。

③ 同一文件夹中的文件或者文件名不能相同。

④ 搜索文件的时候可以使用通配符号"＊"和"?"来表示文件名中的字符，其中"＊"代表任意的一个或者一串字符或者空串，"?"代表任意一个字符。

4. 路径

路径能唯一地表示文件或者文件夹在计算机中的位置，其表达形式如下：

驱动器符:\文件夹\子文件夹\...\文件名

例如,C:\WINDOWS\ABC.TXT,表示引用 C 盘 Windows 文件夹中的 ABC. TXT 文件。驱动器符一般用 A、B 表示软盘驱动器,C、D 表示硬盘驱动器。

5. 文件和文件夹的操作

（1）文件及文件夹的显示方式

文件及文件夹的显示方式一共有 4 种，分别是以小图标、大图标、列表和详细列表显示。单击"查看"菜单中的"大图标"，则文件夹内容框中的文件和文件夹均以大图标方式显示。依次选择"查看"菜单下的"小图标"、"列表"、"详细资料"命令，可以观察到内容框中文件和文件夹显示方式的变化。

（2）显示内容选项设置

如果想以详细资料显示文件夹中的子文件和子文件夹，可以单击"查看"菜单，选择"详细资料"命令。

如果想按类型排序方式显示文件夹中的子文件和子文件夹可以单击"查看"菜单,指向"排列图标",单击"按类型",通过拖动文件内容框中的垂直滚动条,可看到文件按类型排序方式显示。

（3）选定文件及文件夹

① 选单一个项目:单击文件或者文件夹图标。

② 选相邻的多个项目:单击首项的项目名,按住〈Shift〉键不放,再单击末项项目名。

③ 选多个不连续项目:按住〈Ctrl〉键的同时逐一单击各个项目名。

（4）创建文件夹

打开一个文件夹,从"文件"菜单的"新建"子菜单中选"文件夹"命令,就在该文件夹下创建了新文件夹。

（5）复制和移动

可以有多种方法进行文件或文件夹的复制或移动操作。

① 用鼠标拖移。表2.2.2列出了用鼠标拖动完成文件或者文件夹的复制或移动的方法。

表 2.2.2　鼠标完成对文件/夹的复制或移动

	复制	移动
同盘之间	〈Ctrl〉＋拖移	直接拖移
不同盘之间	直接拖移	〈Shift〉＋拖移

② 使用下拉菜单命令。选定需要复制或者移动的文件或者文件夹,从"编辑"菜单中选择"复制"或者"剪切"命令,单击目标位置文件夹,再从"编辑"菜单中选择"粘贴"命令完成操作。

③ 使用快捷菜单命令。右击需要复制或者移动的文件或者文件夹,从快捷菜单的"发送到"子菜单中选择需要发送到的目标(如 3.5 英寸软盘(A)、我的文档等),就可以将选定的文件或者文件夹复制到软盘或"C:\Documents and Settings\登录用户名\My Documents"中。

6. 删除与恢复

为了防止错误的操作,Windows 系统有逻辑删除和物理删除的功能。对硬盘而言,选定文件或者文件夹以后,按〈Delete〉键或者执行菜单中的"删除"命令,文件或者文件夹就被放入了"回收站",这只是逻辑删除;对"回收站"中的文件再进行删除,文件才会被真正地删除,即物理删除。

如果选定硬盘上的文件或文件夹后按〈Shift〉＋〈Delete〉键,则文件直接被物理删除。

如果在"回收站属性"对话框中勾选"删除时不将文件移入回收站,而是彻底删除"复选按钮,则被选定的硬盘文件将不进入回收站而直接被物理删除,如图 2.2.3 所示。

7. 还原

被逻辑删除的文件或者文件夹是存储在"回收站"这一个特殊的文件夹中,必要的时候还可以使用快捷菜单对回收站中的选定文件或者文件夹进行恢复,使其复原到原来的地方。

注意:对于软盘或者是 U 盘来说,无论怎样删除,文件都不会进回收站的,都是物理删除,另外只读光盘上的文件是不能删除的。

8. 设置属性

Windows 系统的文件和文件夹共有 4 种属性,其中系统属性是由操作系统定义的。鼠标右击文件或者文件夹名后,在快捷菜单中选择"属性"命令,打开"属性"对话框,如图 2.2.4 所示,可以将文件或者文件夹设置为只读、隐藏和存档。另外还可以通过摘要、自定义等选项卡来设置或者显示文件的其他属性,选项卡的类型和数量与文件本身有关。

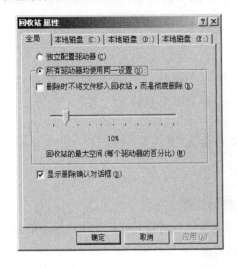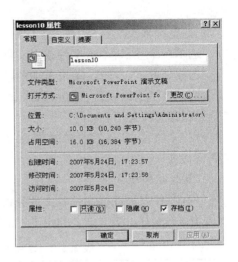

图 2.2.3　回收站　　　　　　　　　　　图 2.2.4　"属性"对话框

9. 重命名

选中需要重命名的文件或者文件夹,从"文件"菜单中选择"重命名"命令或者鼠标右击需要重命名的文件或者文件夹,从快捷菜单中选择"重命名"命令,输入新的文件名,即可完成重命名操作。

如果需要更改的是文件的扩展名,则首先让文件的扩展名显示出来,这可以通过"资源管理器"窗口中的"工具"菜单的"文件夹选项"命令,打开"文件夹选项"对话框,选择"查看"选项卡,取消"隐藏已知文件类型的扩展名"的选定,如图 2.2.5 所示。一般情况下,不要更改文件的扩展名,否则会让文件的类型和默认的应用程序改变,影响文件的使用。

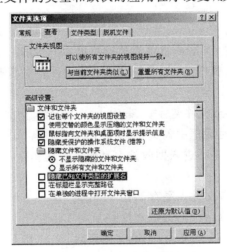

图 2.2.5　"文件夹选项"对话框

10. 文件搜索

(1) 打开搜索窗口。第一种方法是从"开始"菜单中的"搜索"子菜单中选择"文件或文件夹"命令,另一种方法是从"资源管理器"窗口中右击某个文件夹,从快捷菜单中选择"搜索"命令,都可以打开"搜索结果"窗口,如图2.2.6所示。

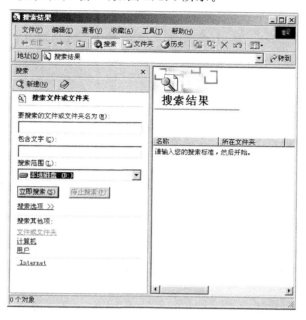

图2.2.6 搜索结果

（2）往"要搜索的文件或文件夹名为"文本框中输入想要搜索的文件或者文件夹的名字（允许使用"＊"、"?"通配符），在"搜索范围"文本框中输入查找路径（如果用上述第2种方法打开搜索窗口,查找路径会自动生成）。

（3）如果要把文件内容中所包含的文字、文件的大小或者文件的创建日期作为搜索依据,可以单击"搜索选项"超链接文本,打开"搜索选项"设置框进行设置,如图2.2.7所示。

（4）单击"立即搜索"按钮开始搜索。

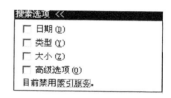

图2.2.7 搜索选项

如果想把找到的文件保存到某个文件夹中,直接从搜索窗口中选定它们,再将它们复制到目标文件夹中；如果想保存搜索条件,则从"搜索结果"窗口中选择"文件"菜单的"保存搜索"命令,从"保存搜索"对话框中选择文件保存的位置,便将文件保存下来。

11. 文件类型与应用程序的关联

利用文件的扩展名,可以知道该文档在默认状况下是由哪个应用程序打开的,这是因为事先将文件与某个应用程序之间建立了关联,使Windows知道哪种扩展名的文档由哪个应用程序可以处理。

在建立关联以后,文件的图标会带有自己的特色,相同扩展名的文档具有相同的图标,双击该类文档,便可以启动关联了的应用程序,并在该程序的窗口中可以看到双击后的文档内容。

如果没有建立关联,文档文件的扩展名始终可见,双击该文件以后,由于Windows不知道到该文档使用什么工具可以打开,便出现"打开方式"对话框。

在选中"始终使用该程序打开这些文件"复选框的情况下,让用户从已经安装的所有应用程序中选择用于打开该文档的工具后,Windows就会自动将该类型的文件和所选定的工

具关联起来,即该种扩展名的文档注册为相应工具可以打开的文档。

12. 创建和使用快捷方式

快捷方式是链接到其所代表对象的一种特殊指针文件,能够快速启动所对应的应用程序,快捷方式可以出现在桌面、窗口、文件夹、"开始"菜单等任何地方。

(1)创建快捷方式

① 选定应用程序对象后创建快捷方式

方法 1:右击需要创建快捷方式的对象,从快捷菜单中选择"创建快捷方式"命令,便在当前的文件夹内创建了选定对象的快捷方式。

方法 2:右击需要创建快捷方式的对象,从快捷菜单中选择"发送到 / 桌面快捷方式"命令,便在桌面上创建了指向该对象的快捷方式。

方法 3:用鼠标右键将对象拖动到目标位置,放手后将出现快捷菜单,选择"在当前位置创建快捷方式"命令,同样可以创建快捷方式。

② 选定放置快捷方式的目标位置后创建

单击欲放置快捷方式的文件夹,选择"文件 / 新建 / 快捷方式"命令,或者右击目标位置以后,从快捷菜单中选择"新建 / 快捷方式"命令都能进入创建快捷方式向导,按照要求和提示逐步完成创建即可。

如果需要在"开始"菜单中添加快捷方式,可以利用"开始 / 设置 / 任务栏和开始菜单"命令或者任务栏快捷菜单中的"属性"命令,打开"任务栏和开始菜单属性"对话框,单击"高级"选项卡,利用"添加"或者"高级"按钮进行设置,其中使用"添加"按钮也可以打开创建快捷方式的向导对话框。

快捷方式一旦创建成功,双击该快捷方式就可以启动所指向的应用程序。

(2)快捷方式的移动、复制与删除

快捷方式的移动、复制与删除是针对快捷方式文件本身所进行的操作,与一般的文件操作一样,不会影响到其所指向的对象本身。

如果要删除"开始"菜单中的快捷方式,可以利用"开始 / 设置 / 任务栏和开始菜单"命令或者任务栏快捷菜单中的"属性"命令,从"任务栏和开始菜单属性"对话框的"高级"选项卡上单击"删除"按钮进行删除即可。

2.3　Windows 的系统环境设置

Windows 系统的日期、时间和显示方式等系统环境可以根据用户的需要来设置。

2.3.1　Windows 的控制面版

使用"开始"菜单中的"设置/控制面板"命令,可以对 Windows 系统的环境和一些参数进行设置。

1. 时间和日期的设置

日期和时间的设置可以有两种方法来完成。第一种是右击任务栏上的系统时间,在快捷菜单中选择"调整日期/时间"命令;第二种是双击控制面板中的"日期和时间"图标,显示"日期/时间属性"对话框,如图 2.3.1 所示,从中输入需要调整的日期或者时间,即可完成设置。

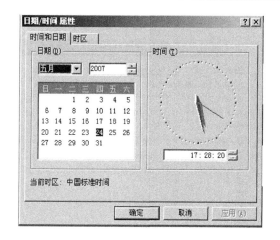

图 2.3.1　设置时间属性

2．鼠标属性的设置

鼠标器是 Windows 系统中的重要工具，为了正确方便地使用，可以对其属性进行设置。双击控制面板中的"鼠标"图标，显示"鼠标属性"对话框，如图 2.3.2 所示，选择项目（包括鼠标双击的速度，左/右手操作习惯，鼠标指针的形状，是否显示指针轨迹等），进行设置。

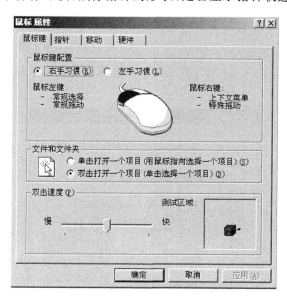

图 2.3.2　设置鼠标属性

2.3.2　应用程序的添加和删除

Windows 系统是模块化的程序结构，可以按照需要增加或者是删除 Windows 系统中的组件（程序）或是别的应用程序。操作方法如下：

双击控制面板中的"添加/删除程序"图标，打开"添加/删除程序"窗口，如图 2.3.3 所示，该窗口的左边一共有 4 个按钮，分别是更改或删除程序（H）、添加新程序（N）、添加/删除 Windows 组件（A）、设定程序访问和默认值（O）。根据需要选择相对应的按钮，在对话框

向导下,逐步完成操作。

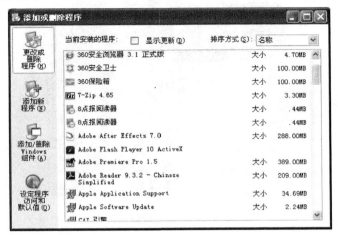

图 2.3.3 "添加/删除程序"对话框

2.3.3 显示属性

显示器的显示方式和显示效果是可以通过设置显示属性来改变的。

有两种方法可以设置桌面的显示属性:一是右击桌面空白处,在快捷菜单中选择"属性"命令;二是选择"开始/设置控制面板"命令,再从"控制面板"窗口中双击"显示"图标,打开"显示属性"对话框,如图 2.3.4 所示,便可以更改桌面的各种显示属性了。对话框上的各选项卡的功能如下。

图 2.3.4 "显示属性"对话框

① 背景:设置桌面背景,如图案与墙纸等。
② 屏幕保护程序:设置屏幕保护程序。
③ 外观:设置窗口的外观,如颜色搭配、桌面及窗口文字大小。
④ Web:设置活动桌面的内容,使桌面能显示当前互联网上的内容。
⑤ 效果:更改图标大小、类型等,以及更改桌面的显示效果。

⑥ 设置:设置显示设备的属性,如屏幕分辨率、色彩数量的调整等。

2.3.4 打印机的安装设置

在 Windows XP 系统中,使用打印机需要安装相应的驱动程序和进行相关的设置。

使用"开始/打印机和传真"命令,打开"打印机和传真"窗口,如图 2.3.5 所示。双击"添加打印机",打开"添加打印机向导"窗口,然后按照向导逐步完成打印机的设置。

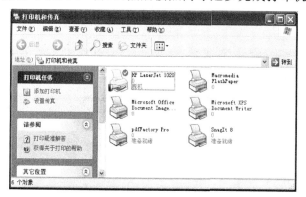

图 2.3.5 添加打印机

2.3.5 字体的安装和删除

1. 字体安装

使用"开始/控制面板/字体"命令打开字体对话框,如图 2.3.6 所示。单击"文件"菜单中的安装新字体,按向导安装完成即可。

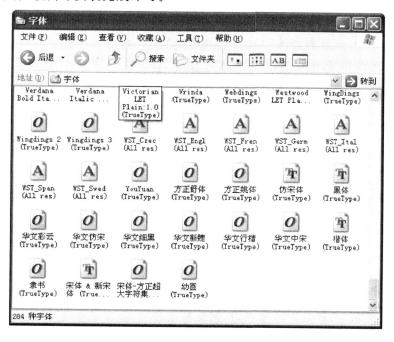

图 2.3.6 "字体"对话框

2. 字体删除

打开如图 2.3.6 所示的"字体"对话框,选中要删除的字体,右击删除字体或者用"文件"菜单中的"删除"命令,即可删除所选的字体。

2.4 常用软件的使用

2.4.1 计算器

使用"开始/所有程序/附件/计算器"命令,可以打开如图 2.4.1 所示的计算器界面。通过查看菜单可以选择标准型计算器和科学型计算器,如图 2.4.2 所示为科学型计算器。

图 2.4.1 标准型计算器

图 2.4.2 科学型计算器

例 2.4.1 计算 2^4 的值。

选择科学型计算器,按数字键 2 后按 x^y 键,再按数字键 4。即可得到所需要的值。

例 2.4.2 将十六进制数值"AB12"转换为其他进制数。

选择科学型计算器,选择十六进制,依次输入"A"、"B"、"1"、"2",选择十进制即转换为十进制数"43794",选择八进制即转换为八进制数"125422",选择二进制即转换为二进制数"1010101100010010"。

例 2.4.3 计算半径为 4 的圆的周长值。

选择科学型计算器,先按"4",然后按乘号"＊",再依次按"2"、乘号"＊"、圆周率"pi"键,最后按等号"＝",即显示结果为"25.13"。

2.4.2 录音机

该程序能够完成录音的功能。

(1)程序的启动:使用"开始/所有程序/附件/娱乐/录音机"命令,即打开如图 2.4.3 所示的录音机界面。

(2)播放:使用"文件/打开"命令,找到要播放的声音文件,点打开即可。

图 2.4.3 录音机

（3）录音：双击任务栏的小喇叭，在打开的窗口中选择"选项/属性/录音/选择声源"命令，关闭音量控制窗口。在录音窗口中单击红色的录音键开始录音，需要结束请按长方形的停止按钮。最后单击"文件/保存（或者另存为）"命令以文件的形式保存即可。

2.4.3 画图程序

中文版 Windows XP 的"附件"程序为用户提供了许多使用方便而且功能强大的工具，当用户要处理一些要求不是很高的工作时，可以利用附件中的工具来完成，比如使用"画图"工具可以创建和编辑图画，以及显示和编辑扫描获得的图片；使用"计算器"来进行基本的算术运算；使用"写字板"进行文本文档的创建和编辑工作。进行以上工作虽然也可以使用专门的应用软件，但是运行程序要占用大量的系统资源，而附件中的工具都是非常小的程序，运行速度比较快，这样用户可以节省很多的时间和系统资源，有效地提高工作效率。在这一节中将介绍画图工具的使用。

可以用〈WIN〉（徽标键）＋〈R〉键打开"运行"命令，然后输入"mspaint.exe"即可打开"画图"程序。

1. 认识"画图"界面

当用户要使用画图工具时，可单击"开始"按钮，单击"所有程序/附件/画图"，这时用户可以进入"画图"界面。

下面简单介绍一下程序界面的构成。

① 标题栏：显示用户正在使用的程序和正在编辑的文件。

② 菜单栏：此区域提供了用户在操作时要用到的各种命令。

③ 工具箱：它包含了 16 种常用的绘图工具和一个辅助选择框，为用户提供多种选择。

④ 颜料盒：它由显示多种颜色的小色块组成，用户可以随意改变绘图颜色。

⑤ 状态栏：它的内容随光标的移动而改变，标明了当前鼠标所处位置的信息。

⑥ 绘图区：处于整个界面的中间，为用户提供画布。

2. 页面设置

在用户使用画图程序之前，首先要根据自己的实际需要进行画布的选择，也就是要进行页面设置，确定所要绘制的图画大小以及各种具体的格式。用户可以通过选择"文件"菜单中的"页面设置"命令来实现。

3. 使用工具箱

在"工具箱"中，为用户提供了 16 种常用的工具，当选择一种工具时，在下面的辅助选择框中会出现相应的信息，比如当选择"放大镜"工具时，会显示放大的比例，当选择"刷子"工具时，会出现刷子大小及显示方式的选项，用户可自行选择。

① 裁剪工具：利用此工具，可以对图片进行任意形状的裁切，单击此工具按钮，按下左键不松开，对所要进行的对象进行圈选后再松开手，此时出现虚框选区，拖动选区，即可看到效果。

② 选定工具：此工具用于选中对象，使用时单击此按钮，拖动鼠标左键，可以拉出一个矩形选区对所要操作的对象进行选择，用户可对选中范围内的对象进行复制、移动、剪切等操作。

③ 橡皮工具：用于擦除绘图中不需要的部分，用户可根据要擦除的对象范围大小，来选

择合适的橡皮擦,橡皮工具根据后背景而变化,当用户改变其背景色时,橡皮会转换为绘图工具,类似于刷子的功能。

④ 填充工具:运用此工具可对一个选区内进行颜色的填充,来达到不同的表现效果,用户可以从颜料盒中进行颜色的选择,选定某种颜色后,单击改变前景色,右击改变背景色,在填充时,一定要在封闭的范围内进行,否则整个画布的颜色会发生改变,达不到预想的效果,在填充对象上单击填充前景色,右击填充背景色。

⑤ 取色工具:此工具的功能等同于在颜料盒中进行颜色的选择,运用此工具时可单击该工具按钮,在要操作的对象上单击,颜料盒中的前景色随之改变,而对其右击,则背景色会发生相应的改变,当用户需要对两个对象进行相同颜色填充,而这时前景色、背景色的颜色已经调乱时,可采用此工具,能保证其颜色的绝对相同。

⑥ 放大镜工具:当用户需要对某一区域进行详细观察时,可以使用放大镜进行放大,选择此工具按钮,绘图区会出现一个矩形选区,选择所要观察的对象,单击即可放大,再次单击回到原来的状态,用户可以在辅助选框中选择放大的比例。

⑦ 铅笔工具:此工具用于不规则线条的绘制,直接选择该工具按钮即可使用,线条的颜色依前景色而改变,可通过改变前景色来改变线条的颜色。

⑧ 刷子工具:使用此工具可绘制不规则的图形,使用时单击该工具按钮,在绘图区按下左键拖动即可绘制显示前景色的图画,按下右键拖动可绘制显示背景色图画。用户可以根据需要选择不同的笔刷粗细及形状。

⑨ 喷枪工具:使用喷枪工具能产生喷绘的效果,选择好颜色后,单击此按钮,即可进行喷绘,在喷绘点上停留的时间越久,其浓度越大,反之,浓度越小。

⑩ 文字工具:用户可采用文字工具在图画中加入文字,单击此按钮,"查看"菜单中的"文字工具栏"便可以用了,执行此命令,这时就会弹出"文字工具栏",用户在文字输入框内输完文字并且选择后,可以设置文字的字体、字号,给文字加粗、倾斜、加下画线,改变文字的显示方向,等等。

⑪ 直线工具:此工具用于直线线条的绘制,先选择所需要的颜色以及在辅助选择框中选择合适的宽度,单击直线工具按钮,拖动鼠标至所需要的位置再松开,即可得到直线,在拖动的过程中同时按〈Shift〉键,可起到约束的作用,这样可以画出水平线、垂直线或与水平线成45°的线条。

⑫ 曲线工具:此工具用于曲线线条的绘制,先选择好线条的颜色及宽度,然后单击曲线按钮,拖动鼠标至所需要的位置再松开,然后在线条上选择一点,移动鼠标则线条会随之变化,调整至合适的弧度即可。

⑬ 矩形工具、椭圆工具、圆角矩形工具:这3种工具的应用基本相同,当单击工具按钮后,在绘图区直接拖动即可拉出相应的图形,在其辅助选择框中有3种选项,包括以前景色为边框的图形、以前景色为边框背景色填充的图形、以前景色填充没有边框的图形,在拉动鼠标的同时按〈Shift〉键,可以分别得到正方形、正圆、正圆角矩形工具。

⑭ 多边形工具:利用此工具用户可以绘制多边形,选定颜色后,单击工具按钮,在绘图区拖动鼠标左键,当需要弯曲时松开手,如此反复,到最后时双击鼠标,即可得到相应的多边形。

4. 图像及颜色的编辑

在画图工具栏的"图像"菜单中,用户可对图像进行简单的编辑,下面简单介绍相关的内容。

① 在"翻转和旋转"对话框内,有3个复选框分别为水平翻转、垂直翻转及按一定角度旋转,用户可以根据自己的需要进行选择。

② 在"拉伸和扭曲"对话框内,有拉伸和扭曲两个选项组,用户可以选择水平和垂直方向拉伸的比例和扭曲的角度。

③ 选择"图像"下的"反色"命令,图形即可呈反色显示。

④ 在"属性"对话框内,显示了保存过的文件属性,包括保存的时间、大小、分辨率以及图片的高度、宽度等,用户可在"单位"选项组下选用不同的单位进行查看。

日常生活中颜色是多种多样的,在颜料盒中提供的色彩也许远远不能满足用户的需要,在"颜色"菜单中为用户提供了选择的空间,执行"颜色/编辑颜色"命令,弹出"编辑颜色"对话框,用户可在"基本颜色"选项组中进行色彩的选择,也可以单击"规定自定义颜色"按钮自定义颜色然后再添加到"自定义颜色"选项组中。

当用户的一幅作品完成后,可以设置为墙纸,还可以打印输出,具体的操作都是在"文件"菜单中实现的,用户可以直接执行相关的命令根据提示操作,这里不再过多叙述。

第 3 章　Word 应用

本章学习目标与要求

※ 掌握启动和关闭 Word 2002 的方法，熟练掌握新建和打开文档的方法；

※ 掌握文本的覆盖、替换、插入、删除、撤销、移动和复制等基本编辑操作；

※ 掌握字体、段落的基本操作；

※ 掌握查找和替换的基本操作；

※ 掌握创建表格的方法，掌握自动套用格式、行或列、合并或拆分单元格等基本操作；

※ 掌握表格格式的对齐方式、字体格式、单元格底纹、表格边框设置；

※ 掌握设置页面、艺术字、栏格式及边框/底纹的方法；

※ 掌握插入和设置图片、脚注(尾注)、页眉/页码等对象的基本操作方法。

3.1　Word 概述

　　Word 2002 是一个功能强大的文字处理软件，可供办公人员和专业排版人员使用。它具备中英文录入、编辑、排版、图文混排、商业表格、声音背景等功能，并且与 Office 系列其他组件具有良好的交互性。Word 2002 较以前的版本，具有更易于设置格式、创建写作文档、语言和手写识别等一系列新功能。

　　文字处理是计算机应用的一个重要领域。文字处理软件是专门用于对文字进行各种处理的计算机软件。利用计算机中的文字处理软件，可以对文字进行输入、编辑、排版、打印等工作，还可以向文字中插入各种符号和图形，实现图文混排的效果。

3.1.1　启动 Word 2002

　　启动 Word 2002 的方法很简单，主要有两种：通过"开始"菜单启动和双击 Word 文件启动。

1. 通过"开始"菜单启动

　① 单击 开始 按钮，弹出"开始"菜单。

　② 指向"开始"菜单中的"所有程序"命令，出现所有程序的级联菜单。

　③ 单击"所有程序"级联菜单中的"Microsoft Word"命令，如图 3.1.1(a)所示，即可启动 Word 2002。

2. 双击 Word 文件启动

　　使用该方法启动 Word 的前提是在电脑的磁盘中有 Word 文件。双击该 Word 文件，即可启动 Word 2002，并自动打开该文件。如图 3.1.1(b)所示，双击"小故事"文档即可打开这个文档并启动 Word 2002。

 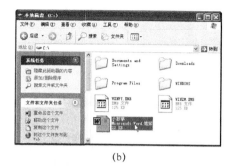

(a)　　　　　　　　　　(b)

图 3.1.1　启动 Word 2002

3.1.2　Word 2002 的工作界面

启动 Word 2002 后,我们就可以看到 Word 2002 的工作界面。如图 3.1.2 所示。屏幕顶端是标题栏,下面是菜单栏和工具栏,中间的大片空白区域为文档编辑区,用户所输入的文档就显示在这里,最下端为状态栏。文档中闪烁的竖线称为光标,代表文档的当前输入位置。下面逐一介绍这些区域。

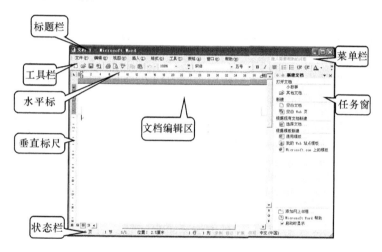

图 3.1.2　Word 2002 界面

(1)标题栏:显示当前文档名字。从这里可以看出用户是在处理哪一个文件。

(2)菜单栏:所有 Word 2002 能做的工作都在此分类排列,单击各个菜单就可以打开它们,选择其中的命令,就可以执行某一项操作。

(3)工具栏:Word 2002 功能很多,但常用到的命令并不多,如果每次执行它们都要打开菜单,找到执行,这样既费时又费力。所以把这些常用命令缩小为小图标按钮,要执行某种操作时只要单击相应的按钮即可。

 提示:

默认设置下,工具栏位于菜单栏的下方,工具栏是常用工具组合的总称,主要包括常用工具栏、格式工具栏、绘图工具栏和图片工具栏。通过单击工具栏上的按钮或选择工具栏列

表框中的选项即可执行相应的命令,若工具按钮或列表框呈灰色,表示相应的命令不能被执行。

通常可根据需要显示所需的工具栏或将不需要的工具栏隐藏。设置工具栏显示或隐藏状态通常有以下两种方法。

① 选择"视图/工具栏"菜单命令,在打开的子菜单中单击相应的菜单命令即可显示或隐藏相应的工具栏。

② 将鼠标光标移至任意工具栏上,单击鼠标右键,在弹出的快捷菜单中选择相应的菜单命令同样可以显示或隐藏相应的工具栏。

显示在窗口中的工具栏可通过鼠标拖动至窗口的任意位置,其方法为:将鼠标光标移到工具栏的左端,当鼠标光标变为形状时,按住鼠标左键不放,然后拖动鼠标到目标位置后释放鼠标即可。

(4) 标尺:用标尺的形式,来精确显示和设置各种对象的位置。标尺分为水平标尺和垂直标尺,分别显示在窗口的上方和左方,使用标尺可快速改变段落缩进和设置、清除制表位以及修改栏宽。

(5) 文档编辑区:它是 Word 2002 的工作区域,这里可以显示文档的内容,反映用户所作的操作。

(6) 滚动条:用来调整在文档编辑区中所能够显示的当前文档的部分内容。操作方法为按住鼠标左键并拖动。

(7) 状态栏:它提供当前文档的一些信息,如页码、当前光标在本页中的位置等。

(8) 任务窗格:Word 2002 的常用任务指示。任务窗格是 Word 2002 新增的功能,通常位于窗口的右方。任务窗格将多个命令集成在一起,且会根据当前的操作自动弹出。任务窗格通常包括"新建文档"、"剪贴板"、"搜索"和"插入剪贴画"等项目,若窗口中未显示任务窗格,则可以选择"视图/任务窗格"菜单命令打开任务窗格。

3.1.3 关闭 Word 2002

关闭 Word 的方法主要有两种,一种方法是单击标题栏右边的关闭按钮;另一种方法是选择"文件/退出"菜单命令,如图 3.1.3(a)所示。

在关闭 Word 2002 之前,如果编辑了其中的内容且未保存,则会打开一个对话框,询问是否需要保存更改,单击<是>按钮可保存文件,单击<否>按钮将不保存改动,单击<取消>按钮则取消关闭操作,如图 3.1.3(b)所示。

 提示:

快速关闭 Word 2002:如果用户的文档全部在任务栏显示,可以按住<Shift>键单击"文件"菜单中的"退出"命令,则打开的全部文档连同 Word 2002 会全部关闭。也就是说按住<Shift>键以后,"文件"菜单中的"退出"命令变成了"全部退出"命令。

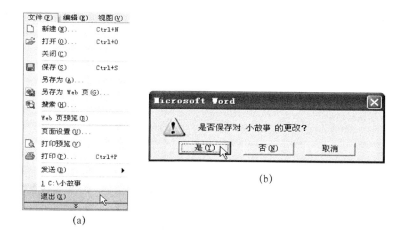

(b)

(a)

图 3.1.3 关闭 Word 2002

3.2 文档的创建和编辑

3.2.1 新建文档

每次进入 Word 2002 中文版时,Word 2002 中文版都会建立一个普通模板视图的新文档,如图 3.2.1 所示。

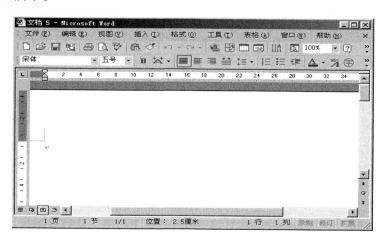

图 3.2.1 Word 2002 中文版自动创建的新文档

新建一个 Word 文档的操作步骤如下。

① 打开 Word 2002 应用程序。

② 选择"文件"菜单中的"新建"命令,弹出"新建文档"任务窗格(根据所使用组件程序的不同,任务窗格的名称会有所不同,在该任务窗格,如图 3.2.2 所示中可以选择直接新建或根据模板新建等命令。

也可以使用"常用"工具栏中的"新建"按钮,快速新建一个 Word 文档。也可以先不打开 Word 2002,而新建一个文档,具体的操作步骤如下。

① 单击"开始菜单"中的"新建 Office 文档"命令,弹出如图 3.2.3 所示对话框。

② 选中"空白文档"按钮,然后单击"确定"按钮即可。

图 3.2.2 "新建文档"任务窗格

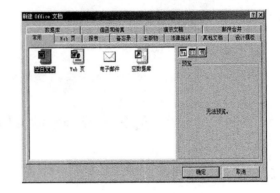

图 3.2.3 新建 Office 文档

3.2.2 打开文档

若要打开已有的文档,可以直接在"我的电脑"中双击文档文件的图标,例如,若双击某 Word 文档的图标,将自动运行 Word 2002 并在其中打开此文档。用户也可在 Word 2002 程序中直接打开文档,方法如下:

① 选择"文件"菜单中的"打开"命令,弹出"打开"对话框,如图 3.2.4 所示。

② 在其中的"查找范围"内选择目标文档所在的文件夹。

③ 选择了文件夹后,在下面的文件列表框中即可选定所需打开的文档。

④ 最后,单击"打开"按钮完成操作。

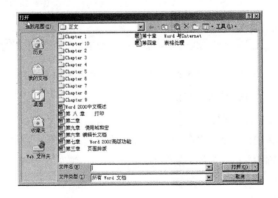

图 3.2.4 "打开"对话框

"打开"对话框中的左侧还有一个文件夹面板,包括"历史"、"我的文档"、"桌面"和"网上邻居"几个文件夹按钮。选择"历史"按钮,可以打开最近打开过的文档列表并在其中选择现在要打开的文档;选择"我的文档"或"桌面"则快速进入"我的文档"文件夹或桌面;选择"网上邻居"可以打开网上邻居中的文档。

在"打开"按钮右侧单击三角按钮,在弹出的子菜单中还可以选择文档的打开方式,如"以只读方式打开"或"以副本方式打开"等。

3.2.3　输入文本

使用 Word 2002 中文版,在输入文本之前,需要选择输入法,这通常是为了处理中文文档。用户可以使用＜Alt＞ ＋ ＜Shift＞组合键在英文和各种中文输入法之间切换,同时也可以单击"任务栏"右侧的"输入法指示器"按钮,屏幕上会弹出一个"输入法"菜单,用户可以根据自己的需要选择输入法。如果在"输入法"中没有用户所需要的输入法,用户可以通过Windows 系统来安装。

在 Word 2002 文档中可以进行文本和特殊符号的输入等操作,如果输入错误,还可以将错误的内容删除。

输入文本主要包括英文的输入和中文的输入,若要输入英文,只须在英文输入法下直接按相应的键即可;若要输入中文,则应将输入法切换为中文输入法,如五笔输入法后,再进行文字的输入。

1．汉字输入

在工作中,用户经常会利用"写字板"、"Word"等文字处理软件进行文字处理工作。对中文文字处理而言,最重要的就是汉字输入。尽管现在已经有了一些语音识别和手写识别方法 ,但输入速度比较慢,因此大多数用户还是需要通过不同的输入法将汉字输入到文档中。在 Windows XP 中如果想要输入中文的话,必须先切换到中文输入状态。安装 Windows XP 时,只是安装了微软拼音输入法、智能 ABC 输入法、郑码输入法和全拼输入法。如果用户想使用其他的输入法,就需要重新自行安装。

2．英文输入

Windows XP 的默认输入状态是英文,因此输入英文时不必选择输入法,即可直接输入英文。

按下＜Shift＞＋字母键来输入一个大写字母,或者按下＜Caps Lock＞键,然后输入一连串的大写字母。

如果在输入汉字的过程中要输入英文,可以按＜Ctrl＞＋空格键迅速切换到英文输入状态,输入完英文后,再按＜Ctrl＞＋空格键切换到中文输入法状态。

3．输入标点符号

中英文的标点符号有着显著的不同,例如英文的"句号"是实心的小圆点". ",而中文的"句号"则是孔型的圆"。"。由于键盘上没有相应的中文标点,Windows 就把某些键盘按键上定义了常用的中文标点。这样中英文标点符号之间就有了某种对应关系。为了输入中文标点符号,先选择一种中文输入法,并按＜ctrl＞＋。(句号)切换到中文标点状态,然后按键盘上的某个按键,可以输入相应的中文标点。

4．输入特殊符号

在输入文本的过程中,有一些符号无法通过键盘直接输入,如:＋、♀、δ、♪。此时,用户

可以通过 Word 2002 中文版提供的改进方法将这些符号和国际字符插入到文档中。其输入方法如下。

① 选择"插入"菜单中的"符号"命令。

② 选择"符号"对话框中的"符号"选项卡,选中所需要的符号后单击"插入"按钮,或双击所要插入的符号。

③ 如果没有找到所要插入的字符,可以改变"符号"对话框中的"字体"或"子集"列表框中的选项,以便找到所需字符,如图 3.2.5 所示。

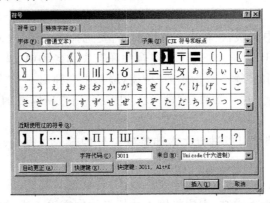

图 3.2.5　"符号"对话框中的"符号"选项卡

另外一些常用的印刷符号则在"符号"对话框中不能直接找到,单击"符号"对话框中的"特殊符号"选项卡,则会弹出如图 3.2.6 所示对话框。选择所需字符后单击"插入"按钮即可。

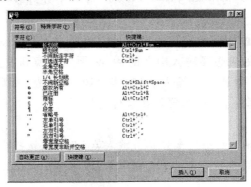

图 3.2.6　"符号"对话框中的"特殊字符"选项卡

对于经常用到的特殊字符,用户可以自己给它定制快捷键,其方法如下。

① 打开"符号"对话框,单击选中目标符号,然后单击"快捷键"按钮。

② 在"自定义键盘"对话框中将光标移到"请按快捷键文本框中"文本框,并在键盘中按下希望设定的快捷键组合。

③ 在对话框右下角的"将修改保存在"列表框中选定快捷键应用的范围(如整个 Normal 模板或只是当前文档)。

④ 单击"指定"按钮后,此快捷键组合将显示在"当前快捷键"列表中。关闭文档后就可以使用这个快捷键了。

提示：

（1）快速转换大写金额

在 Word 中输入 12345，然后单击"插入/数字"命令，在弹出的"数字"对话框中的"数字类型"栏里选择中文数字版式"壹、贰、叁???????"单击"确定"按钮，则 12345 就变成中文数字"壹万贰仟叁佰肆拾伍"。

（2）在 Word 中标注汉语拼音

按如下步骤操作即可：先选择需要标注拼音的文字，然后运行"格式"下拉菜单中的"中文版式"子菜单中的"拼音指南"命令，接着在各文字相对应的方框中输入拼音。最后单击"确定"按钮完成拼音的标注。

3.2.4　选定文本

选定一块文本就是告诉 Word 2002 中文版此后的操作是针对这块文本的。在一般情况下，Word 2002 中文版的显示是白底黑字，而被选定的文本则是高亮度显示，即黑底白字，这种很容易和未被选定的文本区分开。

下面介绍两种选定文本的方法：鼠标选定和键盘选定。

1. 鼠标选定

（1）双击

如果想选定词或词组，那么可以将鼠标指针移到这个词或词组的任何地方，双击鼠标左键就可以选定。

（2）拖动鼠标

拖动鼠标选定文本是最基本、最灵活的方法，这种方法可以选定任意数量的文字。操作时，先把鼠标指针放到所要选定文本的开始位置，然后按住鼠标左键，拖动鼠标经过这段文本；在这个过程中，被选定的文本会发亮显示；当到达这段文字的末尾时，松开鼠标左键，这段文字就被选定了。

（3）选定一行和多行文本

要选定某一行文本，将鼠标移到该行的左侧外，当鼠标指针形状变为指向右上方的箭头后单击即可，如图 3.2.7 所示。

图 3.2.7　选定一行文本

选定多行文本时,将鼠标移至段落的空白处,在鼠标指针形状变为指向右上方的箭头后,按住鼠标左键向上或向下拖动即可,如图 3.2.8 所示。

图 3.2.8 选定多行文本

(4) 选定垂直的一块文本

将鼠标指针移到要选定的文本左上角,然后按住〈Alt〉键并拖动鼠标,拖动鼠标所经过的文本就会被选定,如图 3.2.9 所示。

图 3.2.9 选定垂直文本

以上讲述的只是 Word 2002 中文版中诸多选定功能的一部分。如果用户想学更多的选定方法,可以参照表 3.2.1 所示。

表 3.2.1 选定文本的方法

要选定的对象	操作方法
一个句子	按下<Ctrl>键同时单击文本
一个段落	双击前面提到的选择栏,或三击鼠标左键所选段落
多个段落	将鼠标指针移到该段落的左侧,在鼠标指针形状变为指向右上方的箭头后双击。或者在该段落的任何地方三击鼠标左键
一大块文字	单击所选内容的开始,然后按住<Shift>键,单击所选内容的结尾
整篇文档	三击鼠标左键选择栏或按住<Ctrl>键的同时单击选择栏

2. 键盘选定

当用户使用鼠标不是很熟,或者鼠标出了故障,亦或者不喜欢使用鼠标时,用户也可以使用键盘来选定需要选定的文本。Word 2002 中文版提供的键盘选定功能同样很强大。

(1)使用"扩展选取"模式

用户可以使用<F8>键切换到"扩展选取"模式。当按下<F8>键时,状态栏内的"扩展"变成黑色显示,这时,"扩展选取"模式已被击活。处于此模式时,光标的起始位置为选择的起始端,操作完成后光标的位置是选择的终止端,此时,两端之间的文本都是被选定的文本。要关闭已经处于的"扩展选取"模式时,直接按<Esc>键即可关闭。

例如,按下<F8>键后,按右移箭头,光标将右移一格,并把它经过的字符变成高亮显示;如果按了<F8>键之后再按<End>键,光标将移到当前行的末尾,这时,从光标原来的位置到行尾的文本变为亮色,变为亮色的这段文本就被选定了。

此外,按 1 次<F8>键打开"扩展选取"模式;再按一次<F8>键,就把光标所在的英文或中文分句变为高亮显示;按第 3 次<F8>键,就会把光标所在的句子变为高亮显示;按第 4 次<F8>键,就会把光标所在的段落变为高亮显示;按第 5 次<F8>键,整篇文档都会变成高亮显示。高亮显示的部分就被选定了。

在"扩展选取"模式下,还可以按指定的字符查询和选定。按下<F8>键后,就会击活"扩展选取"模式,然后输一个字符,既可以是字母,也可以是数字和汉字。这时,从光标位置到这个字符之间的文本就会被选定。然后,用户还可以再输入同一个字符或另一个字符继续选定。

(2)用组合键选定

用户可以根据自己的需求,使用组合键选定文本,其操作方法请参照表 3.2.2 所示。

表 3.2.2 利用组合键选定文本

将要选定的范围扩展到	操 作
右侧一个字符	<Shift>+右箭头
左侧一个字符	<Shift>+左箭头
单词结尾	<Ctrl>+<Shift>+右箭头
单词开始	<Ctrl>+<Shift>+左箭头
行尾	<Shift>+<End>
行首	<Shift>+<Home>
下一行	<Shift>+下箭头
上一行	<Shift>+上箭头
段尾	<Ctrl>+<Shift>+下箭头
段首	<Ctrl>+<Shift>+上箭头
下一屏	<Shift>+<Page Down>
上一屏	<Shift>+<Page Up>
文档结尾	<Ctrl>+<Shift>+<End>
文档开始	<Ctrl>+<Shift>+<Home>
包含整篇文档	<Ctrl>+<A>
纵向文本块	<Ctrl>+<Shift>+<F8>,然后使用箭头,按<Esc>键取消所选内容

3. 滚动文档

用户在浏览窗口中的文档时,如果文档长度超过窗口,则用户需要滚动文本来浏览文档,使用鼠标和键盘都可以达到滚动文本的目的。

(1) 用鼠标和键盘滚动文本

用户打开文档后,可以看到在文本窗口的右端,有一个垂直的滚动条。它由上方的正三角形滚动箭头、中间滚动滑块、下方倒三角形滚动箭头、"前一页 ⬆"按钮、"选择浏览对象 ⚪"按钮和"下一页 ⬇"按钮组成(在"选择浏览对象"中 Word 2002 中文版默认的选项是"按页浏览")。用户可以用鼠标单击三角形一行一行地浏览文本;也可以把鼠标放在中间滚动条上,按住鼠标左键,上下拖动来浏览文本。如果想使文档向上移一页,可以单击滚动滑块上方的滚动条。如果想使文档向下滚动一页,单击滚动滑块下方的滚动条。在浏览过程中,Word 2002 中文版会显示用户浏览的当前页码。

提示:

用鼠标滚动文档后,应单击想要到达的位置,以使光标移动到这个位置;否则,光标将停留在原位,当输入文本时,又会输入到原来的位置。

用户如果要用键盘滚动文本,请参照表 3.2.3 使用。

表 3.2.3　用键盘滚动文本的操作

移动光标	操　作
左移一个单词	<Ctrl>＋左箭头
右移一个单词	<Ctrl>＋右箭头
上移一段	<Ctrl>＋上箭头
下移一段	<Ctrl>＋下箭头
上移一行	上箭头
下移一行	下箭头
移至行尾	<End>键
移至行首	<Home>键
移至窗口顶端	<Alt>＋<Ctrl>＋<Page Up>
移至窗口结尾	<Alt>＋<Ctrl>＋<Page Down>
上移一屏	<Page Down>键
下移一屏	<Page Up>键
移至下页顶端	<Ctrl>＋<Page Down>
移至上页顶端	<Ctrl>＋<Page Up>
移至文档尾	<Ctrl>＋<End>
移至文档首	<Ctrl>＋<Home>
移至前一修订处	<Shift>＋<F5>键

(2) 使用"定位"命令

使用"定位"命令操作可以把光标直接移动到用户想要到的指定位置。其操作步骤如下。

① 选择"编辑"菜单中的"定位"命令,弹出"查找和替换"对话框,如图 3.2.10。

 提示:

单击"常用"工具栏上的"定位"按钮,然后选中"定位"选项卡,或双击状态栏的左部,也可以打开这个对话框。

② 在定位目标列表框中选择目标对象,例如选择"页"。

③ 在"输入页号"框中输入目标页号,如果输入带"+"或"-"的数字将是相对于当前位置的偏移量。

④ 单击"定位"按钮,光标将移动到目标位置。如果刚进行过定位操作,也可以使用"前一次"和"下一次"按钮重复定位。

图 3.2.10 "查找和替换"对话框的"定位"选项卡

 提示:

(1) 调出"查找和替换"对话框的"定位"选项卡的快捷键是<Ctrl>+<F>。

(2) 快速定位光标:<Shift>+<F5>组合键的作用是定位到 Word 最后 3 次编辑的位置,即 Word 会记录下一篇文档最近 3 次编辑文字的位置,可以重复按下<Shift>+<F5>键,并在 3 次编辑位置之间循环,当然按一下<Shift>+<F5>键就会定位到上一次编辑时的位置了。

(3) 向上或向下滚动一页:可在垂直滚动条上单击"选择浏览对象"按钮,在弹出的菜单中单击"按页预览",然后单击"下一页"或"前一页"按钮。

3.2.5 基本编辑

本节介绍在 Word 2002 中文版中很常用的编辑文档的操作,包括覆盖、替换、插入、删除、撤销等。熟练掌握它们是快速编辑文档的基础。

1. 覆盖、插入和删除

(1) 覆盖

一般情况下,用户在输入字符时,输入的字符总是插入到光标所在的位置。如果用户想要将新输入的内容覆盖掉文档中的内容,可以按以下的操作来完成。

单击"工具"菜单中的"选项"菜单项,会弹出一个菜单,选择菜单中的"编辑"选项卡,然后在"编辑选项"选项组中单击"改写模式"复选框,单击确认即可,如图 3.2.11 所示。此时,状态栏右侧的"改写"标志会变成黑色显示,此黑色表示已经处于"改写"模式,用户可以逐个替换已有的文字。如果要退出"改写"模式,只要执行相同的操作清除"改写模式"复选

框即可。

图 3.2.11 打开改写模式

提示：

同样也可以通过双击状态栏上的"改写"标志来打开或关闭"改写"模式。如果在图3.2.11所示的对话框中未选中"编辑选项"选项组中的"用 INS 键粘贴"复选框，亦可通过按下<Insert>键来打开或关闭"改写"模式。

（2）插入

在文档的任意位置插入新的字符是编辑文本中常用的操作，在 Word 2002 中也很容易实现。只要把光标移动到想要插入的文本位置，然后输入就可以了。在输入过程中，Word会为新输入的字符自动腾出适当的空间位置。值得注意的是，如果 Word 2002 中文版当前处于"改写"的状态时，必须先退出"改写"模式，才能进入插入模式操作。

（3）删除

用户要删除文本时，可以用<Back Space>键或<Delete>键。使用这两种方法的不足之处是它们只能逐个删除字符，如果要删除大量的文字，这种方法太慢。Word 2002 中文版提供了其他更方便的删除方法。

用户选定了所要删除的文本，然后执行下面 4 种方法中任意一种，即可删除这段文本。

① 按下<Back Space>键或<Delete>键。

② 单击"常用"工具栏上的"剪切"选项。

③ 单击鼠标右键，单击快捷键菜单中的"剪切"选项。

④ 单击"编辑"菜单中的"剪切"选项。

在删除文本时，特别是删除大量的文本时，有可能会出现错误操作，给用户带来很多麻烦，Word 2002 中文版提供了"撤销"功能，使用户进一步提高了工作效率。

2. 撤销、重复与恢复

（1）撤销

使用撤销功能可以撤销以前的一步或多步操作，有如下两种操作方法。

第1种:选择"编辑"菜单中的"撤销"命令。如果刚进行的一步操作是粘贴了一段文本,但是发现粘贴操作出现了失误,那么可以使用撤销操作取消粘贴。

第2种:使用"常用"工具栏中的"撤销"按钮 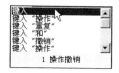 ,单击此按钮可以撤销上一步操作;也可以单击按钮图标右侧的三角按钮,在弹出的列表框如图 3.2.12 所示中选择直接恢复到某步操作。

图 3.2.12 撤销操作

Word 2002 中文版的多级撤销功能几乎可以撤销所有的编辑操作,所以,操作起来要格外小心,以免辛苦的工作成果化为乌有。

(2)重复和恢复

Word 2002 中文版还提供了重复和恢复功能,用户可以通过单击"编辑"菜单中的"重复"选项即可,其重复操作的快捷键组合是＜Ctrl＞＋＜Y＞键。"撤销"按钮右边的"恢复"按钮 的功能正好与"撤销"的功能相反,它可以恢复已经被撤销的操作。

3. 移动和复制

(1)移动

用户在编辑文档时,有时需要把一段文字移到另一个位置,Word 2002 中文版为用户提供了非常方便的移动方法。其操作步骤如下。

① 选定要移动的文本,用前面的方法使之变成高亮显示。

② 将鼠标指针指向被选定的文本,待鼠标变成向上箭头后,按下鼠标左键;这时,鼠标箭头的旁边会有一根竖线,它标志将要移到的位置,鼠标箭头的尾部会有一个小方框,拖动竖线到新的插入文本位置,然后松开鼠标左键,被选取的文本就会移动到新的位置。

如果不能用鼠标拖动文本,用户可以按以下操作重新设置 Word 2002 中文。

① 单击"工具"菜单中的"选项"选项。

② 选择"编辑"选项卡,单击"编辑选项"选项组中的"拖放式文字编辑"复选框,如图 3.2.13所示。

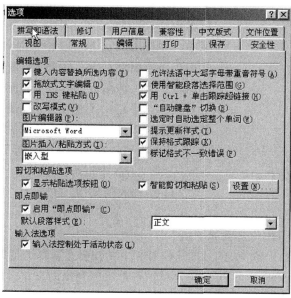

图 3.2.13 选中"拖放式文字编辑"复选框

用这种方法实现短距离文本移动很方便,但要把文本移到较远的地方时,用这种方法就不太合适,这时,最好运用另外一种方法,步骤如下。

① 选定要移动的文本。

② 单击"常用"工具栏中的"剪切"按钮选项。

③ 把光标移动要插入文本的位置,单击"常用"工具栏中的"粘贴"按钮选项,这样,被选定的文本就被移动到新的位置。

其剪切的快捷键是<Ctrl>+<X>,粘贴的快捷键是<Ctrl>+<V>。

（2）复制

复制操作和移动操作是很相似的。在短距离之内,也可以用鼠标拖动的方法来复制文本,其步骤如下。

① 选定要复制的文本。

② 按住<Ctrl>键,同时将选定的文本拖到要复制的位置,再松开鼠标即可。

在较长的距离时,其操作步骤如下。

① 选定要复制的文本。

② 单击"常用"工具栏中的"复制"按钮选项。

③ 把光标移动到要插入文本的位置,然后单击"常用"工具栏上的"粘贴"按钮菜单项,

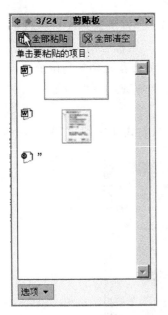

图 3.2.14 "剪贴板"任务窗

或单击鼠标右键,在弹出的菜单中选择"粘贴"选项。完成以上操作,文本就会复制到新的位置上了。

（3）剪贴板工具

Word 2002 中文版中的剪贴工具在以前的 Word 版基础上进行了扩展,使它的功能更加强大,使用起来也更加方便,选择"编辑"菜单中的"剪贴板",在文本编辑区的右侧显示出"剪贴板"任务窗格如图 3.2.14 所示。

当用户在 Word 2002 中文版甚至其他应用程序中进行了剪切、复制操作后,剪切、复制的对象会被放入剪贴板中。要使用 Word 2002 中文版剪贴板中的对象只须在其中单击所要粘贴的对象图标,该对象就会被粘贴到光标所在位置。剪贴板中可存放包括文本、表格、图形等 24 个对象。如果超出了这个数目,最旧的对象将被从剪贴板上删除。Word 2002 中文版剪贴板被所有 Office 程序共享,就是说可以在 Word 中复制几个对象,然后在 PowerPoint 或 Excel 中也可以使用。

（4）文档间的复制

Word 2002 中文版可以把一个文档的内容复制到另一个文档中,这个功能使用户可以免去许多重复劳动。其操作步骤如下。

① 打开两个文档,一般情况下,打开的第 2 个文档会在屏幕上把第 1 个覆盖。实际上,这两个文档都是在打开的状态,可以用"窗口"菜单底部列出的文档名来进行切换;如果选择"窗口"中的"全部重排"选项,则几个窗口会同时出现。

② 在源文档中选定要复制的文本,然后单击"复制"按钮或"编辑"菜单中的"复制"选项。

③ 切换到目标文档中,将光标移动到要插入的位置,然后单击"粘贴"按钮或"编辑"菜单的"粘贴"选项。

经过以上步骤,源文档的文本就已经复制到目标文档中了。

3.2.6　保存和关闭文档

保存文档是把文档作为一个磁盘文件存储起来。保存文档是非常重要的,因为在Word 2002中文版工作时,所建立的文档是驻留在计算机内存(RAM)和保存于磁盘上的临时文件中的,只有保存了文档,用户的工作才能永久地保存下来。否则,不论文档做得多么好,一旦退出Word 2002中文版,工作成果就会丢失。因此,养成及时保存文档的习惯是非常必要的。

Word 2002中文版提供了多种保存文档的方法,下面一一介绍。

1. 保存新建文档

当用户制作了一个新的文档时,很有必要取一个相对应的名字,并加以保存,其保存的操作步骤如下。

① 单击"常用"工具栏中的"保存"命令或单击文件中的"保存"命令均可,其快捷键为＜Ctrl＞＋＜S＞。此时,会弹出一个"另存为"的对话框,如图3.2.15所示。

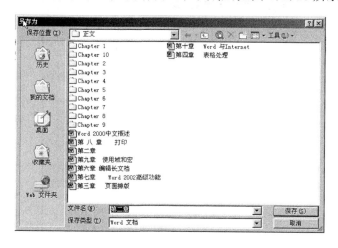

图3.2.15　"另存为"对话框

② 如果在不同的文档夹中保存文件,首先单击"保存位置"列表框中的其他驱动器,或双击文件中的其他文件夹。如果要在新文件夹中保存,则要单击"新建文件夹"创建新的文件后再保存。

③ 保存文件时,在"文件名"文本中会显示一个名字,通常是文件的前几个字,用户也可以根据自己的兴趣和爱好来取名字,然后单击"保存"按钮即可。

第1次保存了文档后,文档就有了名字,如果用户对这个文档进行修改后再保存,有3种方法供用户选择进行保存,分别如下。

方法1:单击"保存"按钮。

方法2:单击"文件"菜单中的"保存"按钮。

方法3:使用＜Ctrl＞＋＜S＞快捷键。

如果用户在保存文档时,不想覆盖源文档,那么,用户就可以保存一个副本,再取一个新名字即可,其操作步骤如下。

① 单击"文件"菜单中的"另存为"菜单项,打开对话框。

② 选择文档所在的文件夹,然后输入该文档的新名字。

③ 单击"保存"或按<Enter>键即可。

同时打开多个文档并且希望同时保存这些文档,按下<Shift>键并打开"文件"菜单,这时,原来的"保存"变为"全部保存"菜单项,然后单击保存即可。

2. 设置默认文件夹

在打开或保存文档时,Word 2002 默认的位置是"My Documents"文件夹。用户可以指定其他的文件夹作为默认的文件夹来保存文档。设置默认文件夹的具体步骤如下。

① 单击"工具"菜单的"选项"命令,打开"选项"对话框。

② 单击"文件位置"标签,其窗口如图 3.2.16 所示。

图 3.2.16 "文件位置"标签

③ 单击"文档"所在的行,然后单击"修改"按钮,打开"位置"对话框。

④ 在"修改位置"对话框中,单击"查找范围"列表框右边的向下箭头,从下拉列表框中选择用户文件夹所在的驱动器,这时该驱动器的所有文件夹就会显示在文档列表框中。

⑤ 从文档列表框中选择要存放的文件夹,单击"确定"按钮,返回"选项"对话框中。

⑥ 单击"确定"按钮,完成设置默认文件夹。

3. 自动保存

自动保存就是 Word 2002 中文版每隔一定的时间就为用户保存一次文档。这种功能大大地减少了用户在工作时意外的损失,其设置自动保存的操作步骤如下。

① 单击"工具"菜单的"选项"菜单项,打开"选项"对话框,并单击"保存"选项卡,如图 3.2.17所示。

② 选中"保存选项"选项组中的"自动保存时间间隔"复选框,并在右边的文本框中输入或用右侧微调按钮调整时间间隔。

③ 单击"确定"按钮。

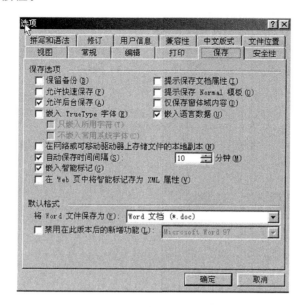

图 3.2.17 "选项"对话框的"保存"选项卡

4. 快速保存和完整保存

如果打开的是已经有的文档,使用快速保存文档可以为用户在保存较长的文档时节省时间,因为快速保存方式只保存对文档的修改。用户可以用以下操作实现快速保存。

① 单击"工具"菜单的"选项"菜单项,打开"选项"对话框并选中"保存"选项卡。

② 选中"保存选项"选项组中的"允许快速保存"复选框。

③ 单击"确认"按钮即可。

 提示:

多重保存:如果用户同时在编辑多个文档,为了防止意外的发生要将它们全部同时保存的话,可以按下＜Shift＞键,然后定位到"文件"下拉菜单,这时用户会看到原来的"保存"变成了"保存全部",按下即可全部快速保存。

5. 关闭文档

完成了对一个文档的编辑工作后,用户就可以关闭这个文档了,其操作为单击"文件"菜单中的"关闭"菜单项即可。如果打开了多个文件,在关闭了一个后,其余文档仍然留在Word 中,如果想一次关闭所有打开文档,按下＜Shift＞键,并打开"文件"菜单,这时,"文件"菜单中原来的"关闭"菜单项会变成为"全部关闭"菜单项,单击"全部关闭"菜单项,就可以关闭全部已打开的文档。

3.2.7 实训案例

操作要求及样文:素材\第 3 章 Word 应用\实训案例 1。

具体操作步骤如下。

① 新建文件:使用"文件/新建/空白文档"命令;或者用工具栏上的"新建"按钮。如图3.2.18 所示。

使用"文件/保存"命令,或者单击"保存"按钮,进入"另存为"对话框,选择相应的文件夹,然后修改文件名为 A2。分别如图 3.2.19、图 3.2.20 所示。

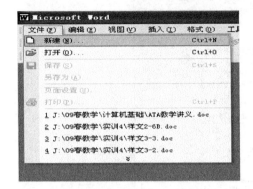

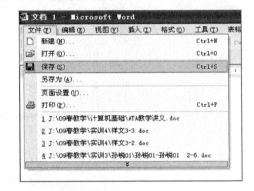

图 3.2.18　新建文档　　　　　　　　　　　图 3.2.19　保存文档

图 3.2.20　保存文档对话框

　　② 录入文本与符号:根据样张使用全角方式输入文字,在相应的位置输入相应的英文字符。如图 3.2.21 所示。

　　使用"插入/符号"命令,进入"符号"对话框,然后对照样张和题目选中相应的符号,单击"插入"按钮,然后关闭。分别如图 3.2.22～图 3.2.24 所示。

图 3.2.21　录入文字

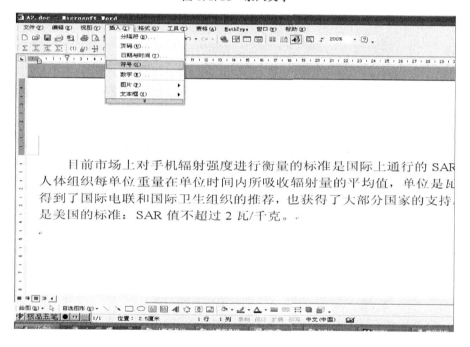

图 3.2.22　插入"符号"

注:操作完成后保存该文件。

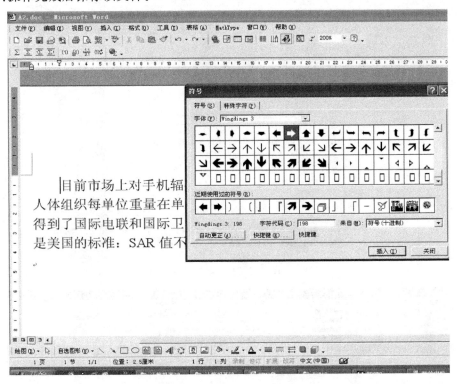

图 3.2.23　选择插入的符号

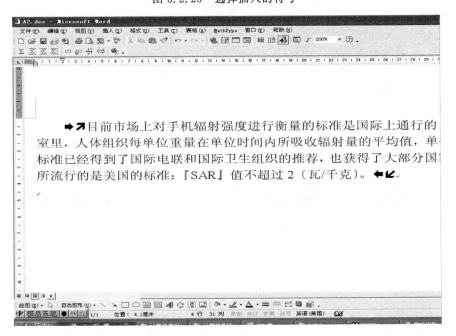

图 3.2.24　文字与"符号"

③ 复制粘贴:使用"文件/打开"命令,选中要打开的文件,在文件中选中所有文字,右击后在弹出的快捷菜单中选择"复制"选项,然后用窗口菜单切换到 A2 文件,在相应位置右击

后粘贴,完成。分别如图 3.2.25～图 3.2.29 所示。

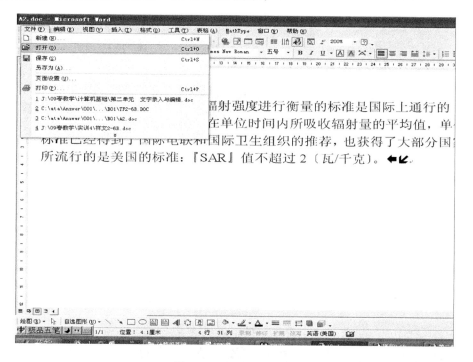

图 3.2.25　文档的打开

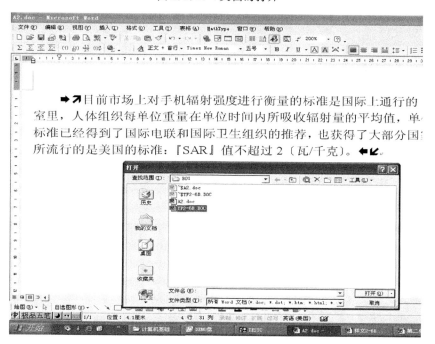

图 3.2.26　打开选中的文档

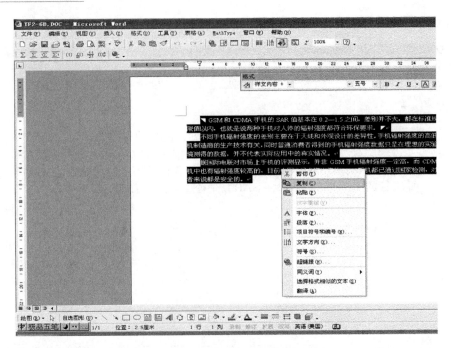

图 3.2.27 "复制"命令

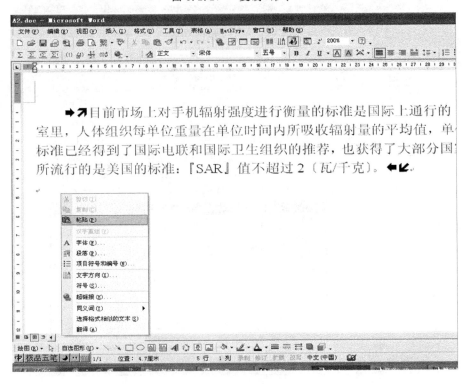

图 3.2.28 "粘贴"命令

④ 查找替换：使用"编辑/替换"命令，打开"查找和替换"对话框，在里面输入查找和替换的内容，然后点"全部替换"按钮，在弹出提示信息框后单击"确定"按钮返回，关闭"查找和替换"对话框，完成。分别如图 3.2.30、图 3.2.31 所示

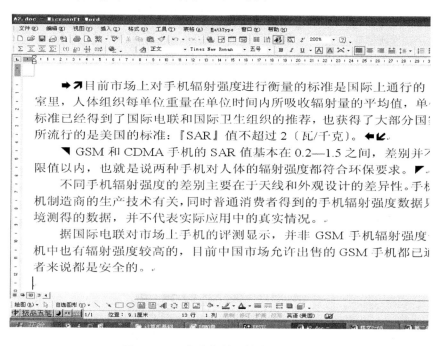

图 3.2.29 完成复制和粘贴后的效果

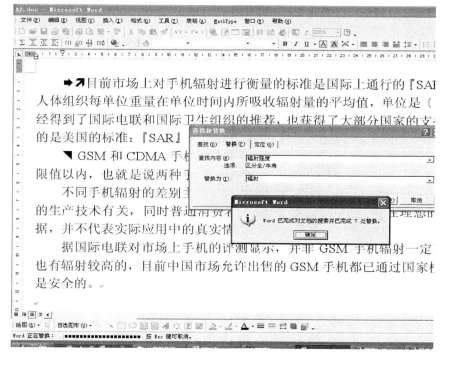

图 3.2.30 "查找和替换"对话框

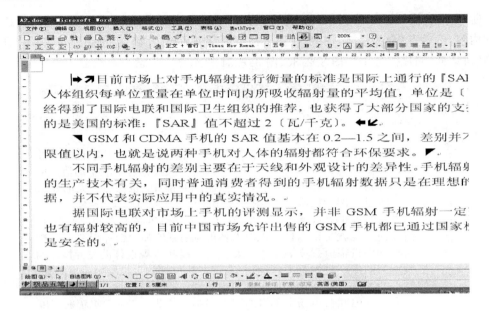

图 3.2.31 完成查找和替换后的效果

3.3 文档的设置

在一篇好的文档中,不同的内容应该使用不同的字体和字形。这样,能使文章的层次分明,使阅读者能够一目了然,抓住重点,下面就介绍 Word 2002 中文版的有关字符排版的内容。

在 Word 2002 中,我们所说的字符是作为文本输入的字母、汉字、数字、标点符号以及特殊符号等。字符格式的编排决定了字符在屏幕上的显示和打印时的出现形式。我们可以用多种方法来改变文本的外观。比如说改变字体的风格、字号的大小、字符是否加粗等。

Word 使用的字体主要取决于 Windows 系统中装入的字体。使用 Windows 字库的方便之处在于可以添加和删除字体,以便符合用户的需要。Windows 环境下的 TTF 字体,在缩放过程中不会失真,使用这种字体,能确保我们所见即所得,也就是在屏幕上显示和打印出来的效果完全一致。

除了 TTF 字体以外,打印机字体和屏幕字体也会对 Word 文档的编排有影响。比如要在屏幕上显示打印字体,就必须在计算机内以适当的大小装上屏幕字体;使屏幕字体和打印机字体相适应,那么文档的屏幕样式和打印出来的文档效果相同。

3.3.1 字体 字号 字形

1. 字体

Word 2002 中文版中提供了几十种中文和英文字体供选择,有楷体、宋体、隶书等中文字体,也有 Times New Roman、Courier 等英文字体。改变字体有两种方法:一种方法是利用"字体"列表框,另一种方法是利用"格式"菜单中的"字体"命令。下面来介绍这两种方法。

Word 中默认的英文字体是 Times New Roman(新罗马),中文字体是宋体。用户可以十分方便地利用"字体"列表框来选择所需要的字体。下面举例进行介绍。

例如利用"字体"列表框把如图 3.3.1 中的题目"诗坛花絮"改变为"黑体'，操作步骤如下。

① 在文档中选定要改变字体的文本，即选定"诗坛花絮"。

② 单击"格式"工具栏中的"字体"列表框右边的向下箭头，这时屏幕上出现如图 3.3.1 所示的"字体"下拉列表框。

图 3.3.1 "字体"下拉列表框

③ 如果选择的"黑体"没有在列表中显示，可以拖动列表框右侧的滚动块来显示所需字体。

④ 单击"黑体"就能把标题"诗坛花絮"的字体改为黑体了，改变结果如图 3.3.2 所示。

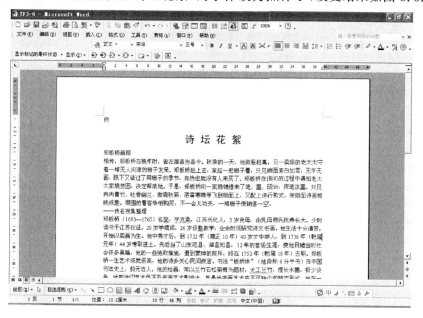

图 3.3.2 选中的文字改为黑体

在一篇文档中既有英文也有中文，如果全部设置为中文字体，那么英文字符在相应的中文字体下很不合适，并和汉字不好对齐。可以在"格式"菜单中用"字体"命令分别设置中文和英文字体，具体操作方法在后面进行介绍。

2. 字号

字号就是字符的大小。在一篇文档中,不同的内容有必要使用不同字号的字体,使文档一目了然,层次分明。在 Word 2002 中文版中改变字符的大小和字体一样也有两种方法:一种方法是使用"格式"工具栏中的"字号"下拉列表框,另一种方法是使用"菜单"命令。在一篇文档中,一般来说标题比正文的字号要大一些,下面举例说明。

例如把"郑板桥画扇"这个标题改为"三号",其操作步骤如下。

① 在文档中选定要改变字号的文本,即选定"郑板桥画扇"。

② 选择"格式"工具栏中的"字号"列表框中的向下箭头,出现如图 3.3.3 所示"字号"下拉列表框。单击"字号"下拉列表框中的"三号",屏幕上显示的结果如图 3.3.4 所示。

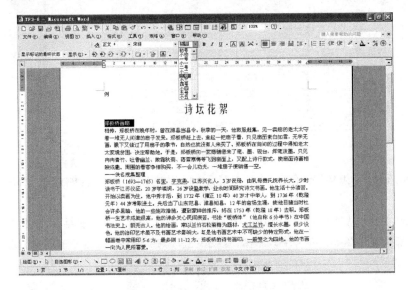

图 3.3.3 "字号"下拉列表框

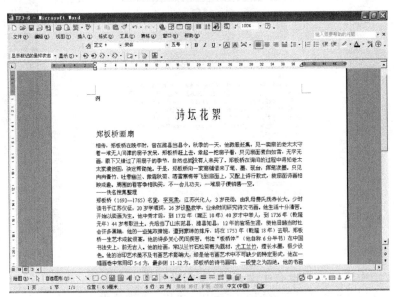

图 3.3.4 选定的文本改为"三号"

利用菜单命令改变字号与改变字体方法相似,只要在字号列表框中选择相关的字号即可。

提示:

(1)"字号"列表中的表示方法有两种:一种是中文数字,数字越小,对应的字号就越大;另一种是阿拉伯数字,数字越大,对应的字符就越大。

(2)其他快速改变字号的方法如下。

① 选中文字后,按下组合键<Ctrl>+<Shift>+<>>,以 10 磅为一级快速增大所选定文字字号,而按下组合键<Ctrl>+<Shift>+<<>,则以 10 磅为一级快速减小所选定文字字号;

② 选中文字后,按组合键<Ctrl>+<]>逐磅增大所选文字,按组合键<Ctrl>+<[>逐磅缩小所选文字。

3. 字形

在 Word 2002 中文版中不仅可以选择字体、字符的大小,而且还可以使用不同的字符格式。用户可以根据自己的需求让文本使用粗体、斜体、下画线、边框和字符底纹等格式,还可以横向缩放字符等。

在"格式"工具栏的中部有并排的 6 个按钮,用户可以使用它们来选择字形,如图 3.3.5 所示。

图 3.3.5 "格式"工具栏上控制字形的按钮

这 6 个按钮从左到右依次是"加粗"按钮、"倾斜"按钮、"下画线"按钮、"字符边框"按钮、"字符底纹"按钮和"字符缩放"按钮。它们的功能与它们的名字是一致的。

(1)粗体和斜体

要使文档中的一段文本变为粗体显示,如让图 3.3.6 中的标题粗体显示,其操作步骤如下。

① 选定需要变为粗体的文本。

② 单击"加粗"按钮或按下<Ctrl>+<B>组合键。

此时,这段文本就会变成为粗体显示,如图 3.3.6 所示。

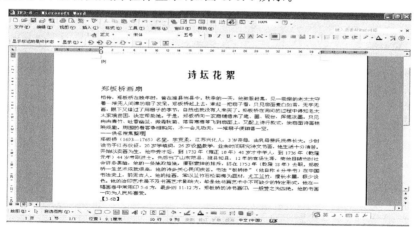

图 3.3.6 选定文本以粗体显示

要使文档中的一段文本变为斜体显示,如让图 3.3.6 中的标题倾斜显示,其操作步骤如下。

① 选定需要变为斜体的文本。

② 单击"倾斜"按钮或按下＜Ctrl＞＋＜I＞组合键。

此时,这段文本就会变成为斜体显示,如图 3.3.7 所示。

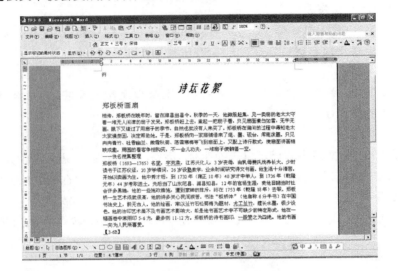

图 3.3.7　选定的文本以斜体显示

(2)下画线、字符边框和字符底纹

用户在处理文件时,要想重点更加醒目,就可以使用下画线、字符边框和字符底纹。它们效果各不相同,用户根据自己的需要,既可以单独使用,也可以组合使用。其操作方法如下。

① 选定要突出的文本。

② 单击"下画线"按钮、"字符边框"按钮或"字符底纹"按钮,即可以显示用户所需的效果,如图 3.3.8 所示,从上到下依次为"下画线"、"字符边框"和"字符底纹"。

图 3.3.8　选定文本设置"下画线"、"边框"和"底纹"

在 Word 2002 中文版中提供了各种下画线,在"下画线"按钮的右边有一个倒三角按钮,单击这个按钮,就会出现"下画线"下拉列表框。依据下画线列表,用户可以任意选择表中的下画线。

(3)字符缩放

在 Word 2002 中文版中还可以按横向尺寸进行缩放,以改变字符的纵向和横向的比例。其右边有一个倒三角,单击就会出现字符缩放下拉列表框,其操作步骤如下。

① 选定要缩放的文本。

② 打开"字符缩放"下拉式列表,选定所要使用的比例后单击。这样,所选定的文字就会按这个比例缩放。

 提示:

<Ctrl>+<B>——文字加粗;<Ctrl>+<U>——文字加下画线;<Ctrl>+<I>——文字倾斜;<Shift>+<ctrl>+<or>——文字变大或变小;<Shift>+<Ctrl>+<W>——只给文字下画线,不给空格下画线,如<u>我的名字叫</u>……。

3.3.2 设置字符格式

1. 使用"字体"对话框

(1)"字体"选项卡

在 Word 中可以使用"字体"对话框设置选定字符的字体。选择"格式"菜单中的"字体"命令,弹出"字体"对话框,如图 3.3.9 所示。

图 3.3.9 "字体"对话框

在改变字符格式之前,首先应该先选定目标文本。

① 改变字体

打开"字体"对话框,在"字体"选项卡"中文字体"列表框中选定中文字体,在"西文字体"列表框中选定英文字体。选定后在下方的"预览"框中可以预览效果。

② 改变字型

打开"字体"对话框,在"字体"选项卡中的"字形"框中选定所要改变的字形,如倾斜、加粗等。

③ 改变字号

打开"字体"对话框,在"字体"选项卡中的"字号"框中选择字号。

④ 改变字体颜色

打开"字体"对话框,单击"字体颜色"下拉框,如图 3.3.10 所示,并在其中设定字体颜色。

如果想使用更多的颜色可以单击"其他颜色..."按钮,在弹出如图 3.3.11 所示的"颜色"对话框中用"标准"选项卡选择标准颜色,或是在"自定义"选项卡中用鼠标自定义颜色。

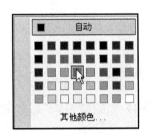

图 3.3.10 "字体颜色"对话框

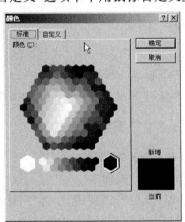

图 3.3.11 "颜色"对话框

⑤ 设定下画线

打开"字体"对话框,在"字体"选项卡中,使用"下画线线型"和"下画线颜色"下拉框配合设定下画线。"下划线颜色"下拉框的使用同"字体颜色"的设置方法。

⑥ 设定着重号

打开"字体"对话框,在"字体"选项卡中的"着重号"下拉框中选定圆点标记。

⑦ 设定其他效果

打开"字体"对话框,在"字体"选项卡的"效果"栏中,用复选框选择想要的效果,包括删除线、双删除线、上标、下标、阴影、空心、阳文、阴文、小型大写字母、全部大写字母、隐藏等效果。图 3.3.12 所示为部分字符效果。

(2)"字符间距"选项卡

通过设置字符间距可以改变显示在屏幕上的字符之间的距离。选择"格式"菜单中的"字体"命令,在弹出的"字体"对话框中选择"字符间距"选项卡,如图 3.3.13 所示。在设置字符间距前也要先选定所要设定的文本。

"字符间距"选项卡上面各项的意义分别如下。

① 缩放:设定文字以不同的比例排版,在"缩放"下拉框中可以选择标准的缩放比例。如果要使用特殊的比例,直接在其下拉框的编辑区中输入想要的比例即可。

② 间距:在"间距"下拉框中可以选择"标准"、"加宽"和"紧缩"3 个选项。选用"加宽"或"紧缩"时,右边的"磅值"框中出现数值,在其中选择想要加宽或紧缩的磅值即可。

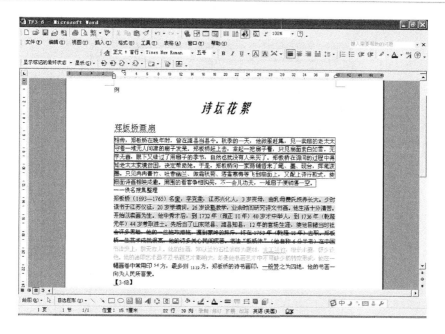

图 3.3.12　各种字符效果

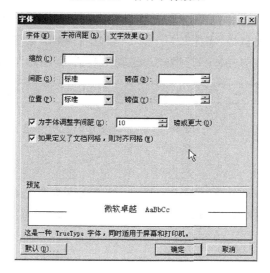

图 3.3.13　"字符间距"选项卡

③ 位置：在"位置"下拉框中可以选择"标准"、"提升"和"降低"3 个选项。选用"提升"或"降低"时，右边的"磅值"框中出现数值，在其中选择想要提升或降低的磅值。

④ 为字体调整字间距：选择"为字体调整字间距"复选框后，从"磅或更大"框中选择字体大小，Word 会自动设置大于或等于选定字体的字符间距。

如果定义了文档网格，则可以对齐网格；如果选定了此复选框且定义了文档网格，Word 则会自动根据网格对齐。

（3）"文字效果"选项卡

使用设置文字效果功能可以使选定文字具有动态效果。选择"格式"菜单中的"字体"命令，在打开的"字体"对话框中选择"文字效果"选项卡。在"动态效果"框中选择要求的效果，

并在预览框中观看其效果,如图 3.3.14 所示。

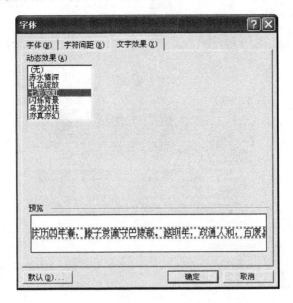

图 3.3.14　设定"七彩霓虹"文字效果

设置字符格式的更快捷的方式是使用"格式"工具栏,如图 3.3.15 所示。使用此工具栏上的按钮可以方便地设置包括"字体"、"字号"、"颜色"、"字形"、"下画线"、"字符边框"、"字符底纹"、"字符缩放"在内的各种字符格式。这基本包括了"字体"对话框的所有功能。

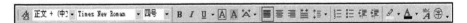

图 3.3.15　格式工具栏

 提示:

如果在 Word 界面中找不到"格式"工具栏,说明还没有将它打开。选择"视图"菜单中的"工具栏"子菜单,在其中选择"格式"。这时候就可以看到"格式"工具栏了。

3.3.3　段落格式的设置

所谓的段落格式,是指以段落为单位的格式设置。因此要设置段落格式,可直接将光标定位选定段落即可,而不用像设置字符格式那样,要首先选定字符,然后进行格式设置。当然,要同时设置多个段落的格式,则应首先选定这些段落,然后再进行段落格式设置。

段落格式是文档段落的属性,包括缩进、对齐、行间距、段间距以及制表位等。

可通过"格式"菜单中"段落"命令来完成,有些设置可通过"格式"工具栏来完成。

1. 对齐方式

为使文档整齐美观,通常要将文档左右对齐。在 Word 2002 中,文本对齐的方式有以下 4 种。

(1)两端对齐:将所选段落的两端(末行除外)同时对齐或缩进。

(2)居中对齐:使所选的文本居中排列。通常用于文档的标题排版,把题目放在一行的正中央,使它醒目突出。

（3）右对齐:通常在一篇文档中是向左对齐的,但作者的署名、日期等信息要放置在末尾的最右端,这就是右对齐。

（4）分散对齐:通过调整空格,使所选段落的各行等宽。

具本操作方法如下。

将光标置于要设置对齐方式的段落中的任意位置（当然也可选中段落）,使用"格式/段落"命令,打开"段落"设置对话框,如图 3.3.16 所示。在"缩进和间距"标签中,从"对齐方式"下拉列表框中选取所需的对齐方式。

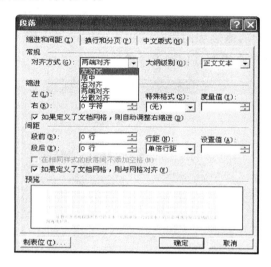

图 3.3.16　设置"对齐方式"对话框

也可以从"格式"工具栏上设置段部格式,如图 3.3.17 所示。按钮依次为两端对齐、居中、右对齐、分散对齐（但没有左对齐）。

图 3.3.17　格式工具栏上的对齐按钮

2. 缩进

缩进是表示一个段落的首行、左边和右边距离页面左边、右边以及相互之间的距离关系。

（1）缩进的种类

缩进有首行缩进、悬挂缩进、左缩进和右缩进 4 种。左缩进是指段落的左边距离页面左边距的距离;右缩进是指段落的右边距离页面右边距的距离;首行缩进是指段落第 1 行由左缩进位置向内缩进的距离,中文习惯中一般首行缩进为两个汉字宽度;悬挂缩进是指段落中除第 1 行以外的其余各行由左缩进位置向内缩进的距离。

通常文章的每一段落开头都要缩进两格,文本缩进的目的是使文档的段落显得更加条理清晰,更便于读者阅读。

（2）缩进的方法

① 使用格式工具栏缩进正文

在格式工具栏中有两个缩进按钮 ，它们分别是减少缩进量按钮和增加缩进量按钮。

• 减少缩进量按钮：减少文本的缩进量或将选定的内容提升一级。

• 增加缩进量按钮：增加文本的缩进量或将选定的内容降低一级。

② 用段落对话框控制缩进

以上介绍的几种缩进方式，只能粗略地进行缩进，如果想要精确地缩进文本，可以使用段落对话框进行设置。操作步骤如下。

a. 将光标置于要进行缩进的段落内。

b. 单击"格式"菜单中的段落命令，屏幕上弹出一个"段落"对话框，如图 3.3.18 所示。

c. 在"段落"对话框中的缩进和间距标签项下的缩进栏中输入或选择需要的量值。可以左右缩进，也可以特殊格式中的首行缩进与悬挂缩进。

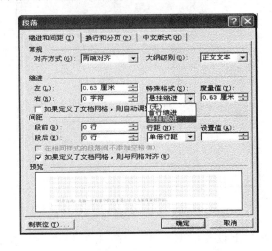

图 3.3.18　设置段落缩进的对话框

 提示：

（1）使用＜Tab＞键缩进正文

按一次＜Tab＞键，可以将光标所在的段落的首行缩进两个字。操作步骤为：

① 将光标置于该段的开始处；

② 按＜Tab＞键。

这时，该段的首行就缩进了两个字。

（2）使用标尺缩进正文

在标尺上移动缩进标记也可以改变文本的缩进量。利用标尺，可以对文本进行左缩进、右缩进、首行缩进、悬挂缩进等操作。操作方法如下。

① 左缩进：拖动标尺左边上的方形滑块。

② 右缩进：拖动标尺右边的三角形滑块。

③ 首行缩进：拖动标尺左边上的倒三角形滑块。

④ 悬挂缩进：拖动标尺左边上的方形滑块上的正三角形标记。

3.行间距和段间距的设置

（1）行间距

行间距是指一个段落内行与行之间的距离。在 Word 2002 中默认的行间距是单倍行距。行间距的具体值的多少是根据字体的大小来决定的。例如，对于五号字的文本，单倍行距的大小比五号字的实际大小稍大一些。如果不想使用默认的单倍行距，可以在段落对话框内进行设置。操作步骤如下。

① 选定要调整行距的段落或将光标置于该段落内。

② 单击格式菜单的段落命令，会弹出"段落"对话框，如图 3.3.19 所示。

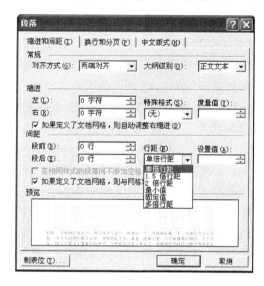

图 3.3.19 "段落"对话框

③ 在"段落"对话框"缩进和间距"标签项下的间距对话框内单击行距框右边的三角块，将会出现行距下拉列表。

④ 在行距下拉列表中选择所需的行距。

⑤ 单击对话框中的"确定"按钮。在行距的列表框中有以下几种选择。

• 单倍行距：每一行的行距为该行最大字体的高度加上一点额外的间距。额外间距的值取决于所用的字体。

• 1.5 倍行距：单倍行距的 1.5 倍。

• 两倍行距：单倍行距的 2 倍。

• 最小值：能容纳本行中最大字体或图形的最小行距。

• 固定值：行距固定，系统不自动进行调整。

• 多倍行距：单倍行距的若干倍，倍数在"设置值"数值框中设定。

当在"行距"框中选择了"最小值"、"固定值"或"多倍行距"时，可以在"设置值"数框中指定具体的数值。

（2）段间距

段间距是指相邻两段间的间隔距离，段间距包括段前间距和段后间距两种。段前间距是指段落上方的间距量，段后间距是指段落下方的间距量，因此两段间的段间距应该是前一

个段落的段后间距与后一个段落的段前间距之和。

3.3.4 使用"其他格式"工具栏

选择"视图"菜单中的"工具栏"子菜单中的"其他格式",会出现"其他格式"工具栏,如图3.3.20所示。

图3.3.20 "其他格式"工具栏

在"其他格式"工具栏中包括"突出显示"、"着重号"、"双删除线"、"合并字符"、"带圈字符"这几项与设置字符格式有关。其中前面已经介绍了"着重号"和"双删除线"的使用。这里再介绍一下剩下的几项功能。

(1) 突出显示:单击"突出显示"按钮,已选定的文本将变成带有背景色的文本,鼠标的外观会变为彩笔的样式,这时按住左键用它拖过的文本都会带上背景色。再次单击"突出显示"按钮,鼠标恢复到文本编辑状态。单击"突出显示"按钮右边的三角钮可以自己设置背景色。

(2) 合并字符:单击"合并字符"按钮,弹出"合并字符"对话框,如图3.3.21所示,在"文字"框中输入文本,设定字体和字号后则可在预览框中看到合并后的效果。

(3) 带圈字符:单击"带圈字符"按钮,弹出"带圈字符"对话框,如图3.3.22所示,在"文字"框内输入一个字或在下拉框中选择一个字(下拉框中将列出最近使用过的带圈字),在"圈号"框中选择圈,在"样式"框中选择"无"、"缩小文字"或"增大圈号",确定后Word在文档中加入了带圈字符。

图3.3.21 "合并字符"对话框

图3.3.22 "带圈字符"对话框

 提示:

对于已经设置了字符格式的文本,可以将它的格式复制到文档中其他要求格式相同的文本上,而不用对每段文本重复设置。步骤如下。

① 选择已设置格式的源文本。

② 单击"常用"工具栏中的"格式刷"按钮。

③ 鼠标外观变为一个小刷子后,按住左键,用它拖过要设置格式的目标文本。所有拖过的文本都会变为源文本的格式。

· 86 ·

使用快捷键的方法是如下。

① 打开已设置格式的源文本。

② 按<Shift>＋<Ctrl>＋<C>组合键。

③ 选择目标文本。

④ 按<Shift>＋<Ctrl>＋<V>组合键即可。

3.3.5　拼写检查

使用 Word 2002 提供的拼写和语法检查功能,可以检查文档的正确性。

在输入文档的过程中,Word 2002 会自动检查拼写和语法错误。当输入错误或出现不可识别的单词时,会在该单词下用红色波浪线进行标记,而用波浪线来标记可能的语法错误。

使用"工具/拼写和语法"命令(F7),打开"拼写和语法"对话框,如图 3.3.23 所示。

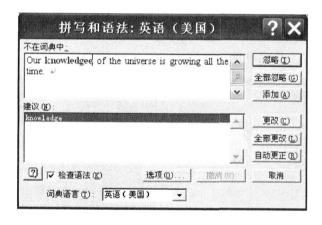

图 3.3.23　"拼写和语法"对话框

在主窗口中,将红色部分的内容与样文进行校对。

修改方法:在主窗口中直接订正后单击"更改"按钮或从"建议"框中选择再单击"更改"按钮。

如果红色部分内容与样文相同不需要订正,则单击"忽略"按钮。

3.3.6　项目与符号

在 Word 2002 中,经常要用到"项目符号与编号"功能。项目符号是在一些段落的前面加上完全相同的符号,而编号则是按照大小顺序为文档中的段落加上编号。设置项目符号或编号的步骤如下。

① 先选择要加项目符号或编号的段落。

② 使用"格式/项目符号和编号"命令,或者单击右键从快捷菜单中选择"项目符号和编号"。

③ 认识"项目符号"和"编号"选项卡设置对话框中所有选项,如图 3.3.24 所示。判断设置的是"项目符号"还是"编号"。

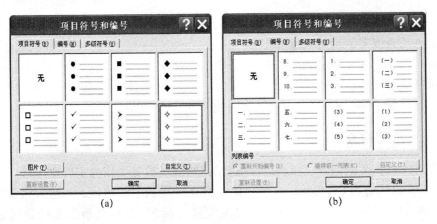

(a)   (b)

图 3.3.24   "项目符号和编号"对话框

④ 判断设置的符号在对话框中是否已经出现。如果出现,直接选择并单击"确定"按钮。如果没有,则任选一个后,单击右下方的"自定义"按钮,如图 3.3.25 所示。在新弹出的对话框中,若是要改变"项目符号字符",则单击"字体"按钮,找到特殊字符;若是要改变编号,则点开"编号样式"下拉菜单进行选择。

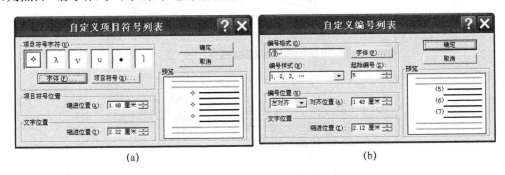

(a)   (b)

图 3.3.25   自定义项目符号列表

⑤ 在"自定义"对话框中,调整项目符号或编号的缩进位置和文字缩进位置。

 提示:

虽然 Word 中的自动编号功能较强大,但是会发现自动编号命令常常出现错乱现象。其实,我们可以通过下面的方法来快速取消自动编号。

方法 1:当 Word 为其自动加上编号时,只要按下<Ctrl>＋<Z>键反悔操作,此时自动编号会消失,而且再次键入数字时,该功能就会被禁止了。

方法 2:选择"工具"中的"自动更正选项"命令,在打开的"自动更正"对话框中,单击"键入时自动套用格式"选项卡,然后取消选择"自动编号列表"复选框,最后单击"确定"按钮完成即可。

3.3.7 查找与替换

Word 2002 中文版有强大的查找和替换功能。既可以查找和替换文本、指定格式和诸如段落标记、域或图形之类的特定项,也可以查找和替换单词的各种形式(例如,在以 build

替换 make 的同时,也以 built 替换 made),还可以使用通配符简化查找(例如,要查找 sat 或 set,可用"s？t"进行查找)。

当文档很长(比如一篇数百页的报告),要查找和替换的内容很多时,用 Word 2002 中文版查找和替换的功能就很有必要了。用户只需告诉 Word 2002 中文版查找和替换的条件,Word 2002 中文版就会自动完成剩下的工作。

1. 查找文本

查找文本功能可以帮助用户找到指定的文本以及这个文本所在的位置,同时还可以帮助核对文档中究竟有没有这些文本。

查找操作是用来在文档中查找指定的文本内容。操作步骤如下。

① 选择"编辑"菜单中的"查找"命令,弹出"查找和替换"对话框,如图 3.3.26 所示。

② 在"查找内容"栏中输入所要查找的文本内容。

③ 单击"查找下一处"按钮,Word 就会将光标移动到查找到的文档内容处。

④ 关闭"查找"对话框后还可以使用快捷键<Shift>＋<F4>继续查找。

图 3.3.26　"查找和替换"对话框

如果想要一次选中所有的指定内容,选中"突出显示所有在该范围找到的项目"复选框,然后在下面的列表中选择查找范围,单击"查找全部"按钮,Word 就会将所有指定内容选中。

单击"高级"按钮后在弹出的附加对话框中可以定制查找的条件。按<Esc>键可以取消当前的查找。

这种不加限制的查找会把一切有关的词都找出来,用户还可以进行限制查找。单击"查找和替换"对话框中的"高级"按钮,就会弹出一个如图 3.3.27 所示的对话框,在"搜索范围"列表框中列出"向下"、"向上"和"全部"3 项,还有 6 个复选框是用来限制查找内容的。"向下"选项是指从当前位置向下查找,"向上"选项是指从当前位置向上查找,"全部"是指在整个文档中查找。

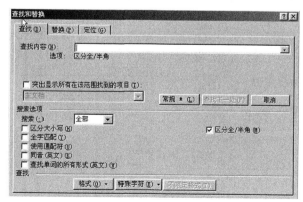

图 3.3.27　查找选项卡的高级形式

在确定了限制范围后,单击"查找下一处"按钮,即可开始查找,当查完时,就会显示如图 3.3.28 所示的消息框,用户根据自己的需求,可以确定是否继续查寻。

图 3.3.28 是否继续搜查提示消息框

2. 替换文本

用户要替换时,首先要选定被替换的文字,然后输入新的文本,新的文本就会替换被选定的文本(无论长短)。新输入的文本对未被选中的文本不会有任何影响。例如将"辐射强度"替换成"辐射"的替换步骤如下。

① 选择"编辑"菜单中的"替换"命令,弹出"查找和替换"对话框,如图 3.3.29 所示。

图 3.3.29 "替换"选项卡

② 在"查找内容"框内输入"辐射强度"。

③ 在"替换为"框内输入"辐射"。

④ 单击"查找下一处"、"替换"或者"全部替换"按钮。

⑤ 单击"高级"按钮可以定制替换操作条件。

按<Esc>键可取消替换操作。

与查找文本类似,用户也可以通过单击"高级"按钮切换到"替换"的高级形式,然后设置替换范围和形式,如图 3.3.30 所示。

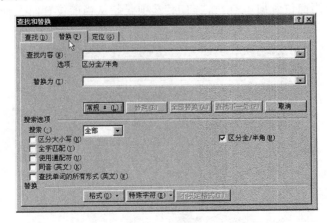

图 3.3.30 "替换"选项卡的高级形式

3.查找和替换格式

Word 2002中文版不仅能根据指定的文本进行查找和替换,还能根据指定的格式进行查找和替换。例如,用户可以查找文档中所有的字体为宋体且以粗体字显示的"中文版"字。

(1)查找特定格式

要在文档中查找特定的格式,执行以下的操作。

① 单击"编辑"菜单中的"查找"菜单项或按下<Ctrl>+<F>键,打开"查找与替换"对话框。

② 如果没有显示"格式"按钮,单击"高级"按钮。

③ 如果要查找指定格式的文本,请在"查找内容"文本框中输入文本。如果只查找指定的格式,请删除"查找内容"文本框内的文本。

④ 单击"格式"按钮,会出现如图3.3.31所示的下拉式菜单,然后在菜单中选择所需的格式。

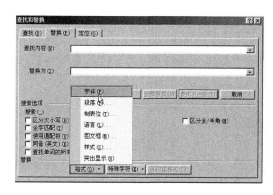

图3.3.31 "查找与替换"的格式

⑤ 单击"查找下一处"按钮。

 提示:

如果要清除指定的格式,请单击"不限定格式"按钮。

(2)替换指定的格式

Word 2002中文版还可以用一种格式去替换文档中的另一种格式。例如:用户不仅可以找到文档中所有字体为宋体且以粗体显示的"中文版"字,而且同时可以用字体为仿宋体且以斜体字显示的"中文版"字或其他字进行替换。

要替换指定的格式,可以按以下操作步骤执行。

① 单击"编辑"菜单的"替换"菜单项,打开"查找与替换"对话框。

② 如果没有显示"格式"按钮,请单击"高级"按钮。

③ 要替换指定格式的文本,请在"查找内容"文本框内输入文本,例如:输入"中文版"3个字。

④ 如果要替换指定的格式,比如文档中所有字体为宋体的字,请删除"查找内容"框内的文本。单击"格式"按钮,然后选择所需格式。例如:单击"字体"菜单项,然后在"查找字体"对话框的"中文字体"列表中选中"宋体"。

⑤ 在"替换为"框内输入要替换的文本,例如:输入"中文版"3个字。

⑥ 如果只替换指定的格式,比如替换字体为仿宋体的字,请删除"替换为"框内的文本。单击"格式"按钮,然后选择所需格式。例如:选择"字体"菜单框,然后在"查找字体"对话框的"中文字体"列表中选中"仿宋体"。

⑦ 单击"查找下一处"、"替换"或者"全部替换"按钮。

现在,Word 2002 中文版可以替换指定的格式了。在这里,"查找下一处"、"替换"和"全部替换"按钮的作用与替换一般文本时的使用相同。

3.4 表格的创建和设置

3.4.1 插入和绘制表格

在 Word 中,表格可以插入,也可手动绘制。对表格及表格中的内容可进行各种编辑,如添加和删除单元格、合并和拆分单元格、移动和复制单元格及其内容等。

1. 插入表格

在 Word 中插入表格的方法可分为两种:快速插入表格和精确自定义表格。

(1)快速插入表格

使用工具栏插入表格比较快捷方便,具体操作方法如下。

① 光标置于要插入表格的位置。

② 单击"常用"工具栏中的"插入表格" ⊞ 按钮。

③ 在弹出的小窗口中拖动鼠标,观察窗口中表格行和列的变化,直到选定自己要求的行列值。

④ 单击鼠标左键,完成操作。这时,窗口中已经插入了宽度和页面宽度相等的表格。如图 3.4.1 所示。

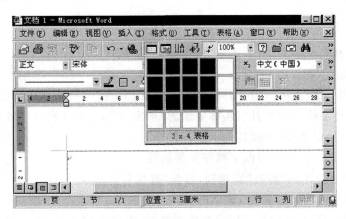

图 3.4.1 插入表格

(2)精确自定义表格

操作步骤如下。

① 选择"表格"菜单中的"插入"命令,在弹出的子菜单中选择"表格"命令,弹出"表格"

对话框,如图3.4.2所示。

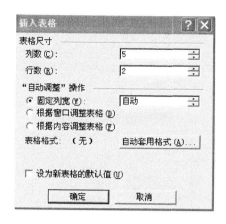

图3.4.2　"插入表格"对话框

② 在"表格"对话框中的"列数"和"行数"框中分别输入所要插入的目标表格的列数和行数。

例3.4.1　在图3.4.3的文档中创建表格:将光标置于文档第1行,创建一个6行6列的表格。其操作步骤如下。

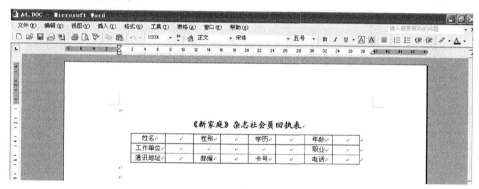

图3.4.3　样文

① 将光标置于文档第1行,选择"表格/插入/表格"命令,创建一个6行6列的表格,如图3.4.4、图3.4.5所示。

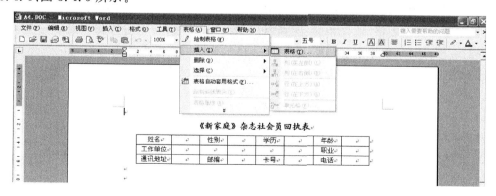

图3.4.4　插入"表格"

单击"确定"后如图 3.4.6 所示。

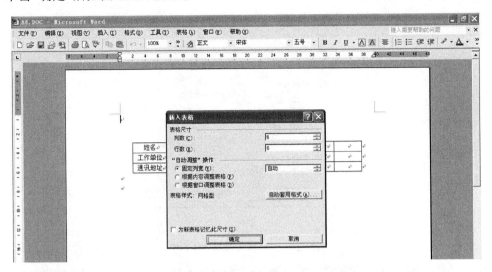

图 3.4.5 填入相关设置

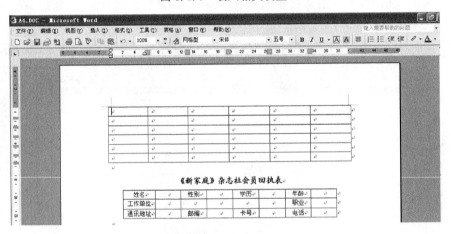

图 3.4.6 插入后的显示结果

② 在"自动调整操作"区内选择"固定列宽"、"根据内容调整表格"或"根据窗口调整表格"。若选择了"固定列宽"则可以输入固定的列宽,插入列宽相等的表格;选择"自动"则和设置"根据窗口调整表格"效果相同;选择"根据窗口调整表格"则可以得到总宽度和页面宽度相等的表格;选择"根据内容调整表格"则表格的列宽根据输入的内容的变化而改变。

③ 若单击"套用格式"按钮,弹出"表格自动套用格式"对话框,可在其中选择一种固定格式。如图 3.4.7 所示。

④ 最后单击"确定"按钮完成操作。

例 3.4.2 为新创建的表格自动套用"彩色型 1"的格式。其操作步骤如下。

① 选择"表格/表格自动套用格式"命令,在表格样式中选择"彩色型 1"并应用。格式分别如图 3.4.8～图 3.4.10 所示。

图 3.4.7 "表格自动套用格式"对话框

图 3.4.8

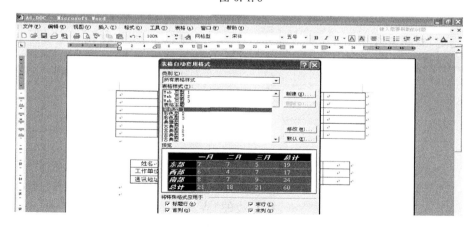

图 3.4.9

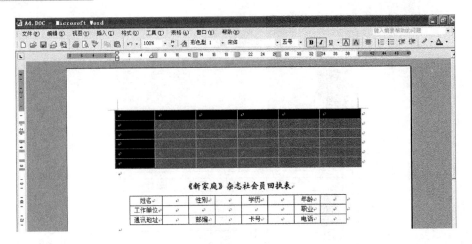

图 3.4.10

2. 绘制表格

如果想得到任意不规则的表格，用户可以使用"表格和边框"工具栏来绘制，具体操作步骤如下。

① 单击要创建表格的位置，将插入点放置在此处。

② 单击常用工具栏中的"表格和边框"按钮，此按钮所在位置如图 3.4.11 所示。

图 3.4.11 单击"表格和边框"按钮

③ 在"表格和边框"工具栏中单击"绘制表格"工具，如图 3.4.12 所示。

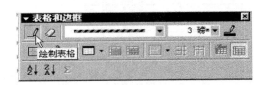

图 3.4.1.12 "绘制表格"工具的位置

④ 选定"绘制表格"按钮，这时鼠标外观变为一支笔的形状，可以用它在页面中绘制表格边框线，如图 3.4.13 所示。

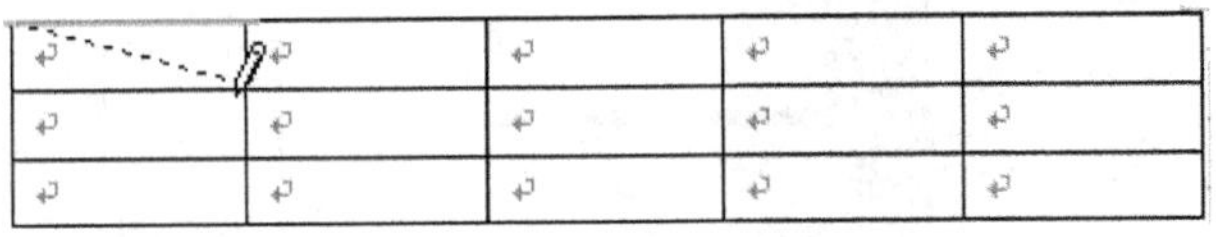

图 3.4.13 绘制表格边框线

绘制斜线表头是 Word 2002 提供的一个新功能，打开"表格"菜单，单击"绘制斜线表头"命令，打开"绘制斜线表头"对话框，在左边的"表头样式"列表框中选择"样式二"，右边"字体大小"使用五号，在这里的行标题输入"科目"，数据标题输入"成绩"，列标题输入"姓名",单击"确定"按钮,就可以在表格中插入一个合适的表头了。如图 3.4.14 所示。

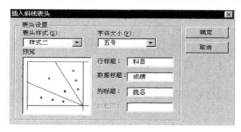

图 3.4.14　插入斜线表头

3.4.2　编辑表格

1. 在表格中选定内容

（1）使用鼠标

① 将鼠标置于单元格的左边缘,当鼠标外观变为右上方向的实箭头时,单击左键可以选择该单元格,如图 3.4.15 所示。

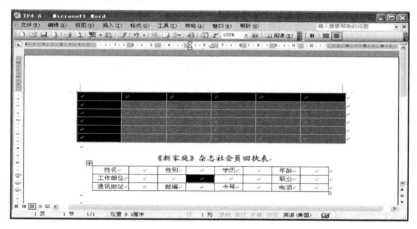

图 3.4.15　使用鼠标选择一个单元格

② 将鼠标置于一行的左边缘,单击左键可以选择该行。如图 3.4.16 所示。

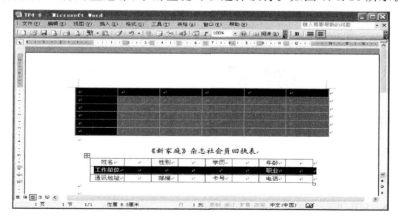

图 3.4.16　使用鼠标选择一行单元格

③ 将鼠标置于一列的上边缘,当鼠标外观变为向下的实箭头的时候,单击左键可以选择该列,如图 3.4.17 所示。

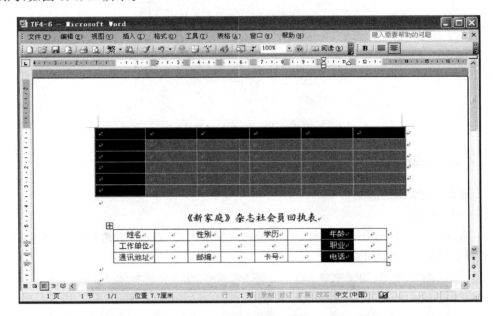

图 3.4.17　使用鼠标选择一列单元格

④ 将光标置于表格中的任意位置,当表格左上角出现十字标识时,用鼠标左键单击它,可以选择整个表格。如图 3.4.18 所示。

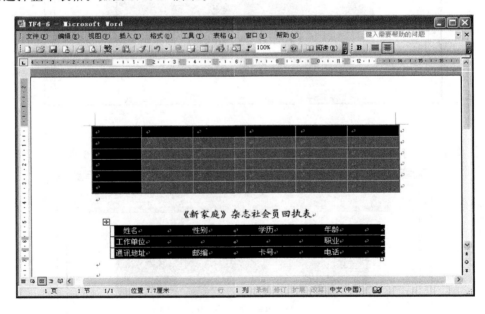

图 3.4.18　使用鼠标选择整个表格

2. 插入行、列、单元格

（1）插入行、列

把光标定位在一个单元格里,在"表格"菜单栏里"插入"选项中选"行"、"列"或者"单元格"选项,就会相应的插入行、列、单元格。或者选取一个单元格,单击常用工具栏上的"插入单元格"按钮,也可以选择插入一行或一列单元格。如图 3.4.19～图 3.4.22 所示。

图 3.4.19 插入行

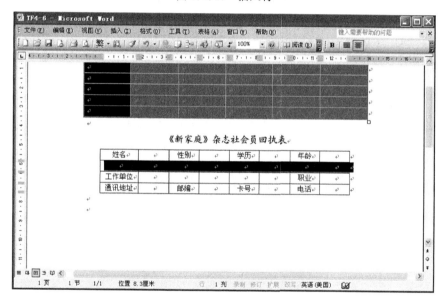

图 3.4.20 插入行的操作结果

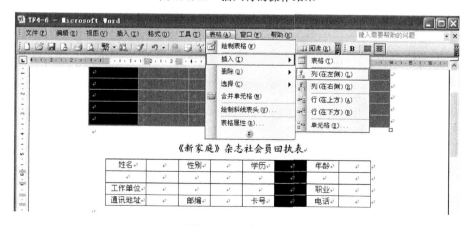

图 3.4.21 插入列

图 3.4.22　插入列的操作结果

例 3.4.1　表格行和列的操作：将"学历"一列与"年龄"一列位置互换。操作步骤如下。

选择"学历"一列，右键选择剪切，然后光标移动到"年龄"一列，选择粘贴列；选择"年龄"一列，右键选择剪切，然后光标移动到"学历"的前面一列，选择粘贴列即可。如图 3.4.23～图 3.4.29 所示。

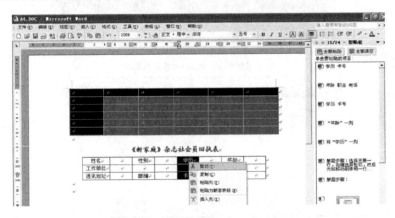

图 3.4.23　选中"学历"一列右击

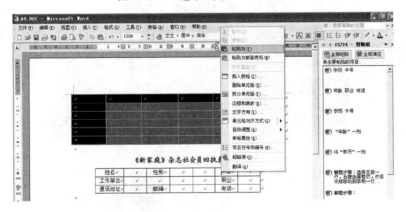

图 3.4.24　选择年龄一列右击

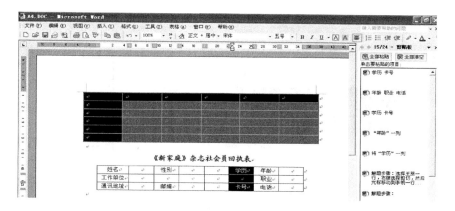

图 3.4.25 效果

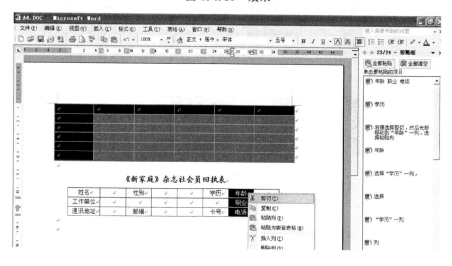

图 3.4.26 选中年龄一列

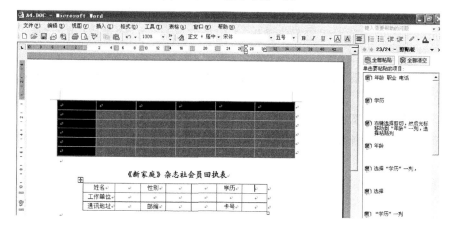

图 3.4.27 光标定位

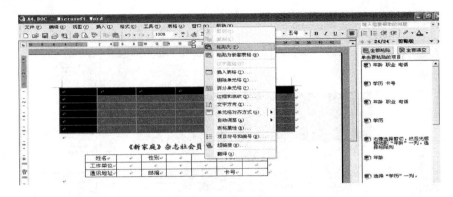

图 3.4.28　右击选择"粘贴"列

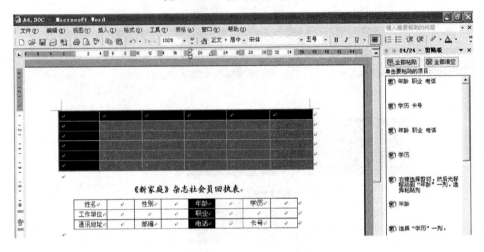

图 3.4.29　操作效果

（2）插入一行单元格

把光标定位到表格本行的最右边的回车符前面，然后按一下回车，就可以在本行后面插入一行单元格了。另一种方法用菜单操作：先定位好光标，选择"表格"中的"插入"选项，再在子菜单中选择插入行或列。

例 3.4.2　在表格最下方插入一个新行，在该行最左端单元格中输入"E-mail"，其操作步骤如下。

光标移动到表格最下方一行，单击"表格/插入/行（在下方）"菜单，如图 3.4.30 所示，即在表格最下方插入一个新行，在该行最左端单元格中单击输入"E-mail"。效果图如图 3.4.31所示。

3.合并和折分单元格

（1）合并一行单元格：先选中一行单元格，打开"表格"菜单，单击"合并单元格"命令，把选中的单元格合并成一个，如图 3.4.32 所示。

（2）拆分单元格：选取单元格，打开"表格"菜单，单击"拆分单元格"命令，弹出"拆分单元格"对话框，选择拆分成的行和列的数目，单击"确定"按钮。如图 3.4.33 所示。

也可以在单元格中单击鼠标右键,在打开的快捷菜单中选择"拆分单元格",或者单击"表格和边框"工具栏上的"拆分单元格"按钮,可以打开"拆分单元格"对话框。图3.4.34所示为快捷菜单中打开"拆分单元格"选项。

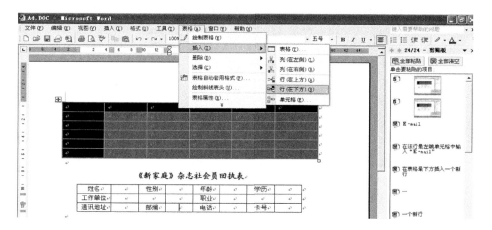

图 3.4.30　选择插入行(在下方)

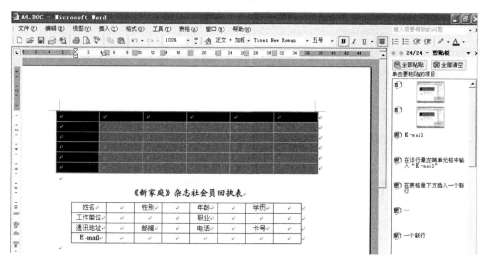

图 3.4.31　最终效果

图 3.4.32　合并单元格选项

图 3.4.33　"拆分单元格"对话框

提示：

有时候需要将表格下移一行，可以通过移动表格的操作实现；也可以通过灵活地使用拆分表格功能更方便地实现，将光标置于表格的第一行进行拆分操作，整个表格将下移一行。

图 3.4.34　快捷方式拆分单元格

例 3.4.3　将图 3.4.31 中"工作单位"右侧的 3 个单元格合并为一个单元格，具体操作步骤如下。

选择"工作单位"右侧的 3 个单元格，单击右键选择"合并单元格"，如图 3.4.35 所示。

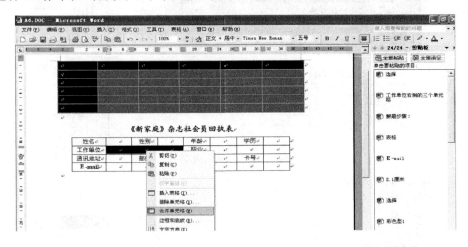

图 3.4.35　合并单元格

4. 单元格里格式设置

选取单元格里的文字，单击鼠标右键，选择快捷菜单中的"单元格对齐方式"项，会弹出几个按钮供选择，单击需要的格式。如图 3.4.36 所示。

（1）让所有单元格里的文字格式都一样：把鼠标移动到表格上，在表格的左上角的移动标记上单击右键，从快捷菜单的"单元格对齐方式"的面板中选择需要的格式，整个表格中的所有单元格就都一样了。

（2）把单元格中的文字竖着排行：把光标定位到单元格中，单击工具栏上的"更改文字方向"按钮。

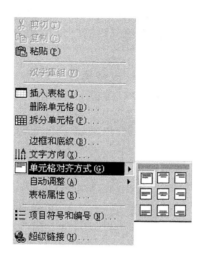

图 3.4.36　单元格对齐方式

事实上可以把表格中的每个单元格看作是一篇独立的文档，里面同样可以有段落的设置，如"两端对齐"、"居中"等按钮都可用。

例 3.4.4　将表格中各单元格的对齐方式设置为中部居中。

选择表格中所有单元格，单击右键，选择"单元格的对齐方式"，然后子菜单中选择中部居中。如图 3.4.37 所示。

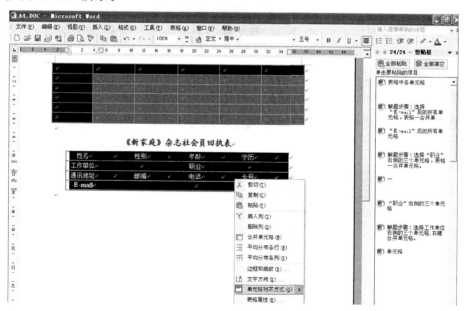

图 3.4.37　单元格对齐方式

5．表格的复制和删除

（1）复制表格：表格可以全部或者部分的复制，与文字的复制一样，先选中要复制的单

元格,单击"复制"按钮,把光标定位到要复制表格的地方,单击"粘贴"按钮,刚才复制的单元格形成了一个独立的表。

（2）删除表格:选中要删除的表格或者单元格,按一下〈Backspace〉键,弹出一个"删除单元格"对话框,其中的几个选项同插入单元格时是对应的,单击"确定"按钮。

6．表格的格式设置

选中表格的行或列,右击鼠标后选择"表格属性",如图3.4.38所示。可设置对齐方式、文字环绕方式、行和列的大小、表格的边框,等等。

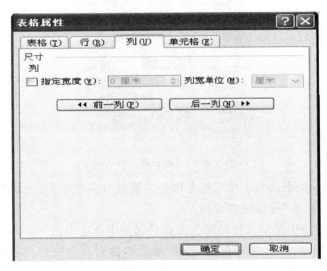

图3.4.38　"表格属性"对话框

例3.4.5　设置图3.4.31中"姓名"所在列的列宽为2.1厘米,将其余各列平均分布。其操作步骤如下。

选中"姓名"所在列,选择"表格/表格属性"命令,打开对话框,如图3.4.39所示。选择列标签,在列宽中输入2.1厘米,如图3.4.40所示,单击确定按钮。

图3.4.39　选择表格属性

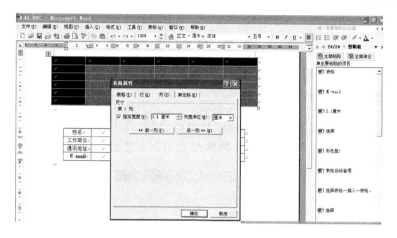

图 3.4.40 设置列宽

（1）表格边框修饰：把表格周围的框线变粗时，单击"表格和边框"工具栏上的"粗细"下拉列表框，选择合适的线条，然后单击"框线"按钮的下拉箭头，单击"外部框线"按钮，这样可以在表格的周围放上一条所选线条的边框，如图 3.4.41 所示。

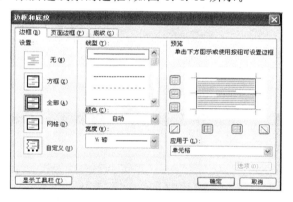

图 3.4.41 "边框和底纹"对话框

（2）表格添加底纹：选中要加底纹的表格，单击鼠标右键，选中"边框和底纹"命令，单击"底纹"按钮的下拉箭头，选择颜色，确定选择，即见效果。如图 3.4.42 所示。

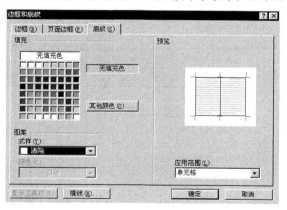

图 3.4.42 设置底纹

3.5 对象的创建和设置

3.5.1 公式的插入

打开"插入"菜单,单击"对象"命令,在"对象类型"列表中选择"Microsoft 公式 3.0",如图 3.5.1 所示。单击"确定"按钮,Word 的界面如图 3.5.2 所示,这时就可以编辑公式了。

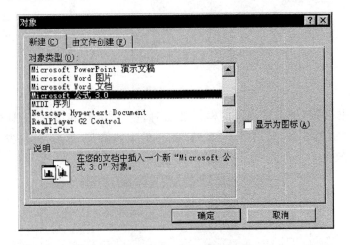

图 3.5.1 "对象"对话框

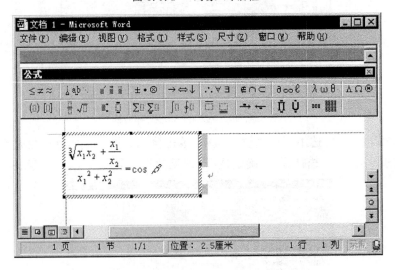

图 3.5.2 选择公式中的格式输入字符

3.5.2 使用文本框

(1) 文本框的插入

单击"绘图"工具栏上的"文本框"按钮,在文档中拖动鼠标,就可以插入一个空的横排文本框;插入竖排的文本框只要使用"竖排文本框"按钮就可以了,如图 3.5.3 所示。

（2）给已有的文字添加文本框

选中要添加文本框的文本，单击"绘图"工具栏上的"文本框"按钮，就给这些文本添加了文本框。

图 3.5.3 "绘图"工具栏

文本框里既可以输入文字，也可以插入图形。若在文档的同一页中既有横排也有竖排的段落，用文本框来处理很方便：打开"插入"菜单，单击"文本框"选项，单击"横排"命令，如图 3.5.4 所示，光标变成十字形，按下左键在文档中绘制一个横排的文本框，这时光标已在文本框中了，同时界面中出现了一个小的"文本框"工具栏，输入要横排的文字；同样的方法，再在文档中插入一个竖排的文本框，输入竖排的文本，调整好这两个文本框的大小和位置就可以了。

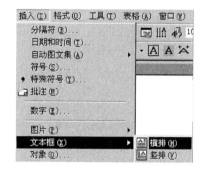

图 3.5.4 "文本框"横排命令

（3）去掉文本框的黑边

选中前面（2）中制作的文档中左边的文本框，按住〈Shift〉键单击右边的文本框的边框，同时选中这两个文本框，单击"绘图"工具栏上"线条颜色"按钮的下拉箭头，选择"无线条颜色"命令，单击文本框以外的地方，这时就看不出文本框的痕迹了。

3.5.3 插入 Excel 工作表

在 Word 中可以直接打开 Excel 建立的工作表，也可以在 Word 中直接插入一个新的 Excel 工作表。

（1）在 Word 中插入新的 Excel 工作表

单击"常用"工具栏上的"插入 Microsoft Excel"工作表按钮，如图 3.5.5 所示，同选择表格一样选择插入工作表的数目，插入 Excel 工作表后界面中的菜单栏和工具栏就变成了标准的 Excel 菜单和工具栏，可以像在 Excel 中一样进行数据的处理。

图 3.5.5 "插入 Microsoft Excel"工作表按钮

打开"插入"菜单，单击"对象"命令，选择对象列表中的"'Microsoft Excel'工作表"项，单击"确定"按钮，同样可以在 Word 文档中插入一个 Excel 工作表。

（2）插入一个已经存在的 Excel 的表格

打开"插入"菜单，单击"对象"命令，单击"从文件创建"选项卡后，再单击"浏览"按钮，从文件列表中选择要插入的文件，单击"插入"按钮，最后单击"确定"按钮，文件就作为一个对象插入到 Word 中来了。

3.5.4　插入图表

使用图表主要是为了直观地表示一些统计数字。打开"插入"菜单的"图片"子菜单,单击"图表"命令,就在文档中插入了一个图表,如图 3.5.6 所示,同时 Word 的界面也发生了变化。

这个图表只是一个示例,在应用时要根据实际的内容修改一下数据才行。

单击选中图表,打开"图表"菜单,单击"图表选项"命令,如图 3.5.7 所示,在"图表选项"对话框中的"图表标题"输入框中输入标题,单击"确定"按钮,图表中就增加了一个标题。

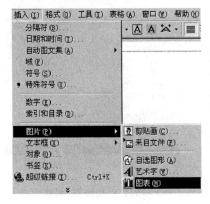

图 3.5.6　插入图表

图 3.5.7　"图表选项"命令

3.6　文档版面的设置与编排

3.6.1　页面设置

打开"文件"菜单,单击"页面设置"命令,便打开"页面设置"对话框,单击"纸张"选项卡,从"纸张大小"下拉列表框的列表中选择纸张的大小,在"方向"选择区中选择"纵向";单击"页边距"选项卡,输入上下左右 4 个方向的页边距,单击"确定"按钮即可,如图 3.6.1、图3.6.2所示。

图 3.6.1　"页面设置"对话框

图 3.6.2　设置"纸张"选项卡

例 3.6.1　页面设置：纸型为 A4；页边距为上、下各 2.7 厘米，左、右各 3 厘米。其操作步骤如下。

使用"打开文件/页面设置"菜单，在对话框中设置题目中要求的宽度和高度，单击"确定"按钮即可。具体操作界面如图 3.6.3～图 3.6.6 所示。

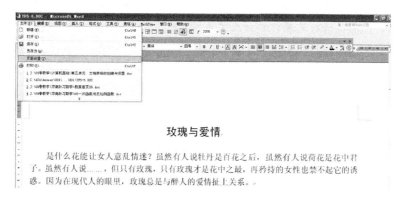

图 3.6.3　"文件"中选择页面设置

图 3.6.4　设置上下边距

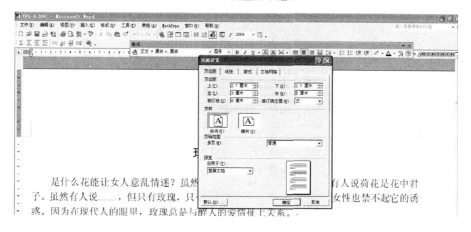

图 3.6.5　设置左右边距

提示：

双击标尺上的灰色区域（  ），也可以打开"页面设置"对话框。如果文稿需要装订，就要设置装订线的位置：在"页面设置"对话框中的"页边距"选项卡里选择装订线的位置，这个装订线的输入框中的数值表示的是装订线到页边的距离，而现在的页边距表示的就是装订线到正文边框的距离了。

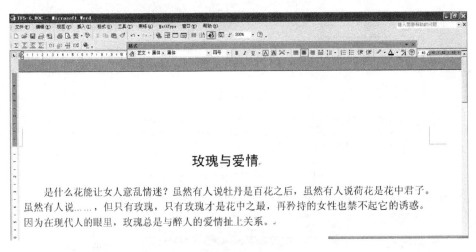

图 3.6.6　效果显示

3.6.2　插入艺术字

单击"绘图"工具栏上的"插入艺术字"按钮，如图 3.6.7 所示，从打开的"'艺术字'库"对话框中选择一个样式，单击"确定"按钮，如图 3.6.8 所示，弹出"编辑'艺术字'文字"对话框，输入文字，选择"字体"项，单击"确定"按钮，文档中就插入了艺术字，同时 Word 自动显示出了"艺术字"工具栏，如图 3.6.9 所示。

图 3.6.7　"绘图"工具

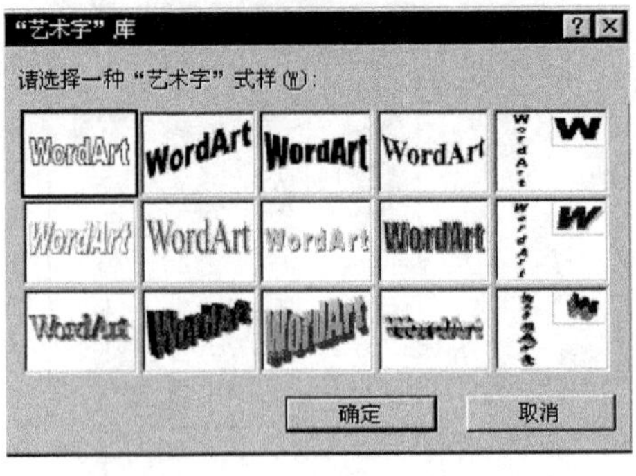

图 3.6.8　艺术字模板

1. 改变插入艺术字的属性

选定要改变的艺术字,单击"艺术字形状"按钮,从打开的面板中选择"细上弯弧",则把这个艺术字的形状变成了弧形。如图3.6.10所示。

图 3.6.9　艺术字工具

图 3.6.10　改变艺术字属性

单击"艺术字字母高度相同"按钮,所有字母的高度就一样了。单击"艺术字竖排文字"按钮,字母变成了竖排的样式,如图3.6.11所示。

单击"文字环绕"按钮,从中选择一种环绕方式来调整艺术字与正文文字的位置关系,如图3.6.12所示。

此外,艺术字格式设置中也可以设置填充颜色、大小、对齐方式等格式。

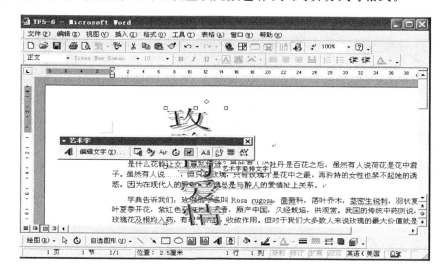

图 3.6.11　方向选择

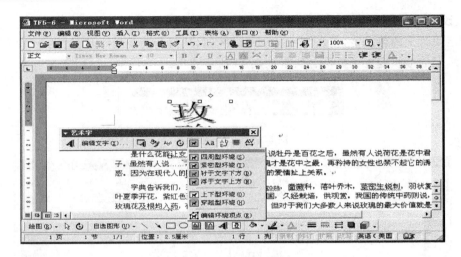

图 3.6.12　环绕方式

2. 图形的阴影和三维效果设置

单击"绘图"工具栏上的"阴影"按钮,如图 3.6.13 所示,从弹出的面板中选择阴影样式,文档中的图形就有了阴影。

图 3.6.13　"阴影"按钮

例 3.6.2　将标题"玫瑰与爱情"设置为艺术字,艺术字式样为第 3 行第 2 列;字体为华文新魏;形状为左远右近;阴影为阴影样式 3;环绕方式为四周型。其操作步骤如下。

先选定文本"玫瑰与爱情",然后单击工具栏上的 按钮,打开"艺术字"对话框,选择第 3 行第 2 列的式样,点"确定"按钮后进入"编辑艺术字文字"对话框,选择字体,单击"确定"完成。单击艺术字工具栏上的 按钮,选择第 5 行第 2 列左远右近。单击绘图工具栏上的 按钮,选择第 1 行第 3 列的阴影样式 3。操作过程界面如图 3.6.14～图 3.6.26 所示。

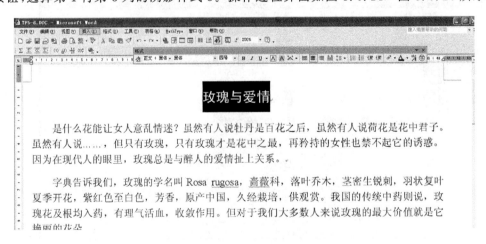

图 3.6.14　选中标题

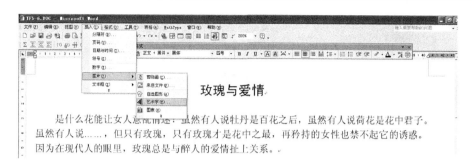

图 3.6.15　选择功能菜单

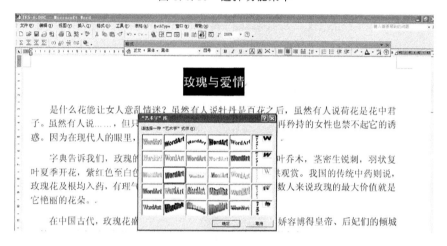

图 3.6.16　选择艺术字式样

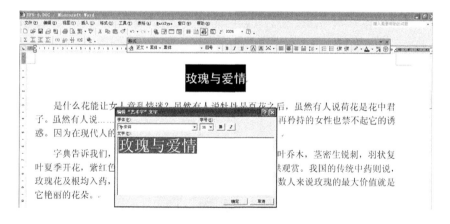

图 3.6.17　编辑艺术字内容

另外,打开"插入"菜单中"图片"子菜单,单击"艺术字"命令,打开"'艺术字'库"对话框,选择格式,输入文字并设置也可以插入艺术字。

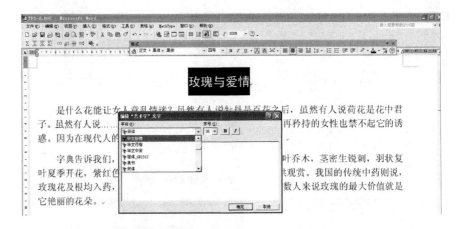

图 3.6.18　编辑艺术字字体

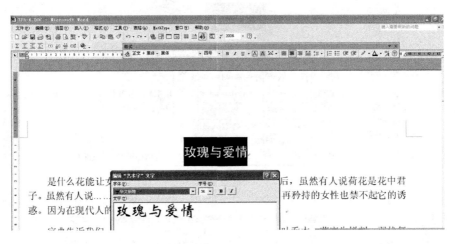

图 3.6.19　输入内容

图 3.6.20　单击"确定"后显示结果

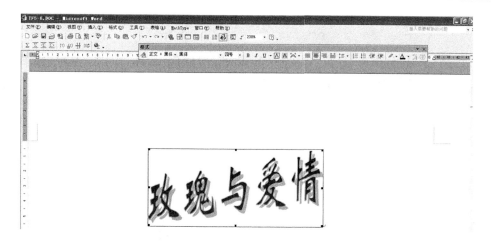

图 3.6.21 单击艺术字出现艺术字工具栏

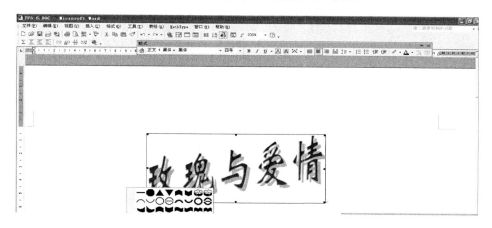

图 3.6.22 单击艺术字形状按钮

图 3.6.23 单击绘图工具栏中的阴影样式

3.6.3 分栏

打开"格式"菜单,单击"分栏"命令,打开"分栏"对话框,选择"两栏",单击"确定"按钮,现在文档就是按两栏来排版的了,如图3.6.27所示。

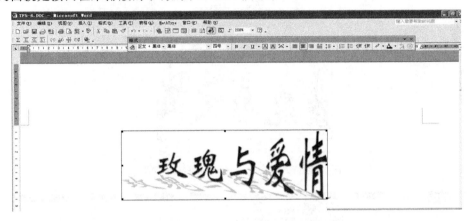

图 3.6.24   操作效果显示

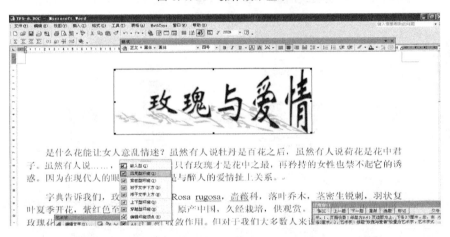

图 3.6.25   选择艺术字工具栏中的环绕方式

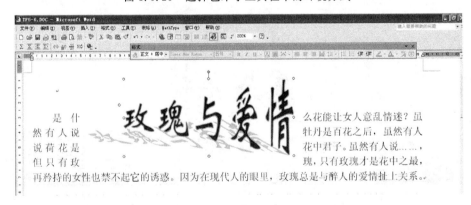

图 3.6.26   操作效果显示

若让一段文字分四栏显示,先选中整个段落,然后打开"格式"菜单,选择"分栏"命令,打开"分栏"对话框,在"栏数"输入框中输入"4","应用范围"选择"所选文字",单击"确定"按钮,文档就设置好了。

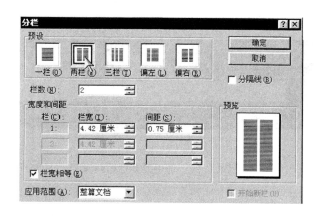

图 3.6.27 "分栏"对话框

(1) 调整栏宽:打开"分栏"对话框,这里有"栏宽"和"间距"两个输入框,单击"栏宽"输入框中的上箭头来增大栏宽的数值,"间距"中的数字也同时变化了。单击"确定"按钮即可。

(2) 在分栏中间加分隔线:打开"分栏"对话框,选中"分隔线"前的复选框,单击"确定"按钮,在各个分栏之间就出现了分隔线,如图 3.6.28 所示。

(3) 设置栏宽不等:打开"分栏"对话框,选择"偏左",然后单击"确定"按钮,这样就设置了一个偏左的分栏格式;如果想设置多栏的不等宽分栏,先打开"分栏"对话框,在"栏数"输入框中输入"3",确认"栏宽相等"前的复选框没有选中,对各个栏宽分别进行设置,单击"确定"按钮,一个不等宽的三分栏就设置好了。

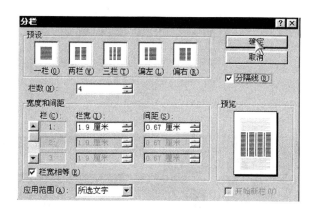

图 3.6.28 设置"分栏"选项

例 3.6.3 将图 3.6.29 文档中正文第 2 段和第 3 段设置为两栏格式,第 1 栏栏宽为 14 字符,间距为 2 字符。其操作步骤如下。

打开"格式/分栏"菜单,进入"分栏"对话框,选择两栏,先取消栏宽相等选项,设置第 1 栏栏宽为 14 字符,间距为 2 字符,单击"确定"按钮完成。如图 3.6.29~图 3.6.31 所示。

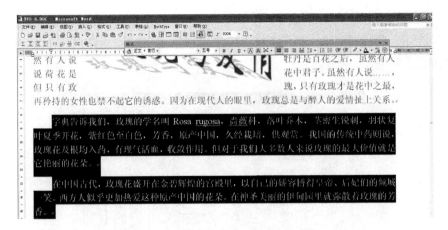

图 3.6.29　选中要分栏的两段

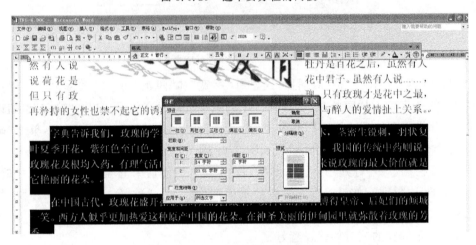

图 3.6.30　选择分栏格式

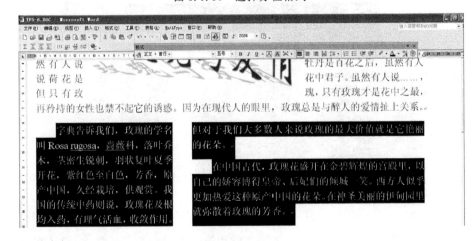

图 3.6.31　设置结果显示

提示：

使用分栏符在段落结束位置开始分栏：把光标定位到这个段落的后面，打开"插入"菜单，单击"分隔符"命令，从弹出的"分隔符"对话框中选择"分栏符"，单击"确定"按钮，这样就可以了。

3.6.4　插入图片

打开"插入"菜单，单击"图片"选项，单击"来自文件"命令，选择要插入的图片，单击"插入"按钮，图片就插入到文档中了。选中这个图片，界面中还会出现一个"图片工具栏"。

（1）插入图片：单击"图片"工具栏上的"插入图片"按钮，可以打开"插入图片"对话框，如图 3.6.32 和图 3.6.33 所示。

图 3.6.32　"图片"工具栏

图 3.6.33　"插入图片"对话框

单击"绘图"工具栏上的"插入剪贴画"按钮，可以打开"插入剪贴画"对话框。如图 3.6.34 所示。

图 3.6.34

（2）调整图片的大小和位置：插入的图片周围有一些黑色的小正方形，这些是尺寸句柄，把鼠标放到上面，鼠标就变成了双箭头的形状，按下左键拖动鼠标，就可以改变图片的大小。

 提示：

裁剪：单击"图片"工具栏上的"裁剪"按钮，如图 3.6.35 所示，在图片的尺寸句柄上按下左键，等鼠标变成了移动光标的形状时拖动鼠标，虚线框所到的地方就是图片的裁剪位置了，不过这样拖动虚线移动的距离大了一些，按住〈Alt〉键再拖，就可以平滑地改变虚线的位置了，松开左键，就把虚线框以外的部分"裁"掉了。

图 3.6.35　"裁剪"按钮

（3）设置图片的版式：单击"图片"工具栏上的"文字环绕"按钮，从弹出的菜单中选择"四周型环绕"，如图 3.6.36 所示，文字就在图片的周围排列了。

把鼠标移动到图片上，鼠标变成了一个移动光标的形状，按下左键进行拖动，文档中就出现了一个虚线框表示图片拖动到的位置，同样，如果按住〈Alt〉键可以平滑地进行拖动。

单击"图片"工具栏上的"文字环绕"按钮，单击"编辑环绕顶点"命令，退出编辑顶点状态就可以了。

例 3.6.4 在样文所在位置插入图片：C:\ata\Answer\001\0210801010010001\MSO\WORD\E01\pic5-6.jpg；图片缩放为70%；环绕方式为四周型。操作步骤如下。

图 3.6.36　选择环绕方式

打开"插入/图片/来自文件"菜单，选择打开题目所要求的文件夹中的文件，单击插入即可。如图 3.6.37～图 3.6.42 所示。

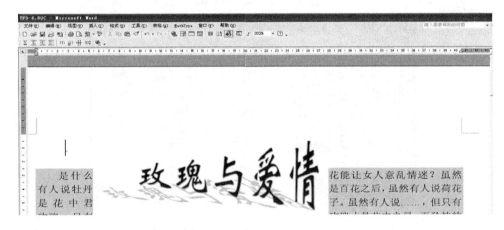

图 3.6.37　定位好光标

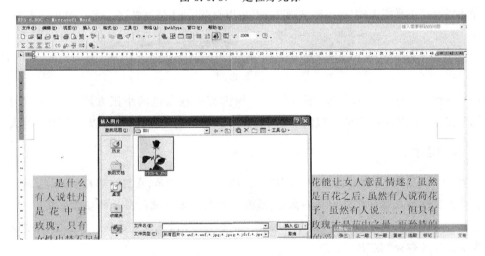

图 3.6.38　选择"插入/图片/来自文件夹"命令

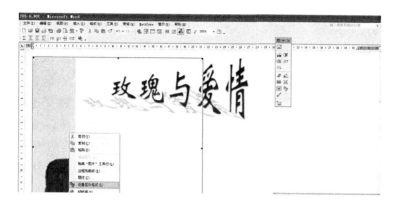

图 3.6.39 选择好图片后单击"插入"后的效果

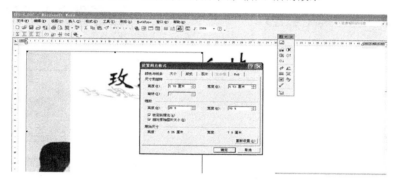

图 3.6.40 双击图片设置缩放

图 3.6.41 设置版式

图 3.6.42 选中艺术字并拖放到合适位置

3.6.5 脚注和尾注

文言文的排版是用 Word 的脚注和尾注功能来设置的,首先把光标定位到要插入注的地方,打开"插入"菜单,单击"脚注和尾注"命令,打开"脚注和尾注"对话框,如图 3.6.43 所示,选择"脚注",编号方式选择"自动编号",单击"选项"按钮,弹出"注释选项"对话框,如图 3.6.44 所示,在"所有脚注"选项卡的"编号格式"下拉列表框中选择编号格式为带圈的字符,选择"编号方式"为"每页重新编号",单击"确定"按钮,设置好编号的选项,单击"确定"按钮,在文档中插入一个脚注,Word 自动把光标定位到页面的底部,输入注释的内容就可以了。下次再加时,利用上面的方法,可以在文档的各处插入脚注,而不用考虑脚注的序号,而且排过版后,每页的脚注会自动重新编号。

图 3.6.43 "脚注和尾注"对话框　　　　图 3.6.44 "注释选项"对话框

例 3.6.5 为图 3.6.45 所示文档中的正文第 4 段第 1 行"埃及法老"设置下画线;插入脚注"埃及法老:是古代对埃及国王特有的称呼。"其操作过程如图 3.6.46～图 3.6.49 所示。

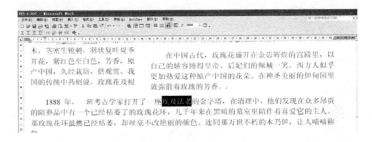

图 3.6.45 选中"埃及法老"

图 3.6.46 "格式/字体"选项卡中设置下画线型

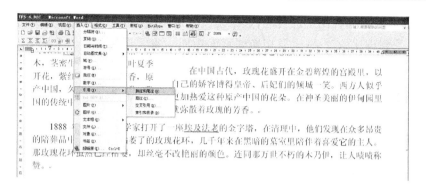

图 3.6.47　选择"插入/引用/脚注和尾注"命令

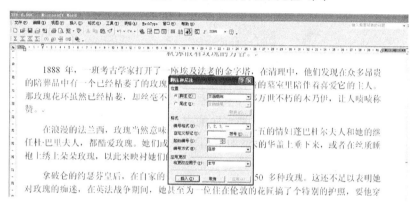

图 3.6.48　选择插入"脚注"

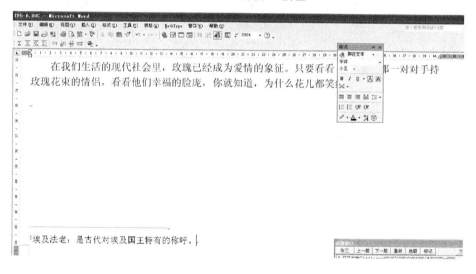

图 3.6.49　输入相关内容

在有脚注的文档中选择"视图"菜单中的"脚注"命令,可以快速将光标定位到文档中的脚注区,可以直接编辑和修改脚注。如果不想要其中一个的脚注,可以在文档中选中脚注符,按一下〈Delete〉键,脚注就被删除了,这时所有的脚注序号及脚注区中的注释都会自动进行调整。在脚注区进行删除脚注的操作,往往不能同时删除文档中的脚注符。

以上操作是在页面视图中进行的,如果是在普通视图中插入的脚注,插入方法上有一点差异,而且要看到脚注的效果,也要切换到页面视图中来。尾注的插入和脚注是大同小异,这里不再详述。

3.6.6 页眉和页脚

打开"视图"菜单,单击"页眉和页脚"命令,Word 自动弹出"页眉和页脚"工具栏,如图3.6.50所示,并进入"页眉和页脚"的编辑状态,默认的是编辑页眉,输入内容,单击"页眉和页脚"工具栏上的"在页眉和页脚间切换"按钮,切换到页脚的编辑状态,编辑完毕后,单击"页眉和页脚"工具栏上的"关闭"按钮回到文档的编辑状态,设置好页眉和页脚后,单击"打印预览"按钮,可以看到设置的页眉和页脚就出现在文档中。

图 3.6.50 "页眉和页脚"工具栏

这只是最简单的页眉和页脚的设置,平常看到的书籍中大多是各个章节的页眉和页脚都不相同,而且奇偶页的页眉和页脚也是不同的,这个就需要使用分节来设置了。

例 3.6.6 按图 3.6.47 中的样文添加页眉文字,插入页码,并设置相应的格式(样张仅供参考,以题目描述为主),具体操作步骤如下。

打开"视图/页眉和页脚"菜单,进入"页眉和页脚"编辑状态,然后按样文添加页眉文字,插入页码,并设置相应的格式。如图 3.6.51~3.6.55 所示。

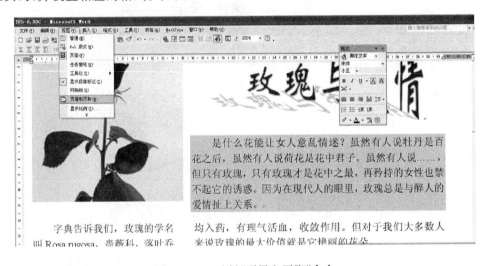

图 3.6.51 选择"页眉和页脚"命令

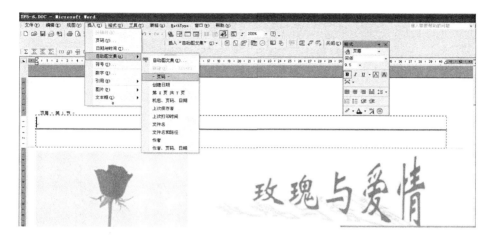
图 3.6.52 选择"页码"命令

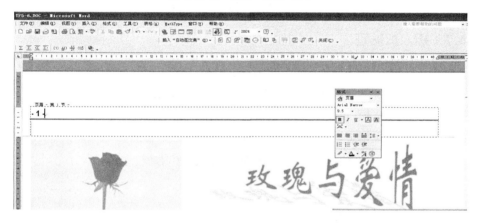
图 3.6.53 效果显示

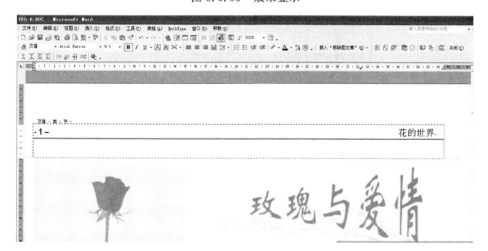
图 3.6.54 输入页眉"花的世界"

图 3.6.55　关闭页眉页脚的显示效果

3.6.7　插入剪贴画

除了可以从文件中插入图片以外,Word 还为我们准备了一些剪贴画:打开"插入"菜单下的"图片"子菜单,单击"剪贴画"命令,打开"插入剪贴画"对话框,如图 3.6.56 所示,单击选择列表中的"装饰"选项,单击其中的一项,单击弹出面板中的"插入剪辑"按钮,单击右上角的"关闭"按钮回到文档中,可以看到刚才选择的剪贴画已经插入到了文档中。

图 3.6.56　"插入剪贴画"对话框

习　题　三

一、按操作要求,完成下列各题。

1. 新建文件:在字表处理软件中新建一个文档,文件名为"A2.DOC"保存至"考生文件夹"中。

2. 录入文本与符号:按照样文【样文 3-1A】,录入文字、字母、标点符号、特殊符号等。

3. 复制粘贴:将素材"\第 3 章 Word 应用\3-1.DOC"中所有文字复制到考生录入文档之后。

4. 查找替换:将文档所有"ESD"替换为"静电",结果如"样文【3-1B】"所示。

【样文 3-1A】

- 在空气干燥的季节,当你开门时偶尔会有电击的感觉,这就是〖ESD 放电〗。当你感觉电击时,你身上的〖ESD 电压〗已超过「2000 伏!」当你看到放电火花时你身上的静电已高达「5000 伏!」当你听到放电声音时,＊你身上的静电已高达「8000 伏!」但是现代许多高速超大规模集成电路碰到仅几十伏或更低的静电就会遭到损坏。

【样文 3-1B】

- 在空气干燥的季节,当你开门时偶尔会有电击的感觉,这就是〖静电放电〗。当你感觉电击时,你身上的〖静电电压〗已超过「2000 伏!」当你看到放电火花时你身上的静电已高达「5000 伏!」当你听到放电声音时,＊你身上的静电已高达「8000 伏!」但是现代许多高速超大规模集成电路碰到仅几十伏或更低的静电就会遭到损坏。

也就是说当你接触这些电路时,你既没有感觉到又没有看到更没有听到静电放电时,这块电路就已部分损伤或完全损坏,而你可能还在找其硬件或软件的原因。你可能还没有意识到是静电这个"幽灵"。在上个世纪中叶以前,静电现象就如同科技馆中的表演,只是一种有趣的物理现象;然而现在,静电已成为高科技现代化工业的恐怖主义者。

静电危害那么大,它是如何产生的呢？任何物质都是由原子组合而成,而原子的基本结构为质子、中子及电子。在日常生活中所说的摩擦实质上就是一种不断接触与分离的过程。有些情况下不摩擦也能产生静电,如感应静电起电,热电和压电起电、亥姆霍兹层、喷射起电等。

二、打开文档 3-5.DOC,按下列要求设置、编排文档格式。

1. 设置【文本 3-5A】如【样文 3-5A】所示。

(1) 设置字体:第 1 行为华文新魏;第 2 行标题为黑体;正文第 2 段为楷体、第 3 段为仿宋、第 4 段为黑体;最后一行为方正姚体。

(2) 设置字号:第 1 行为小四;第 2 行标题为小一;正文第 2～4 段为小四。

(3) 设置字形:第 1 行和最后标题一行倾斜;第 2 行标题加粗;正文第 2 段加下画线、第 2 行加着重号。

(4) 设置对齐方式:第 2 行标题居中;最后一行右对齐。

(5) 设置段落缩进:正文各段首行缩进 2 个字符。

(6) 设置行(段落)间距:第 2 行标题段前 0.5 行、段后 1 行;正文段前、段后各 0.5 行。

2. 设置【文本 3-5B】如【样文 3-5B】所示。

(1) 拼写检查:改正【文本 3-5B】中的单词拼写错误。

(2) 项目符号或编号:按照【样文 3-5B】设置项目符号或编号。

【样文 3-5A】

科普知识

搭建运动"金字塔"

使我们能够根据它来合理地安排饮食。最近有些专家提出了一个运动"金字塔"模型。他们指很多人都知道有一个食物"金字塔",它把我们每天所吃食物的种类和数量按金字塔形排列,在日常生活中,只有同时遵循两种"金字塔"模型,才能达到健康的目的。

运动"金字塔"共分三层,底层是每天进行不少于 30 分钟的心血管运动。所谓心血管运动是指一些有益于心血管系统的有氧运动,包括散步、慢跑、骑车、游泳等。实际上这种运动不但会降低冠心病、高血压等心血管疾病的发病率,还对糖尿病、结肠癌等其他一些疾病起到很好的预防作用。做这类运动可以一次完成,也可以分散进行。如每次 10 分钟,共做 3 次。如果要想减肥的话,每天的运动时间不能少于一个小时。

运动"金字塔"的第二层是每天进行 5～10 分钟的伸展运动,包括下蹲、转体、甩手等。伸展运动可使过劳的肌肉放松而伸展,恢复生理机能,预防伤害的发生,提高生活质量。做这类运动可以见缝插针,如起床后、工作中的休息时间、沐浴后、睡觉前等都可以进行。一次的伸展,并不是 1～2 秒钟就急速地做到极限,而是在宽松的状态,徐徐地持续拉引 10～30 秒钟。

位于运动"金字塔"顶端的是每周两次的力量训练。力量训练可使人的骨骼坚硬、肌肉强壮、代谢旺盛。强壮的肌肉还有助于消耗更多的热量,这对减肥也是非常有益的。

——《摘自健康时报》

【样文 3-5B】

- A person, like a commodity, needs packaging. But going too far is absolutely undesirable. A little exaggeration, however, does no harm when it shows the person's unique qualities to their advantage.

- To display personal charm in a casual and natural way, it is important for one to have a clear knowledge of oneself. A master packager knows how to integrate art and nature without any traces of embellishment, so that the person so packaged is no commodity but a human being, lively and lovely.

三、打开文档"3-9. DOC",按下列要求创建、设置表格如【样文 3-9A】、【样文 3-9B】所示。

1. 创建表格并自动套用格式:将光标置于文档第 1 行,创建一个 3 行 3 列的表格;为新创建的表格自动套用列表型 8 的格式。

2. 表格行和列的操作:将"2004 年"一列前的一列(空列)删除;将"乙方案"所在单元格与"甲方案"所在的单元格互换;平均分布各行,平均分布各列。

3. 合并或拆分单元格:分别将"2003 年、2004"及其右侧的单元格合并为一个单元格,将"工作单位"右侧的 3 个单元格合并为一个单元格;分别将"甲方案"和"乙方案"所在的单元格及其下方的 3 个单元格合并为一个单元格。

4. 表格格式:将表格中各单元格的对齐方式设置为中部居中;并将表格中的文本设置为楷体、小四。

5. 表格边框:将表格的外边框线设置为 1.5 磅的三实线,网格线设置为 0.5 磅的细实线;将"方案"所在的两行设置为浅黄色底纹;"甲方案"所在的 3 行设置为棕黄色底纹;将"乙方案"所在的 3 行设置为玫瑰红底纹。

【样文 3-9A】

【样文 3-9B】

方圆电脑公司营销决策分析

方案	市场情况	2003 年		2004 年	
		概率	利润（元）	概率	利润（元）
甲方案	良好	50%	60 000	60%	100 000
	一般	20%	40 000	20%	80 000
	较差	30%	40 500	20%	70 000
乙方案	良好	20%	38 000	30%	60 000
	一般	50%	45 000	30%	50 000
	较差	30%	69 000	40%	40 000

四、打开文档"3-13. DOC"，按下列要求设置、编排文档的版面如【样文 3-13】所示。

1. 页面设置：自定义纸型宽为 20 厘米，高度为 29 厘米；页边距上、下各 2.5 厘米，左、右各 3 厘米。

2. 艺术字：标题"人类优先开发的五种新能源"设置为艺术字，艺术字式样为第 3 行第 4 列；字体为华文行楷；环绕方式为嵌入型。

3. 分栏：将正文第 2～6 段置为三栏格式，第 1 栏栏宽为 2 字符，第 2 栏栏宽为 12 字符栏，间距 2.02 字符，加分隔线。

4. 边框和底纹：为正文第 1 段设置边框，线型为实线。

5. 图片：在样文所示位置插入图片：素材\pic3-13.bmp；图片缩放为 50%；文字环绕方式为紧密型。

6. 脚注和尾注：为正文第 1 段中"核电站"添加粗下画线；插入尾注为"核电站：就是利用一座或若干座动力反应堆所产生的热能来发电兼供热的动力设施。"

7. 页眉和页脚：按样文添加页眉文字，插入页码，并设置相应的格式。

【样文 3-13】

人类与能源

人类将优先开发的五种新能源

在过去,人类使用的能源主要有三种,即原油、天然气和煤炭。而根据国际能源机构的统计,假使按目前的势头发展下去,不加节制,那么,地球上这三种能源能供人类开采的年限,分别只有 40 年、50 年和 240 年了。四五十年,从人类历史的角度来看,实在是非常非常的短促;试想一下,对于现在 20 来岁的年轻人来说,到他们六七十岁的时候,如果地球上已经没有原油和天然气可用,我们能不为此感到惊愕吗?所以,开发新能源,替代上述三种传统能源,迅速地逐年降低它们的消耗量,已经成为人类发展中的紧迫课

题,核能在今后一段时期内还将有所发展,但是核电站①的最大使用期只有 25～30 年,核电站的建造、拆除和安全防护费用也相对不低,过多地建设核电站是否明智可取,还有待今后实践和历史来检验。那么,人类将向何处寻找新能源呢? 能源专家认为,太阳能、风能、地热能、波浪能和氢能这五种新能源,在今后将会优先获得开发利用。

太阳能:太阳能利用的形式很多,例如太阳能集热为建筑供暖、供热水,用太阳能电池驱动交通工具和其他动力装置,等等,这些都属于太阳能小型、分散的利用形式。太阳能大型、集中的利用形式,则是太空发电。在距地面三万多公里高空的同步卫星上,太阳能电池每天 24 小时均可发电,而且效率高达地面的 10 倍。太空电能可以通过对人体无害的微波向地面输送。

风能:风能利用技术的不断革新,使这种丰富的无污染能源重放异彩。据估计,二三十年内,风力发电量将占总电力的 30% 左右。

地热能:目前世界上已有近二百座地热发电站投入了运行,装机容量达数百万千瓦。研究表明,地热能的蕴藏量相当于地球煤炭储量热能的 1.7 亿倍,可供人类消耗几百亿年,真可谓取之不尽、用之不竭,今后将优先开发利用。

波浪能:主要的开发形式是海洋潮汐发电。20 世纪 80 年代中期,挪威成功地建成一座小型潮汐发电站,让涨潮的海水冲进有一定高度的贮水池,池水下溢即可发电。已经在设计的单座潮汐电站,其发电量可供一个 30 万人口的城市使用。

氢能:氢是宇宙中含量最丰富的元素之一,氢运输方便,用作燃料不会污染环境,重量又轻,优点很多。前苏联试用氢为"图一155"型飞机的燃料已经初步取得成功,各国正积极试验用氢作为汽车的燃料。氢无疑也是人类未来要优先利用的能源之一。

---

① 核电站:就是利用一座或若干座动力反应堆所产生的热能来发电或发电兼供热的动力设施。

第 4 章 Excel 应用

 本章学习目标与要求

※ 熟练掌握 Excel 的工作界面和基本操作方法；

※ 熟练掌握工作表行、列的设置、单元格格式的设置、表格边框线的设置；

※ 熟练掌握如何插入批注、重命名工作表并复制工作表以及如何设置打印标题；

※ 熟练掌握输入公式、建立图表的操作；

※ 掌握公式（函数）应用、数据排序、数据筛选、数据合并计算、数据分类汇总、建立数据透视表等一系列数据处理与分析工作。

4.1 Excel 2002 中文版概述

中文 Excel 2002 是 Microsoft 公司出品的 Office 2002 系列办公软件中的一个组件。Excel 2002 是当前功能强大、技术先进、使用方便灵活的电子表格软件，它具有强大的数据综合管理与分析功能，可以把数据用各种统计图的形式形象地表现出来；提供了丰富的函数和强大的决策分析工具，可以简便快捷地进行各种数据处理、统计分析等。

在本节中，我们向读者简要介绍了 Excel 2002 的功能、启动与退出以及 Excel 2002 的窗口界面。

4.1.1 Excel 2002 功能概览

Excel 2002 可以用来制作电子表格、完成复杂的数据运算，进行数据分析和预测，并且具有强大的制作图表的功能及打印功能等。

1. 强大的制表功能

Excel 2002 的制表功能是把用户所用到的数据输入到 Excel 2002 中而形成表格，如把学生成绩表输入到 Excel 2002 中。在 Excel 2002 中实现数据的输入，首先要创建一个工作簿，然后在所创建的工作簿的工作表中输入数据，输入数据后的工作表如图 4.1.1 所示。

2. 数据计算功能

当用户在 Excel 2002 的工作表中输入完数据后，还可以对用户所输入的数据进行计算。在对数据进行计算时要使用到公式和函数，如要对工作表中进行总销售的计算，需使用 sum() 函数，在单元格 H3 中输入公式"＝sum(C3：F3)"后按＜Enter＞键，选中 G3 单元格并拖动柄到 G14，这样就可计算各个学生的总分，形成如图 4.1.2 所示的计算总分的工作表。

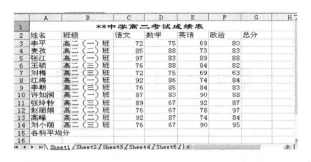

	A	B	C	D	E	F	G
1	**中学高二考试成绩表						
2	姓名	班级	语文	数学	英语	政治	总分
3	李平	高二（一）班	72	75	69	80	
4	麦孜	高二（二）班	85	88	73	83	
5	张江	高二（一）班	97	83	89	88	
6	王硕	高二（三）班	76	88	84	82	
7	刘梅	高二（三）班	72	75	69	63	
8	江海	高二（一）班	92	86	74	84	
9	李朝	高二（三）班	76	85	84	83	
10	许如润	高二（一）班	87	83	90	88	
11	张玲铃	高二（三）班	89	67	92	87	
12	赵丽娟	高二（二）班	76	67	78	97	
13	高峰	高二（二）班	92	87	74	84	
14	刘小丽	高二（三）班	76	67	90	95	
15	各科平均分						
16							

Sheet1 / Sheet2 / Sheet3 / Sheet4 / Sheet5

图 4.1.1　输入数据后的工作表

	A	B	C	D	E	F	G
1	**中学高二考试成绩表						
2	姓名	班级	语文	数学	英语	政治	总分
3	李平	高二（一）班	72	75	69	80	296
4	麦孜	高二（二）班	85	88	73	83	329
5	张江	高二（一）班	97	83	89	88	357
6	王硕	高二（三）班	76	88	84	82	330
7	刘梅	高二（三）班	72	75	69	63	279
8	江海	高二（一）班	92	86	74	84	336
9	李朝	高二（三）班	76	85	84	83	328
10	许如润	高二（一）班	87	83	90	88	348
11	张玲铃	高二（三）班	89	67	92	87	335
12	赵丽娟	高二（二）班	76	67	78	97	318
13	高峰	高二（二）班	92	87	74	84	337
14	刘小丽	高二（三）班	76	67	90	95	328
15	各科平均分						
16							

Sheet1 / Sheet2 / Sheet3 / Sheet4 / Sheet5

就绪　数字

图 4.1.2　进行数据计算后的工作表

3. 数据统计分析功能

当用户对数据进行计算后，就要对数据进行统计分析。如可以对它进行排序、筛选，还可以对它进行数据透视表、单变量求解、模拟运算表和方案管理统计分析等操作。如对总成绩按大小排序，从高到低排列如图 4.1.3 所示；通过筛选功能，筛选出总成绩大于 300 分的名单，如图 4.1.4 所示。

	A	B	C	D	E	F	G
1	**中学高二考试成绩表						
2	姓名	班级	语文	数学	英语	政治	总分
3	张江	高二（一）班	97	83	89	88	357
4	许如润	高二（一）班	87	83	90	88	348
5	高峰	高二（二）班	92	87	74	84	337
6	江海	高二（一）班	92	86	74	84	336
7	张玲铃	高二（三）班	89	67	92	87	335
8	王硕	高二（三）班	76	88	84	82	330
9	麦孜	高二（二）班	85	88	73	83	329
10	李朝	高二（三）班	76	85	84	83	328
11	刘小丽	高二（三）班	76	67	90	95	328
12	赵丽娟	高二（二）班	76	67	78	97	318
13	李平	高二（一）班	72	75	69	80	296
14	刘梅	高二（三）班	72	75	69	63	279
15	各科平均分						
16							

Sheet1 / Sheet2 / Sheet3 / Sheet4 / Sheet5

图 4.1.3　进行数据排序后的结果

	A	B	C	D	E	F	G
1	**中学高二考试成绩表						
2	姓名	班级	语文	数学	英语	政治	总分
3	张江	高二（一）班	97	83	89	88	357
4	许如润	高二（一）班	87	83	90	88	348
5	高峰	高二（二）班	92	87	74	84	337
6	江海	高二（一）班	92	86	74	84	336
7	张玲铃	高二（三）班	89	67	92	87	335
8	王硕	高二（三）班	76	88	84	82	330
9	麦孜	高二（二）班	85	88	73	83	329
10	李朝	高二（三）班	76	85	84	83	328
11	刘小丽	高二（三）班	76	67	90	95	328
12	赵丽娟	高二（二）班	76	67	78	97	318
16							
17							

Sheet1 / Sheet2 / Sheet3 / Sheet4 / Sheet5

图 4.1.4　进行数据筛选后的结果

4. 数据图表功能

在 Excel 2002 中，还可以通过图表把工作表中的数据更直观地表现出来。图表是在工作表中输入数据后，利用 Excel 2002 将各种数据建成的统计图表，它具有较好的视觉效果，可以查看数据的差异、图案和预测趋势，如图 4.1.5 所示。

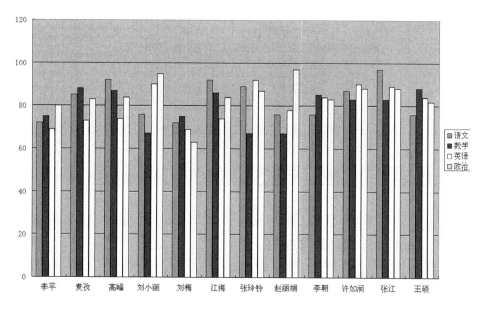

图 4.1.5　制作统计图

5. 数据打印功能

当使用 Excel 电子表格处理完数据之后，为了能够让其他人看到结果或成为材料进行保存，通常都需要进行打印操作。进行打印操作前先要进行页面设置，然后进行打印预览，最后才进行打印。为了能够更好地对结果进行打印，在打印之前要进行打印预览。

如图 4.1.6 所示为 Excel 2002 的打印预览窗口。

**中学高二考试成绩表

姓名	班级	语文	数学	英语	政治	总分
李平	高二（一）班	72	75	69	80	296
麦孜	高二（二）班	85	88	73	83	329
高峰	高二（二）班	92	87	74	84	337
刘小丽	高二（三）班	76	67	90	95	328
刘梅	高二（三）班	72	75	69	63	279
江海	高二（一）班	92	86	74	84	336
张玲铃	高二（三）班	89	67	92	87	335
赵丽娟	高二（二）班	76	67	78	97	318
李朝	高二（三）班	76	85	84	83	328
许如润	高二（一）班	87	83	90	88	348
张江	高二（一）班	97	83	89	88	357
王硕	高二（三）班	76	88	84	82	330

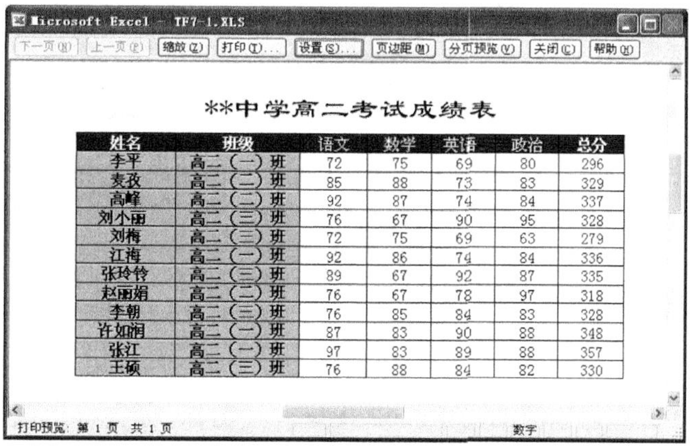

图 4.1.6　打印预览窗口

6. 远程发布数据功能

在 Excel 2002 中，可以将工作簿或其中一部分(例如工作表中的某项)保存为 Web 页，

并进行发布,使其在 HTTP 站点、FTP 站点、Web 服务器或网络服务器上可用,以供用户查看或使用。如图 4.1.7 所示是发布网页的效果图。

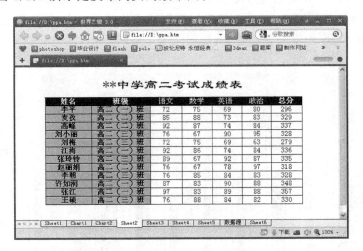

图 4.1.7 发布网页后的效果

4.1.2 Excel 2002 的启动与退出

1. Excel 2002 的启动

单击"开始"按钮,将鼠标光标指向"所有程序",在"所有程序"级联菜单中单击"Microsoft Office/Microsoft Office Excel 2002"项,启动 Excel 2002,如图 4.1.8 所示。

图 4.1.8 启动 Excel 2002

此外,如果在桌面上创建了 Excel 2002 快捷方式图标,可直接用鼠标左键双击快捷图标开启 Excel 程序窗口。

2. Excel 2002 的退出

退出中文 Excel 2002 主要有以下几种方法。

方法 1：执行"文件/退出"命令。

方法 2：双击窗口的标题栏中的图标。

方法 3：按＜Alt＞＋＜F4＞组合键。

方法 4：单击窗口标题栏右边的"关闭"按钮。

4.1.3　Excel 2002 窗口介绍

在使用一个软件之前，最先需要了解的就是它的工作界面和一些基本的概念。Excel 2002 是标准的 Windows 窗口，如图 4.1.9 所示，其中 Excel 窗口的特色部分包括编辑栏、当前单元格和工作表标签。

（1）标题栏

标题栏位于 Excel 2002 窗口的最上方，用来显示当前所使用程序的名称和所编辑的工作簿的名称。标题栏的最右端有 3 个按钮，可以对 Excel 进行最小化、最大化及关闭操作。

（2）菜单栏

菜单栏是 Excel 2002 的核心，所有对数据、工作表等进行操作的命令都能在这些菜单中找到。Excel 2002 的菜单栏共有 9 个菜单项，分别是"文件"、"编辑"、"视图"、"插入"、"格式"、"工具"、"数据"、"窗口"和"帮助"。使用时只需用鼠标单击菜单栏中的某一菜单名，在下拉菜单中选择要使用的命令即可。

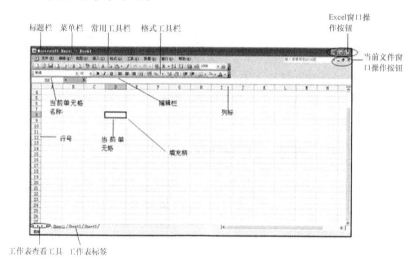

图 4.1.9　Excel 工作界面

（3）工具栏

它汇集了与菜单栏中最常用命令相对应的按钮，单击即可执行这些命令，避免了每次都要打开菜单命令进行选择的繁琐过程，大大加快了操作速度，包括常用工具栏和格式工具栏。

（4）编辑栏

由名称框和公式栏组成。名称框用于显示当前单元格的名称；公式栏也叫编辑框，用于输入公式和编辑单元格的内容。

单击编辑区后，编辑栏中会出现几个重要的按钮。其中 **✗** 为取消按钮，用于取消对当前单元格的操作；**✓** 为输入按钮，用于确定对当前单元格的输入有效；**ƒ** 为输入公式和函数

按钮,用于指定输入公式和函数;后面的长条空白区域是公式栏(编辑框),用于编辑当前单元格的内容。

(5) 工作表标签

工作表标签用于显示工作表的名称,单击可以激活相应的工作表。用户还可以在工作表标签上完成工作表复制、移动和重命名等操作。

(6) 行号与列标

工作表的每行分配一个数字,称为行号,如1,2,3,…,它显示在工作表的左边。工作表的每列分配一个字母,称为列标,如A,B,C,…,它显示在工作表的上边。

(7) 单元格

行与列交叉的区域称为单元格,单元格以其行号列标来表示,例如,工作表的第1行、第1列的单元格应表示为A1。

(8) 工作表区

显示所建立的工作簿和工作表的内容。单击工作表标签将激活相应的工作表,单击标签滚动按钮可以按顺序查看所建立的工作表,显示其他的工作表标签。

另外,工作表区中能显示的内容是有限的,为了查看工作表的其他内容,可以通过滚动条来滚动窗口,以便将那些未出现在工作表区中的内容显示出来。窗口最下面的一栏是状态栏,显示工作时的一些操作提示信息。

4.2　工作簿的创建和编辑

在 Excel 中,同一工作簿的不同工作表之间以及不同的工作簿之间都可以进行数据相互传递。本节介绍了工作簿、工作表的基本操作、单元格的选取、单元格数据的输入、简单编辑单元格数据等方面的内容。

4.2.1　Excel 2002 工作簿、工作表的基本操作

使用 Excel 创建的文档就叫做工作簿,一个工作簿可以包含多个工作表。Excel 创建的工作簿的扩展名是 *.xls,在 Excel 中,新的工作簿是通过"新建"命令实现的,而工作表是通过"插入"命令来实现的。

1. 工作簿的基本操作

启动 Excel 后,就自动产生了一个新的工作簿。缺省情况下,Excel 为每个新建工作簿创建了 3 张工作表,标签名分别为 Sheet1、Sheet2、Sheet3。

 提示：

用户可以修改每个工作簿默认显示工作表的个数。

方法:使用"工具/选项/常规/修改<新工作簿内工作表数>的个数"命令,即可进行修改。

用户修改工作表的默认个数后,需要重新运行 Excel 才能生效。

（1）新建工作簿

Excel 启动后会自动建立一个名称为 BOOK1 的新工作薄；如果在使用 Excel 过程中还需要再建立新的工作簿，可以使用以下两种方法。

方法1：使用"常用"工具栏上的"新建"按钮。

方法2：使用"文件"菜单中的"新建"命令，选择适当的设置，即可新建一个符合要求的工作簿。

（2）工作簿的打开与关闭

① 打开工作簿有4种方法，具体操作方法如下。

方法1：单击"常用"工具栏的"打开"按钮，出现"打开"对话框。

方法2：单击"文件"菜单的"打开"命令，弹出"打开"对话框。

方法3：若工作簿文件最近编辑过，则单击"文件"菜单，在下拉菜单的下方列出最近编辑过的文件名，单击某一文件名，即可打开它。

方法4：在"资源管理器"中双击要打开的工作簿文件名。

② 关闭当前工作簿文件有3种方法。

方法1：单击工作簿窗口的"关闭"按钮。

方法2：单击"文件"菜单的"关闭"命令。

方法3：双击工作簿窗口左上角的"控制菜单"按钮。

（3）工作簿的保存

Excel 的保存类似于 Word 的保存，也可以分为已有工作簿、新工作簿的保存以及另存为等几种。

① 对已有工作簿进行保存：只需选择"文件/保存"菜单或"常用工具栏"上的保存按钮即可实现保存。

② 对新建工作簿的保存：选择"文件/保存"菜单或"常用工具栏"上的保存按钮后会弹出一"另存为"对话框，在对新建工作簿定义了名称以及位置和保存类型后，确定即可实现新建工作簿的保存。

③ 另存为：将当前打开的工作簿进行换名或更换保存位置或者更改保存类型后再进行一次存盘的操作。

2. 工作簿中工作表的基本操作

（1）工作表的选取

• 单个工作表的选取：单击要选取的工作表的名称。

• 多个连续工作表的选取：按住键盘上的＜Shift＞键，单击连续工作表的首工作表和尾工作表。

• 多个不连续工作表的选取：在逐个单击所要选定的工作表的同时，按住键盘上的＜Ctrl＞键。

（2）工作表间的切换

由于一个工作簿具有多张工作表，且它们不可能同时显示在一个屏幕上，所以用户要不断地在工作表中切换，来完成不同的工作。

在中文 Excel 中可以利用工作表选项卡快速地在不同的工作表之间切换。在切换过程中，如果该工作表的名字在选项卡中，可以在该选项卡上单击鼠标，即可切换到该工作表中。如果要切换到该张工作表的前一张工作表，也可以按下＜Ctrl＞＋＜PageDown＞组合键或者单击该工作表的选项卡;如果要切换到该张工作簿的后一张工作表,也可以按下<Ctrl>+<PageUp>组合键或者单击该工作表的选项卡。如果用户要切换的工作表选项卡没有显示在当前的表格选项卡中,可以通过滚动按钮来进行切换,如图4.2.1所示。

图4.2.1　滚动按钮和工作表选项卡

滚动按钮是一个非常方便的切换工具。单击它可以快速切换到第1张工作表或者最后一张工作表。也可以改变选项卡分割条的位置,以便显示更多的工作表选项卡,等等。

（3）工作表的重命名

工作表的默认名称是Sheet1、Sheet2等,这些名称都可以更改,方法如下。

双击工作表的名称,这时屏幕上会看到工作表选项卡反黑显示,直接输入所要修改的工作表的名称,当按下<Enter>键后,会看到新的名字已经出现在工作表选项卡中,代替了旧的名字,即可实现工作表名称的修改。

另外,右键单击欲修改工作表的名称,选择快捷菜单中的"重命名"命令,输入所要修改的名称,也可实现工作表名称的修改。

（4）工作表的移动和复制

方法1:单击要移动或复制的原工作表左上角的全选按钮,选中整个表格,右键选中"复制"或"剪切"命令,之后再单击目标工作表的"全选"按钮或A1单元格,右键选中"粘贴"命令。

方法2:单击要移动或复制的工作表,沿着标签行拖动,放手后可实现工作表的移动,如果在拖动的同时按住<Ctrl>键,可实现工作表的复制。

方法3:选中工作表后,选择编辑菜单下的"移动或复制工作表",在出现的对话框中选择合适的设置,也可以实现工作表的移动和复制。

例4.2.1　重命名并复制工作表:打开素材/第4章 Excel应用/1.xls,将Sheet1工作表重命名为"恒大中学教师工资表",并将此工作表复制到Sheet2工作表中。其操作步骤如下。

① 双击Sheet1工作表,这时工作表选项卡反黑显示。如图4.2.2所示。

② 直接输入恒大中学教师工资表,按下<Enter>键。如图4.2.3所示。

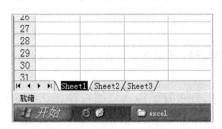

图4.2.2　双击工作表名称

图4.2.3　输入新名称

③ 单击该工作表最左上方的全选按钮,选中整个工作表,单击右键,在弹出的快捷菜单中选择"复制"命令。如图 4.2.4 所示。

④ 选择 Sheet2 工作表的 A1 单元格,单击右键选择"粘贴"命令。

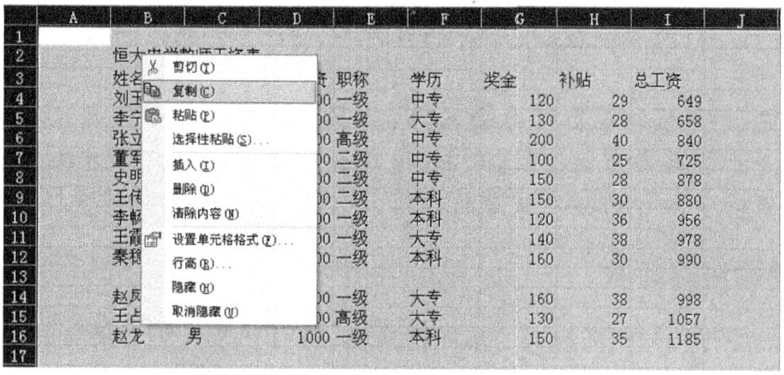

图 4.2.4　快捷菜单中选择"复制"命令

（5）工作表的插入

如果工作表不能满足需要,则可以自行插入一个空工作表,步骤如下。

① 选择某一工作表（插入的新工作表将位于该工作表的前面）。

② 选择"插入"菜单中的"工作表",即可在相应位置插入一个新的工作表。

（6）工作表的删除

其操作步骤如下。

① 单击要删除的工作表标签,使之成为当前工作表。

② 选择"编辑"菜单中的"删除工作表"命令,在出现的对话框中选择"确定"按钮,即可实现工作表的删除。

提示：

工作表删除后,工作表中的内容会全部丢失,并且不可恢复,所以删除工作表要非常慎重。

（7）工作表的拆分与冻结

工作表的拆分可以把一个工作表拆分成 2 个窗口或 4 个窗口。

拆分的方法有两种,一种是使用窗口菜单,单击被拆分处,单击"窗口/拆分"命令。即可从该单元格处拆分出多个窗口。另一种是使用水平拆分框和垂直拆分框,选中某一行或某一列,单击"窗口/拆分"命令,即可从改行或该列拆分出两个窗口。单击"窗口/取消拆分"即可恢复成一个窗口。

拆分后的部分被称作为"窗格",在每一个窗格上都有其各自的滚动条,用户可以使用它们滚动本窗格中的内容。

窗口的冻结是指把窗口的某一部分固定不动,以便浏览窗口的内容。

选中某个单元格,单击"窗口/冻结窗格",即可冻结该单元格上方的行和该单元格左侧的列。

 提示：

① 拆分后的工作表还分别是一张工作表，对任一窗格内容的修改都会反映到另一窗格中。

② Excel 窗口一次只可以冻结一处，只有单击"窗口/取消冻结窗格"命令，才可执行下次冻结操作。

③ 巧分窗口：如果仔细观察可能会发现，在 Excel 垂直滚动条上方与带黑三角形按钮相邻的地方，有一个折叠起来的按钮，双击（指双击鼠标左键）它，即可将当前窗口上下一分为二；双击水平滚动条右方的折叠起来的按钮，可将当前窗左右一分为二。

4.2.2 单元格的选取

Excel 工作表由行和列交叉组成的单元格构成，列用字母 A 到 IV 来标识，共 256 列；行用数字来标识，共 65 536 行。表格单元格是用类似 A1、B8、C5 的格式来表示。例如，表格左上角的第 1 个单元格标记为 A1。而类似 A1：H8 格式则表示一个从单元格 A1 到 H8 的区域。

1. 选取活动单元格

一个单元格被选取时，其四边框将以镂空粗线条显示，称之为活动单元格；一个单元格区域被选中时，其左上角的名称框中便显示该活动单元格的名称。

最简单的选取方法是将鼠标移动到该单元格，单击；还可以直接在名称框里输入单元格名称即可。

 提示：

如何快速定位到单元格？

方法 1：按＜F5＞键，出现"定位"对话框，在引用栏中输入欲跳到的单元格地址，单击"确定"按钮即可。

方法 2：单击编辑栏左侧单元格地址框，输入单元格地址即可。

2. 选取一个区域

选取一个区域非常简单，只需要将鼠标指向该区域的第 1 个单元格，按住鼠标左键，然后沿着对角线从第 1 个单元格拖动鼠标到最后一个单元格，放开鼠标左键即可完成任务。例如要选定从 B2 到 C5 的矩形区域，需首先把鼠标指向"B2"单元格，然后拖动鼠标到"C5"单元格的右下角即可，选中的区域如图 4.2.5 所示。

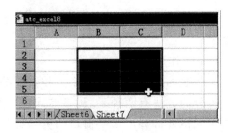

图 4.2.5　选定的 B2：C5 区域

 提示：

如何快速选取特定区域？

使用＜F5＞键可以快速选取特定区域。例如，要选取 A2：A1000，最简便的方法是按＜F5＞键，出现"定位"窗口，在"引用"栏内输入需选取的区域 A2：A1000。

3. 选取不连续的区域

在工作中，有时需要对不连续的单元格进行操作，此时就需要选定不相邻的矩形区域。选定不相邻的区域时，首先按下＜Ctrl＞键，然后单击需要的单元格或者拖动选定相邻的单元格区域。如图 4.2.6 所示就是选中了不连续的区域。

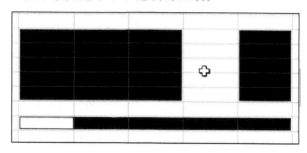

图 4.2.6 选中不相邻的矩形区域

 提示：

如果在操作中不按住＜Ctrl＞键，则前面选中的区域将会消失，而只保留该次选中的区域。

4．选取整行或整列

（1）选定整行

选定整行的操作比较简单，只需在工作表上单击该行的行号即可。例如要选择第 4 行，只需在第 4 行的行号上单击即可，选取后的结果如图 4.2.7 所示。

（2）选定整列

选定整列的操作和选定整行的操作类似，只需在工作表上单击该列的列号即可。例如要选择第 E 列，只需在第 E 列的列号上单击即可，选取后的结果如图 4.2.8 所示。

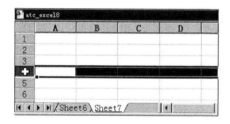

图 4.2.7 选定整行

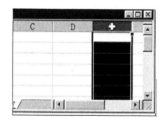

图 4.2.8 选定整列

5．选取整个工作表

在每一张工作表的左上角都有一个"选定整个工作表"按钮，如图 4.2.9 所示。只需将全选按钮按下即可选定整个工作表。利用该功能可以对整个工作表作全局的修改，例如改变整个工作表的字符格式或者字体的大小，等等。

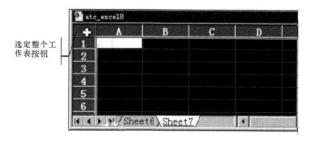

图 4.2.9 选定整个工作表

4.2.3 单元格数据的输入

新建了 Excel 工作簿,熟悉了操作环境,下面介绍如何在 Excel 中输入数据和如何自动填充数据。

1. 输入文字

在 Excel 中输入文字时,默认对齐方式是单元格内靠左对齐。在一个单元格内最多可以存放 32 000 个字符。

对于全部由数字组成的字符串,比如邮政编码、电话号码等这类字符串的输入,为了避免被 Excel 认为是数字型数据,Excel 2002 提供了在这些输入项前添加"'"的方法,来区分是"数字字符串"而非"数字"数据。例如,要在"B5"单元格中输"05316668888",则可在输入框中输入"'05316668888"。

在单元格中输入的文字的内容如果超过了默认的宽度,则会被后面的单元格所覆盖,此时可以通过调整单元格的宽度使之显示出来。

2. 输入日期、时间

(1) 输入日期

在 Microsoft Excel 2002 中,当在单元格中输入可识别的日期时,单元格的格式就会自动从"通用"转换为相应的"日期"格式,以 2009 年 11 月 12 日为例,输入"2009 年 11 月 12 日"、"09-12-11"、"2009/11/12"、"09-NOV-12"或"09/NOV/12",当输入的数据符合日期格式时,表格将以统一的日期格式存储数据。而不需要去设定该单元格为日期或者时间格式,如图 4.2.10 所示。

(2) 输入时间

用户可按如下形式输入时间(10 点 59 分为例):"10:59"、"10:59AM"、"10 时 59 分"、"上午 10 时 59 分"(AM 或 A 表示上午,PM 或 P 表示下午)。当输入的数据符合时间的格式时,表格将以统一的时间格式存储数据。

(3) 输入日期与时间组合

输入时将日期和时间用空格分隔开。

3. 输入数字

在 Microsoft Excel 2002 中,当建立新的工作表时,所有单元格都采用默认的通用数字格式。通用格式一般采用整数(如 789)、小数(如 7.89)格式,而当数字的长度超过单元格的宽度时,Excel 将自动使用科学计数法来表示输入的数字。例如输入"123456789"时,Excel 会在单元格中用"1.23E+08"来显示该数字,如图 4.2.11 所示。

图 4.2.10 输入日期

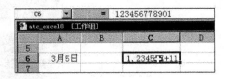

图 4.2.11 输入数字

要作为常量值输入数字,选定单元格并键入数字。数字可以是包括数字字符(0～9)和下面特殊字符中的任意字符:+-(),/＄％.Ee。在输入数字时,可参照下面的规则。

① 可以在数字中包括一个逗号,如"1,450,500"。

② 数值项目中的单个句点作为小数点处理。

③ 在数字前输入的正号被忽略。

④ 在数字前加上一个减号或者用圆括号括起来表示的是负数。

Microsoft Excel会自动地为条目指定正确的数字格式。例如,当输入一个数字,而该数字前有货币符号或其后有百分号时,Excel会自动地改变单元格格式,从通用格式分别改变为货币格式或百分比格式。

4. 重复数据和序列的快速输入

在Excel中经常会录入一些有规律的数据,例如在一行单元格中填入一月到十二月,或是在一列单元格中填入项目序号(按顺序排列),或者在一个连续区域中输入重复的数据,Excel的自动填充功能可以帮助用户快速输入这些数据,而且不易出错。

方法1:使用鼠标拖动填充柄

在单元格的右下角有一个填充柄,可以通过拖动填充柄来填充一个数据。可以将填充柄向上、下、左、右4个方向拖动,以填入数据。其操作步骤如下。

① 在某个单元格中输入第1个数据。

② 将光标指向单元格填充柄,当指针变成十字光标后,如图4.2.12所示,沿着我们要填充的方向拖动填充柄。

③ 松开鼠标按钮时,数据便填入区域中,如图4.2.13所示。

图4.2.12 单元格填充柄

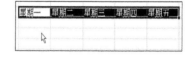

图4.2.13 完成填充后的工作表

方法2:使用命令

对于选定的单元格区域,也可以使用"填充"菜单中的"序列"命令,来实现数据的自动填充。其操作步骤如下。

① 首先在第1个单元格中输入一个起始值,选定一个要填充的单元格区域。执行"编辑"菜单中的"填充"命令,如图4.2.14所示。

② 选择"序列"命令,之后在屏幕上出现图4.2.15的对话框。

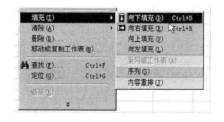

图4.2.14 填充命令

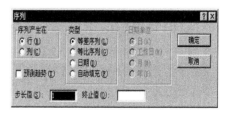

图4.2.15 序列对话框

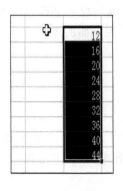

图 4.2.16 等差序列

③ 在对话框的"序列产生在"中选择"行"或者"列"。之后在"类型"框中选择需要的序列类型,在本例中选定"等差序列"。在"步长值"输入框中设定"4",按下"确定"按钮,就能看到如图 4.2.16 所示的序列。

提示:

要将一个或多个数字或日期的序列填充到选定的单元格区域中,在选定区域的每一行或每一列中,第 1 个或多个单元格的内容被用作序列的起始值。

在图 4.2.17 中,给出了对选定的一个或多个单元格执行"自动填充"操作的实例。

选定区域的数据	建立的序列
1,2	3,4,5,6,…
1,3	5,7,9,11,…
星期一	星期二,星期三,星期四,
第一季度	第二季度,第三季度,第四季度,
text1,textA	text2,textA,text3,textA,…

图 4.2.17 自动填充的实例

4.2.4 简单编辑单元格数据

1. 单元格的复制和移动

对于单元格中的数据可以通过复制或者移动操作,将它们复制或者移到同一个工作表上的其他地方、另一个工作表或者另一个应用程序中。

有几种方法可以用来复制或者移动单元格。可以使用"剪切"、"复制"和"粘贴"命令,也可以使用剪切、复制和粘贴按钮或者快捷键。

下面将以一个统计表的操作来说明如何复制单元格,例如要将单元格"A3:E3"的内容复制到"A12:E12"中,操作步骤如下。

① 选定统计表的"A3:E3"单元格。

② 执行"编辑"菜单中的"复制"命令,或按下工具栏上的复制按钮。可以看到在选中区域内出现了一个虚框。

③ 选定工作表的"A12:E12"单元格区域。

④ 最后执行"编辑"菜单中的"粘贴"命令,将剪切板中的数据复制到"A12:E12"单元格区域中,就会看到复制后的工作表格,如图 4.2.18 所示。

图 4.2.18 复制单元格

此外,还可以使用"拖放"操作,来完成对单元格的复制。仍以上面的统计表为例,来说明具体的操作过程。

① 将鼠标指针指向选定区域的边框线上,直到看到如图 4.2.19 的指针出现。

② 按住<Ctrl>键,并拖动边框线到新的位置上,在拖动过程中可以看到如图 4.2.20 所示。松开鼠标键及<Ctrl>键,之后就会看到复制后的工作表格。

 提示:

当用户在含有数据的单元格上执行复制操作时,单元格中的旧数据就会被新复制的数据替换掉。

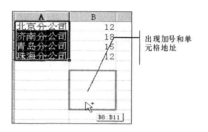

出现加号和单元格地址

图 4.2.19　指向选定区域边框的指针　　　　图 4.2.20　拖动过程中的鼠标指针

(1) 选择性粘贴

在 Excel 中除了能够复制选定的单元格外,还能够有选择地复制单元格数据。例如,只对单元格中的公式、数字、格式进行复制。利用该项功能,还能够实现将一行数据复制到一列中,或者反之将一列数据复制到一行中。该功能是通过执行"编辑"菜单中的"选择性粘贴"命令实现的。

 提示:

"选择性粘贴"命令对使用"剪切"命令定义的选定区域不起作用。而只能将用"复制"命令定义的数值、格式、公式或附注粘贴到当前选定区域的单元格中。

使用"选择性粘贴"的操作步骤如下。

① 先对选定区域执行复制操作并指定粘贴区域。

② 执行"编辑"菜单中的"选择性粘贴"命令,屏幕上出现一个如图 4.2.21 所示的对话框。

图 4.2.21　"选择性粘贴"对话框

③ 在"粘贴"复选框中设定所要的粘贴方式;按"确定"按钮即可完成。

 提示:

快速复制单元格格式:要将某一区域的格式复制到另一部分数据上,可使用"格式刷"按钮。选择含有所需源格式的单元格,单击工具条上的"格式刷"按钮,此时鼠标变成了刷子形状,然后单击要格式化的单元格即可将格式拷贝过去。

使用"选择性粘贴"的另一个极重要的功能就是"转置"功能。所谓"转置"就是可以完成对行、列数据的位置转换。例如,可以把一行数据转换成工作表的一列数据,反之亦然。当粘贴数据改变其方位时,复制区域顶端行的数据出现在粘贴区域左列处;左列数据则出现在粘贴区域的顶端行上。

要"转置"数据,在屏幕上出现如图 4.2.21 的对话框时,设置其中的"转置"复选框,按下"确

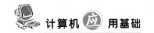

定”按钮。例如，把图 4.2.19 中统计表的第 1 行，转置为统计表的一列，结果如图 4.2.22 所示。

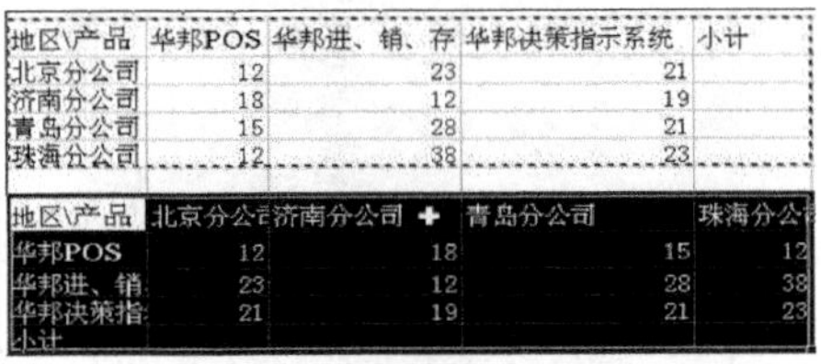

地区\产品	华邦POS	华邦进、销、存	华邦决策指示系统	小计
北京分公司	12	23	21	
济南分公司	18	12	19	
青岛分公司	15	28	21	
珠海分公司	12	38	23	

地区\产品	北京分公司	济南分公司	青岛分公司	珠海分公司
华邦POS	12	18	15	12
华邦进、销	23	12	28	38
华邦决策指	21	19	21	23
小计				

图 4.2.22 “转置”后的结果

(2) 行间互换、列间互换(移动行或列)

在 Excel 表格中，有时需要调换行与行间的数据、列与列间的数据。

① 列的互换：比如 A 列和 B 列互换，选中 A 列(注意，是整列)，鼠标移动到 A 列的右(左)边缘，按住<Shift>键＋鼠标左键向右拖到 B 列的后边缘放手。注意，移动时有一个竖虚线(不是框线)可作参考。

② 行的互换：同样要选择行，这时是上下边缘，方法是相同的。

相邻单元格或区域互换。要点是选中一个单元格或区域，操作方法相同。注意上下互换与左右互换的区别。

另外还可以通过选中 A 列(注意，是整列)，右键选择“剪切”命令，再选中 B 列，右键选择“插入已剪切的单元格”命令。同样的方法将 B 列的数据移至原来 A 列所在的位置。

例 4.2.2 打开素材/第 4 章 Excel 应用/1. xls，将 Sheet1 表格中“基本工资”一列与“学历”一列位置互换，如图 4.2.23 所示。具体操作步骤如下。

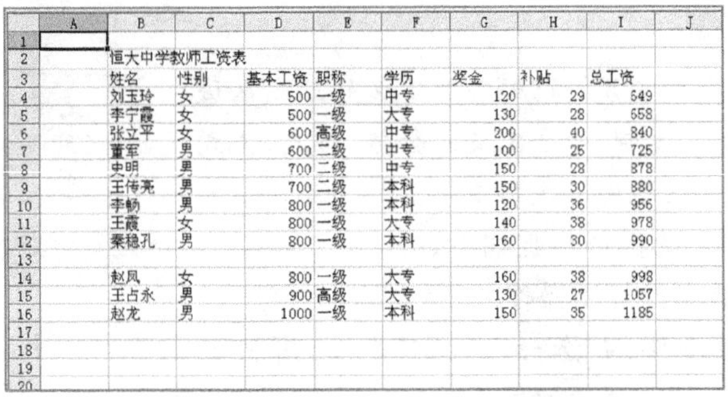

恒大中学教师工资表

姓名	性别	基本工资	职称	学历	奖金	补贴	总工资
刘玉玲	女	500	一级	中专	120	29	649
李宁霞	女	500	一级	大专	130	28	658
张立平	女	600	高级	中专	200	40	840
董军	男	600	二级	中专	100	25	725
史明	男	700	二级	中专	150	28	878
王传亮	男	700	二级	本科	150	30	880
李畅	男	800	一级	本科	120	36	956
王霞	女	800	一级	大专	140	38	978
秦稳孔	男	800	一级	本科	160	30	990
赵凤	女	800	一级	大专	160	38	998
王占永	男	900	高级	大专	130	27	1057
赵龙	男	1000	一级	本科	150	35	1185

图 4.2.23 Sheet1 工作表

① 选中“基本工资”一列，单击右键选择“剪切”命令，如图 4.2.24 所示。

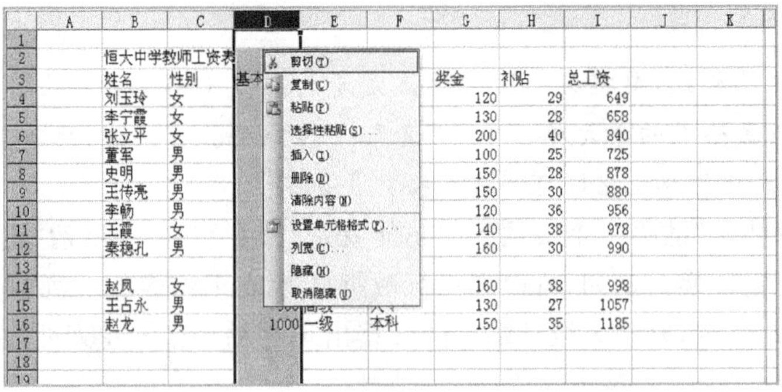

图 4.2.24 选定列与“剪切”命令

② 选中"学历"一列，单击右键选择"插入已剪切的单元格"命令，如图4.2.25所示。

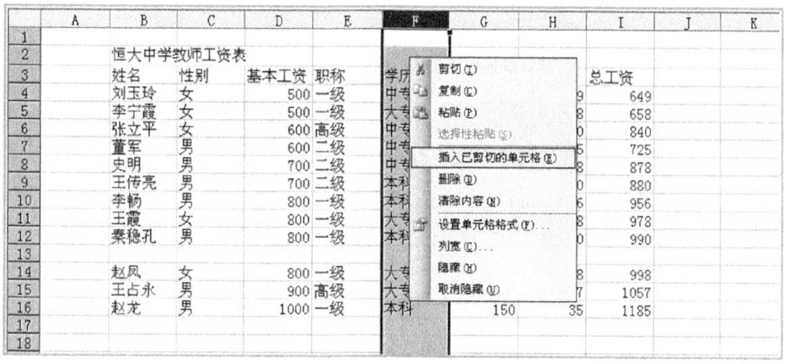

图4.2.25　插入已剪切的单元格

③ 选中"学历"一列，单击右键选择"剪切"命令，如图4.2.26所示。

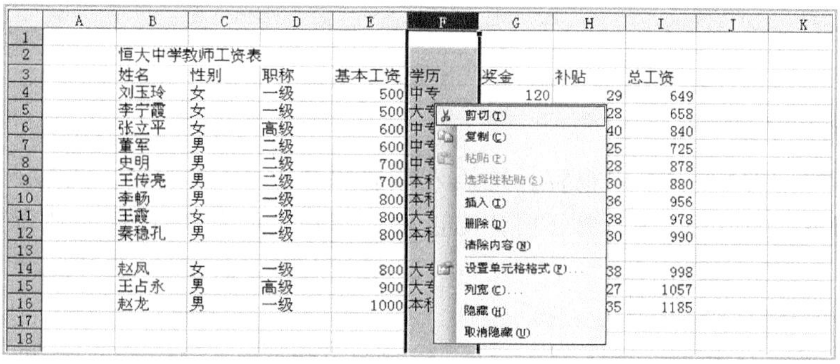

图4.2.26　剪切"学历"列

④ 选中"职称"一列，单击右键选择"插入已剪切的单元格"命令，如图4.2.27所示。

图4.2.27　"职称"列中插入已剪切单元格

2. 单元格数据的清除

清除单元格和删除单元格不同。清除单元格只是从工作表中移去了单元格中的内容，单元格本身还留在工作表上；而删除单元格则是将选定的单元格从工作表中除去，同时和被删除单元格相邻的其他单元格做出相应的位置调整。例如，在图4.2.27工作表中清除单元格区域"B2:B4"，如图4.2.28所示。在图4.2.29中被清除的单元格还保留在其所在的位

置上,只是将其中的内容删除掉了。

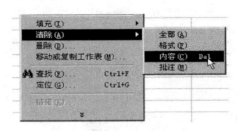

图 4.2.28　清除命令

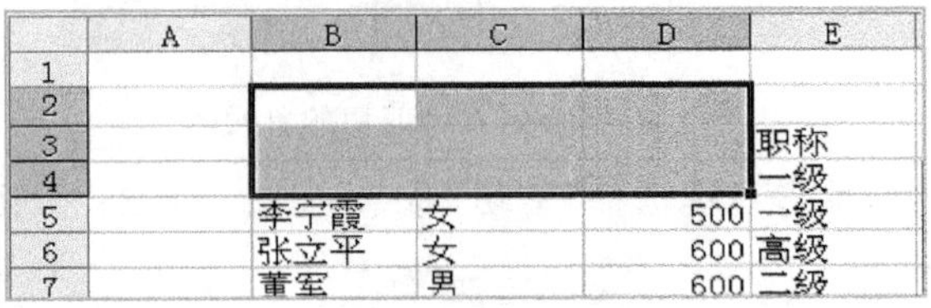

图 4.2.29　清除内容后的结果

3. 插入与删除单元格

在对工作表的编辑中,可以很容易地插入或删除单元格、行或列。当插入单元格后,现有的单元格将发生移动,给新的单元格让出位置。当删除单元格时,周围的单元格也会移动来填充空格。

(1) 插入单元格

① 将单元格指针指向要插入的单元格,使该单元格成为活动单元。如图 4.2.30 所示。

② 执行"插入"菜单中的"单元格"命令,这时屏幕上出现如图 4.2.31 的对话框。

③ 在对话框中的选项框中有 4 组选择,分别是活动单元格右移、活动单元格下移、整行、整列,在本例中选择向下移动,单击"活动单元格下移"单选按钮。最后按下"确定"按钮,就会看到单元格"B5"中的内容向下移动到"B6"单元格中,如图 4.2.32 所示。

图 4.2.30　选中单元格

图 4.2.31　"插入"单元格对话框

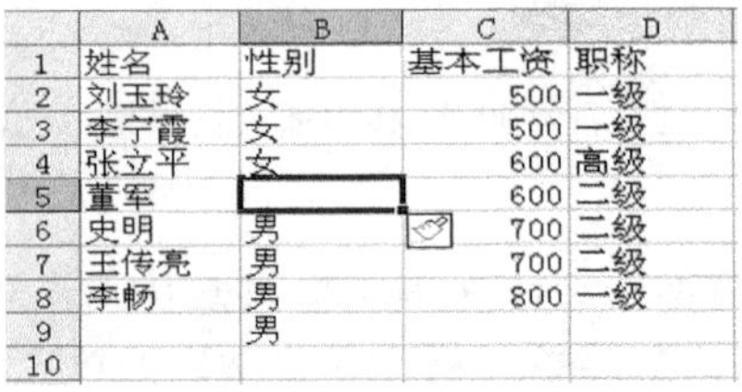

图 4.2.32　结果显示

（2）删除单元格

① 首先将单元格指针指向要删除的单元格,使该单元格成为活动单元格。例如,选定
单元格"C5"。执行"编辑"菜单中的"删除"命令,这
时屏幕上出现如图4.2.33的对话框。

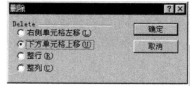

② 在对话框中的选项框中有 4 组选择,分别
是右侧单元格左移、下方单元格上移、整行、整列,
在本例中选择向上移动,单击"下方单元格上移"单
选按钮。按下"确定"按钮,就会看到"C5"的内容向
上移动到"C4"单元格,其以下的单元格均会上移一
个单元格。

图 4.2.33　"删除"单元格对话框

4. 插入或删除行、列

（1）插入新行（或列）

在某行（或列）前插入:选择该行（或列）,单击右键,在弹出的快捷菜单中选择"插入"命令。

例如,在第 3 行上方插入一行,则选择工作表右侧的数字"3",单击右键,在弹出的快捷
菜单中选择"插入"命令。在第 B 列左边插入一列,则选择工作表上方的字母"B",单击右
键,在弹出的快捷菜单中选择"插入"命令。

 提示:

当插入行和列时,后面的行和列会自动向下或右移动;删除行和列时,后面的行和列会
自动向上或向左移动。

（2）删除行（或列）

选择要删除的行（或列）,单击右键,在弹出的快捷菜单中选择"删除"命令。

例 4.2.3　打开素材/第 4 章 Excel 应用/1. xls,将 Sheet1 工作表中"赵凤"一行上方的
一行（空行）删除。具体操作步骤如下。

选中"赵凤"行上方的一整行,单击右键,在弹出的快捷菜单中选择"删除"命令,如图
4.2.34所示。

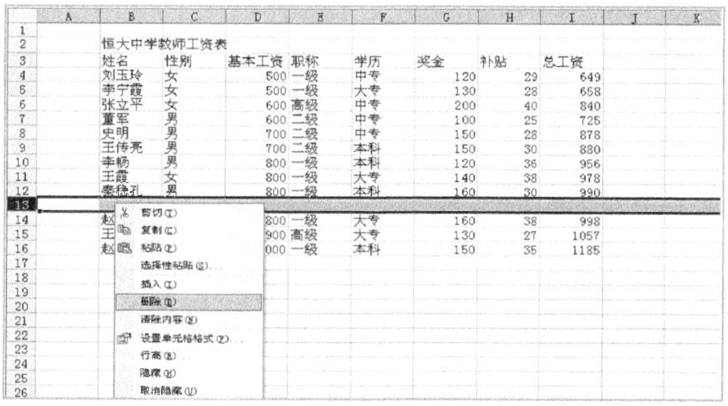

图 4.2.34　删除整行

4.3 格式化工作表

Excel 提供了丰富的格式化命令,如设置单元格格式、插入批注、设置工作表行和列、设置表格边框线和底纹、自动套用系统默认格式等,通过这些格式化的设置可以使工作表中的数据更加美观,从而便于阅读。本节将详细介绍格式化工作表的操作方法与设置技巧。

4.3.1 设置单元格格式

数字、日期、时间,在工作表的内部,都以纯数字储存。当要显示在单元格内时,就会依

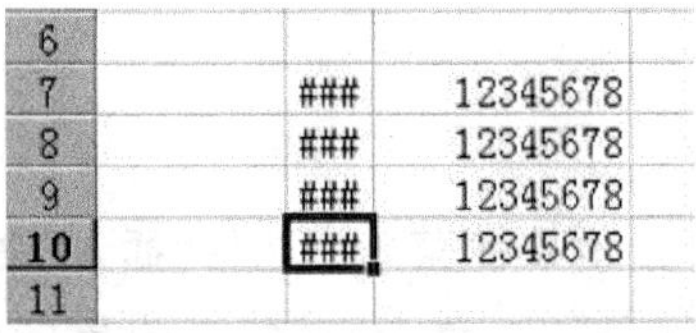

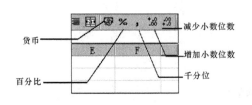

图 4.3.1 调整前后的单元格显示

该单元格所规定的格式显示。若单元格没有使用过,则该单元格使用通用格式,此格式将数值以最大的精确度显示出来。当数值很大时,用科学记数表示,例如"5.82E+10"。单元格的宽度如果太小,无法以所规定的格式将数字显示出来时,单元格会用♯号填满,此时只要将单元格的宽度加宽,就可使数字显示出来。图 4.3.1 显示了调整宽度前后单元格的变化。

1. 数字格式化

(1) 使用工具按钮设置数字格式

Excel 内有一个格式化工具列表,可用来将数字格式化,如图 4.3.2 所示。使用格式化工具可以非常方便地对选中的单元格设定格式。其操作步骤是:首先选定要格式化的区域,然后按下代表相应格式的图形按钮。对于选定的区域,可以同时使用几种格式。

(2) 使用"数字"选项卡

① 选择指定的单元格范围;

② 使用"格式/单元格"命令或右键选择"设置单元格格式";

③ 选择"单元格格式"对话框中"数字"选项卡,如图 4.3.3 所示。选择相应的"分类"后进行具体的设置。

图 4.3.3 数字选项卡

图 4.3.2 数值格式化工具

2. 字符格式化

在日常工作中,为了使表格美观或者突出表格中的某一部分,需要用不同风格的字体或者大小来达到这一目的。在 Excel 环境中,可以对包含文字的单元格,使用不同的字体格式。

在图 4.3.4 中的单元格格式对话框中选择"字体"选项卡,包括"字体"、"字形"、"字号"、"下划线"、"颜色"和"特殊效果"选项,见图 4.3.4。

例 4.3.1 打开素材/第 4 章 Excel 应用/1. xls,将 Sheet1 工作表中单元格区域 B2:I2 设置字体为方正姚体,字号为 20 号,加粗,字体颜色为白色。具体操作步骤如下。

① 选中单元格区域 B2:I2。

② 执行"格式/单元格"命令,弹出"单元格格式"对话框,选择"字体"选项卡,进行字体、字号、加粗、字体颜色的设置,如图 4.3.5 所示。

图 4.3.4 字体选项卡

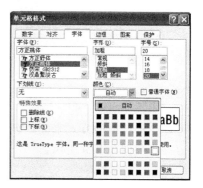

图 4.3.5 "单元格格式"对话框

设置后的效果如图 4.3.6 所示。

	A	B	C	D	E	F	G	H	I	J
1										
2										
3		姓名	性别	基本工资	职称	学历	奖金	补贴	总工资	
4		刘玉玲	女	500	一级	中专	120	29	649	
5		李宁霞	女	500	一级	大专	130	28	658	
6		张立平	女	600	高级	中专	200	40	840	
7		董军	男	600	二级	中专	100	25	725	
8		史明	男	700	二级	中专	150	28	878	
9		王传亮	男	700	二级	本科	150	30	880	
10		李畅	男	800	一级	本科	120	36	956	
11		王霞	女	800	一级	大专	140	38	978	
12		秦稳孔	男	800	一级	本科	160	30	990	
13		赵凤	女	800	一级	大专	160	38	998	
14		王占永	男	900	高级	大专	130	27	1057	
15		赵龙	男	1000	一级	本科	150	35	1185	
16										
17										

图 4.3.6 效果显示

3. 单元格数据的居中与对齐

一般情况下,对于表格的标题都是采用居中的方式,在 Excel 中实现该功能是通过"合并和居中"命令,而不是通常的"居中"命令。

在如图 4.3.7 所示的单元格格式对话框中选择"对齐"选项卡,主要包括"文本对齐方式"和"合并单元格"的设置。

实际上,如果要完成标题的合并居中,只需在合并并居中⊞按钮上单击即可。使用该按钮是最简便的方法。

例 4.3.2 打开素材/第 4 章 Excel 应用/1.xls,将 Sheet1 工作表中单元格区域 B2:I2 合并并设置单元格对齐方式为居中,将单元格区域 B3:I3 对齐方式设置为水平居中。具体操作步骤如下。

① 选中单元格区域 B2:I2。

② 执行"格式/单元格"菜单命令,选择"对齐"选项卡,在如图 4.3.7 所示的对话框中水平对齐选择"居中",并将"合并单元格"复选框选中。

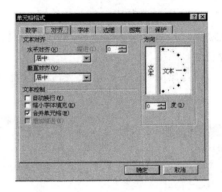

图 4.3.7 对齐选项

也可以用最快捷的方式来完成该步骤。直接单击如图 4.3.8 所示的"合并及居中"按钮即可。合并后如图 4.3.9 所示。

图 4.3.8 "合并并居中"按钮

图 4.3.9 调整后的结果

③ 选中单元格区域 B3:I3,单击图 4.3.10 中的"居中"按钮,完成所有操作。

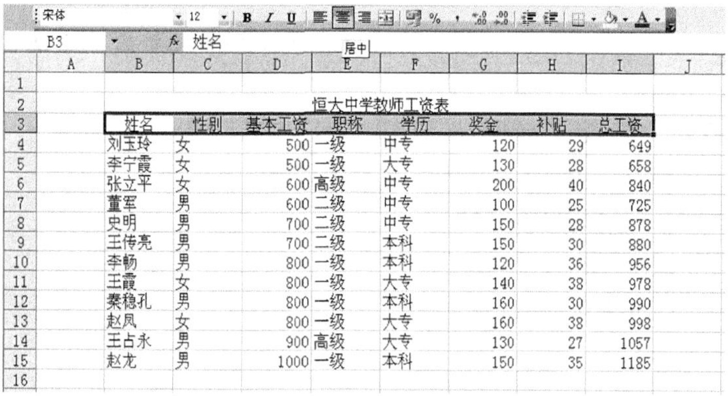

图 4.3.10 "居中"选定单元格区域

4.3.2 插入批注

在 Excel 编制的表格中为了让别人能了解单元格内容的详细信息,往往需要对单元格设置标注进行说明或提示输入方式,等等。在 Excel 2002 中有两种方法可以在不影响打印效果的前提下为单元格设置标注,它们各有优劣,具体该使用什么方法,得取决于看该表格的对象而定。总的来说,若设置的标注是为查看表格的人提供的说明,那么使用"插入批注"法会比较实用;而如果是制作模板,批注内容是给填写表格的人看,那还是用"数据有效性"比较有效。

(1) 插入批注

选中要设置标注的单元格,选择"插入/批注"菜单或右键选择"插入批注",就会显示一个指向该单元格的批注文本框,在此输入要提示的内容后,单击一下其他单元格,该批注框会自动隐藏。以后只要鼠标指向这个单元格,就会出现批注框显示用户编辑的提示内容,鼠标移开又会自动隐藏。以后若需要修改标注内容,只要再右击这个单元格选择"编辑批注"即可,批注中的文字还可以选中后设置字体、字号,等等。已设置批注的单元格右上角会显示一个红色的三角形标志,不过这个标志和批注信息并不会被打印出来。

提示:

此标注方式只对鼠标有反应,如果需要为多个单元格设置相同的标注就比较麻烦,得先设置一个单元格,再选中复制,利用"选择性粘贴"把标注粘贴到多个单元格中。

(2) 数据有效性

要想使用键盘选中单元格也会显示批注信息,就要使用"数据有效性"这位"高手"了。

选中需要设置标注的单元格,单击菜单"数据/有效性",打开"数据有效性"窗口,切换到"输入信息"选项卡,勾选"选定单元格时显示输入信息",然后在下面输入标题和信息内容,单击"确定"按钮完成设置。以后只要选中该单元格就会显示提示信息。

用这种方法作的批注,不仅支持键盘选中单元格显示批注,而且可以选中多个单元格同时进行设置,当然也支持通过选择性粘贴进行有效性复制。

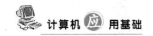

提示：

在输入文字时，千万不要出现错别字。在插入批注的单元格上单击鼠标右键，可对批注进行修改和删除等操作。

例 4.3.3 打开素材/第 4 章 Excel 应用/1. xls，在 Sheet1 工作表中为“1185”(115)所在的单元格插入批注“最高工资”。其具体操作步骤如下。

① 选中“1185”(115)所在的单元格。

② 执行“插入/批注”命令。

③ 在弹出的对话框中输入“最高工资”4 个字。

结果如图 4.3.11 所示。

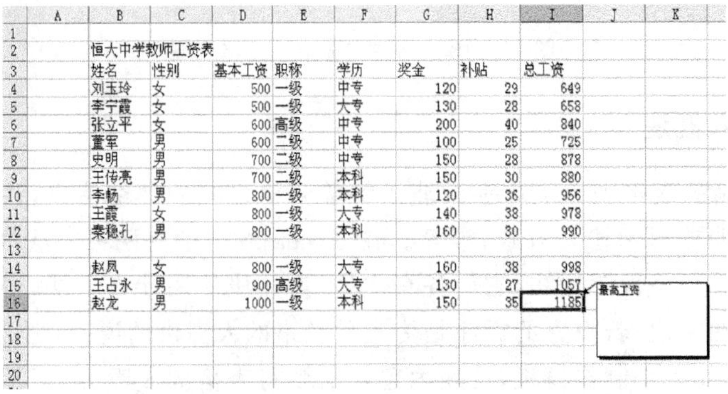

	A	B	C	D	E	F	G	H	I	J	K
1											
2		恒大中学教师工资表									
3		姓名	性别	基本工资	职称	学历	奖金	补贴	总工资		
4		刘玉玲	女	500	一级	中专	120	29	649		
5		李宁霞	女	500	一级	大专	130	28	658		
6		张立平	女	600	高级	中专	200	40	840		
7		董军	男	600	二级	中专	100	25	725		
8		史明	男	700	二级	中专	150	28	878		
9		王传亮	男	700	二级	本科	150	30	880		
10		李畅	男	800	一级	本科	120	36	956		
11		王霞	女	800	一级	大专	140	38	978		
12		秦稳孔	男	800	一级	本科	160	30	990		
13											
14		赵凤	女	800	一级	大专	160	38	998		
15		王占永	男	900	高级	大专	130	27	1057	最高工资	
16		赵龙	男	1000	一级	本科	150	35	1185		
17											
18											
19											
20											

图 4.3.11 “插入批注”后的结果

提示：

当鼠标移出该单元格时，批注将会隐藏，该单元格右上角会显示一个红色的三角形标志。

4.3.3 设置工作表行和列

1. 插入新行(或列)

在某行(或列)前插入：选择该行(或列)，单击右键，弹出的快捷菜单中选择“插入”命令。例如：在第 3 行上方插入一行，则选择工作表右侧的数字“3”，单击右键，弹出的快捷菜单中选择“插入”命令。在第 B 列左边插入一列，则选择工作表上方的字母“B”，单击右键，弹出的快捷菜单中选择“插入”命令。

2. 移动行(或列)

① 先选择要移动的某行(或列)。

② 剪切(快捷组合键<Ctrl>+<X>)。

③ 选择要插入位置的行(或列)标志(即数字或字母)。

④ 单击右键，弹出的快捷菜单中选择“插入已剪切的单元格”命令。

3. 删除行(或列)

选择要删除的行(或列)，单击右键，弹出的快捷菜单中选择“删除”命令。

4. 调整行高、列宽

（1）调整行高

在 Excel 2002 中可以使用两种方法来改变某列或者选定区域的行高。

方法 1：通过执行 Excel 菜单中的命令实现。利用该方法可以实现对行高的精确设定。操作步骤如下。

① 选定需设定的某一行，执行"格式/行高"命令，这时屏幕上出现如图 4.3.12 所示的行高对话框。

② 在"行高"框中输入要定义的高度值，按下"确定"按钮，就可以看到如图 4.3.13 所示的效果。

图 4.3.12　"行高"对话框

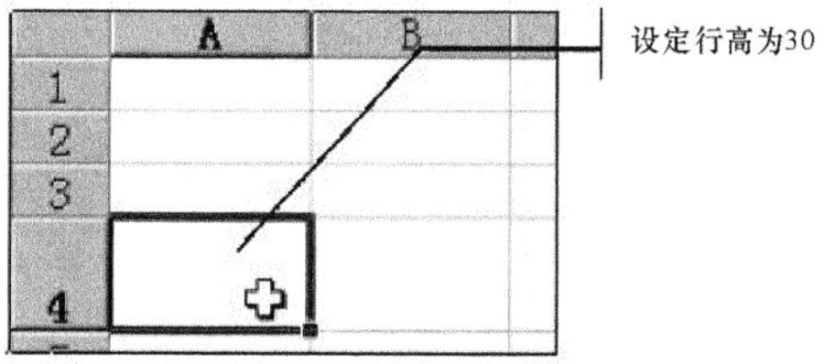

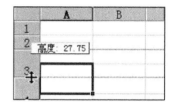

设定行高为30

图 4.3.13　设定行高后的单元格

方法 2：直接使用鼠标操作来进行行高的调整。操作步骤如下。

① 将鼠标指针指向要改变行高的工作表的行编号之间的格线上。

② 当鼠标指针变成一个两条黑色横线并且带有分别指向上下的箭头时，如图 4.3.14 所示，按住鼠标左键拖动鼠标，将行高调整到需要的高度，松开鼠标键。

（2）调整列宽

在 Excel 2002 中，默认的单元格宽度是"8.43"个字符宽。如果输入的文字超过了默认的宽度，则单元格中的内

图 4.3.14　用鼠标改变行高

容就会溢出到右边的单元格内。或者单元格的宽度如果太小，无法以所规定的格式将数字显示出来时，单元格会用♯号填满，此时只要将单元格的宽度加宽，就可使数字显示出来。可以通过调整该列的列宽，来达到不让字符串溢出到相邻的单元格内。

方法 1：其操作步骤如下。

① 执行"格式"菜单"列"命令中的"列宽"命令，这时屏幕上出现"列宽"命令对话框。如图 4.3.15 所示。

② 在列宽框中输入要设定的列宽，比如"14"，按下"确定"按钮，完成设定列宽。

图 4.3.15　"列宽"对话框

方法 2：其操作步骤如下。

① 将鼠标指针指向要改变列宽的工作表的列编号之间的格线上，例如指向工作表的"C"列。

② 当鼠标指针变成一个两条黑色竖线并且带有一个分别指向左右的箭头时,如图 4.3.16 所示,按住鼠标右键,拖动鼠标,将列宽调整到需要的宽度,松开鼠标键。

图 4.3.16　用鼠标改变列宽

提示:

调整列宽:单元格内的文本或数字在列宽不够时,超出宽度部分不显示或显示为#,这时可将鼠标指向此列列标右边界线,待鼠标指针变成左右的双向箭头时双击,可得到最适合的列宽,即列宽刚好容纳此单元格内最长的内容,用同样的办法可得到最适合的行高。

例 4.3.4　打开素材/第 4 章 Excel 应用/1.xls,将 Sheet1 工作表中设置标题行的高度为 24.00。操作步骤如下。

① 选中第 2 行,右键弹出快捷菜单,选中"行高"命令,如图 4.3.17 所示。

图 4.3.17　选中"行高"命令

② 弹出"行高"对话框,对行高进行设置,如图 4.3.18 所示。

图 4.3.18　设置行高

③ 单击"确定"按钮,得到如图 4.3.19 所示结果。

图 4.3.19　设置后的结果

4.3.4　设置表格边框线和底纹

1. 设置表格边框线

通常,用户在工作表中所看到的单元格都带有浅灰色的边框线,其实它是 Excel 内部设置的、便于用户操作的网格线,打印时是不出现的。而用户常常需要打印出形式各样的表格,因此表格边框线的设置显得很重要。加边框线的步骤如下。

① 选取要加上边框线的单元格区域。

② 选用"格式"菜单中的"单元格"命令,弹出"单元格格式"对话框。单击"边框"选项卡,作相应设置。例如,要为表格加上一个双线的边框,就可以先选定"外边框",然后在"线条"中选定"双线",在颜色列表框中指定"黑色",如图 4.3.20 所示,最后按下"确定"按钮即可。

同理,我们也可为表格内的单元格指定需要的表格线,即先选定需要的线形,然后按下相应的按钮即可,这里就不再赘述,读者可以自己练习。

此外,在工具栏上也有一个框线按钮，当按下该按钮后,出现一个框线列表框,如图 4.3.21 所示,在需要的格式上单击后,就可以看到选定的部分采用了设定的格式。

图 4.3.20　设置边框

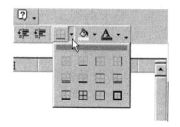

图 4.3.21　"框线按钮"选项

2. 设置单元格底纹

用户不仅可以改变文字的颜色,还可以改变单元格的颜色,给单元格添加底纹效果,以突出显示或美化部分单元格。可以通过使用纯色或特定图案填充单元格来为单元格添加底纹。

（1）用纯色填充单元格

选择要应用或删除底纹的单元格或单元格区域,单击"填充颜色"按钮旁边的箭头,然后在调色板上单击所需的颜色。如图 4.3.22 所示。

如果要删除底纹,请选择"无填充颜色"。

（2）用图案填充单元格

选择要用图案填充的单元格或单元格区域,执行"格式/单元格"命令,打开"单元格格式"对话框,单击

图 4.3.22　"填充颜色"按钮

切换到"图案"选项卡,在"图案"下面,单击想要使用的图案样式和颜色。如图 4.3.23 所示。

例 4.3.5　打开素材/第 4 章 Excel 应用/1. xls,将 Sheet1 工作表中单元格区域 B2:I2 设置深黄色的底纹,将单元格区域 B4:Bl5 设置淡紫色的底纹。具体操作步骤如下。

① 选中单元格区域 B2:I2。

② 单击如图 4.3.24 所示的格式工具栏中的"填充颜色"按钮旁边的箭头,在颜色框中选择深黄色颜色。

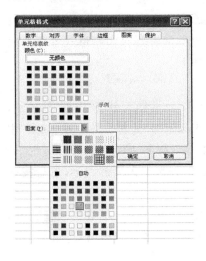

图 4.3.23 "图案"选项卡   图 4.3.24 "填充颜色"下拉列表

③ 选中单元格区域 B4:Bl5。

④ 单击如图 4.3.24 所示的格式工具栏中的"填充颜色"按钮旁边的箭头,在颜色框中选择淡紫色颜色。

例 4.3.6 在素材/第 4 章 Excel 应用/1.xls 的 Sheet1 工作表中设置表格边框线:将单元格区域 B3:I3 的上下边框线设置为红色的粗实线,将单元格区域 B4:I15 的下边框线设置为深黄色粗实线,左右两侧及内边框线设置为红色的虚线。具体操作步骤如下。

① 选择 B3:I3 区域。

② 选择"格式"菜单中的"单元格"命令,就会在屏幕上看到一个对话框。在"边框"选项卡上单击,出现如图 4.3.25 所示的边框选项卡。在线条、颜色、边框里进行所要求的设置。

图 4.3.25 "边框"选项卡

③ 选择 B4:I15 区域。

④ 执行"格式/单元格"命令,类似步骤②中一样进行相应的设置。

结果如下图 4.3.26 所示。

	A	B	C	D	E	F	G	H	I	J	K
1											
2		恒大中学教师工资表									
3		姓名	性别	基本工资	职称	学历	奖金	补贴	总工资		
4		刘玉玲	女	500	一级	中专	120	29	649		
5		李宁霞	女	500	一级	大专	130	28	658		
6		张立平	女	600	高级	中专	200	40	840		
7		董军	男	600	二级	中专	100	25	725		
8		史明	男	700	二级	中专	150	28	878		
9		王传亮	男	700	二级	本科	150	30	880		
10		李勤	男	800	一级	本科	120	36	956		
11		王霞	女	800	一级	大专	140	38	978		
12		秦稳凡	男	800	一级	本科	160	30	990		
13		赵凤	女	800	一级	大专	160	38	998		
14		王占永	男	900	高级	大专	130	27	1057		
15		赵尤	男	1000	一级	本科	150	35	1185		

图 4.3.26　设置后的结果

4.3.5　自动套用系统默认格式

Excel 提供了自动格式化的功能,它可以根据预设的格式,将用户制作的报表格式化,产生美观的报表,也就是表格的自动套用。这种自动格式化的功能,可以节省使用者将报表格式化的许多时间,而制作出的报表却很美观。表格样式自动套用步骤如下。

① 选取要格式化的范围,选用"格式"菜单中"自动套用格式"命令。出现如图 4.3.27 所示的"自动套用格式"对话框。

② 在"格式"列表框中选择要使用的格式,并单击"确定"按钮。

这样,在所选定的范围内,会以选定的格式对表格进行格式化。如果对格式化的结果不满意,可以使用"编辑"菜单中的"撤销"命令或按下＜CTRL＞＋＜Z＞键。

自动格式化时,格式化的项目包含数字、边框、字体、图案、对齐、列宽/行高。在使用中可以根据实际情况选用其中的某些项目,而没有必要每一项都接受。在图 4.3.27 的对话框中按下"选项"按钮,使"应用格式种类"选项出现,如图 4.3.28 所示。

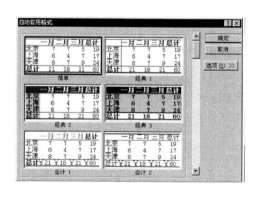

图 4.3.27　"自动套用格式"对话框

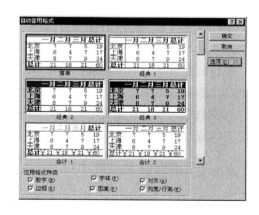

图 4.3.28　"应用格式种类"选项

若使某项前面的"√"符号不出现,则在套用表格格式时就不会使用该项。

4.4 页面设置与打印

当设置好工作表之后,通常想把工作表的内容打印出来。Excel为用户提供了丰富的打印功能:分页预览、版面设定、打印预览、打印等。充分地利用这些功能,可打印出用户所期望的结果。

4.4.1 分页预览

分页预览可以使用户更加方便地完成打印前的准备工作。

1. 指定打印区域

在默认状态下,对于打印区域,Excel会自动选择有文字的最大行和列。如果要重新设定打印区域的大小,可以执行下列操作。

① 执行"视图"菜单中的"分页预览"命令。

② 在图中可以看到用蓝色外框包围的部分就是系统根据工作表中的内容自动产生的分页符。如果要改变打印区域,可以拖动鼠标选定新的工作表区域。

③ 松开鼠标键后即可看到新的打印区域。

删除打印区域设置,可以执行"文件"菜单中的"打印区域",然后单击"取消打印区域"命令,如果要回到正常的视图下,可以执行"视图"菜单中的"普通"命令。

2. 控制分页

如果需要打印的工作表中的内容不止一页,Excel会自动插入分页符,将工作表分成多页。这些分页符的位置取决于纸张的大小、页边距设置和设定的打印比例。可以通过插入水平分页符来改变页面上数据行的数量;也可以通过插入垂直分页符来改变页面上数据列的数量。在分页预览中,还可以用鼠标拖曳分页符改变其在工作表上的位置。

(1)插入水平分页符

单击新起页第1行所对应的行号;单击"插入"菜单中的"分页符"命令。

(2)插入垂直分页符

单击新起页第1列所对应的列标;单击"插入"菜单中的"分页符"命令。

(3)移动分页符

当我们进入到分页预览中可以看到有蓝色的框线,这些框线就是分页符。可以通过拖动分页符来改变页面:根据需要选定分页符号,将分页符拖至新的位置即可。

4.4.2 版面设定

通过改变"页面设置"对话框中的选项,可以控制打印工作表的外观或版面。工作表既可以纵向打印也可以横向打印,而且可以使用不同大小的纸张。工作表中的数据可以在左右页边距及上下页边距之间居中显示,还可以改变打印页码的顺序以及起始页码。

1. 设置页面

执行"文件"菜单中的"页面设置"命令,然后单击其中的"页面"选项卡,如图4.4.1所示。可以完成设定纸张大小、打印方向、起始页码等工作。

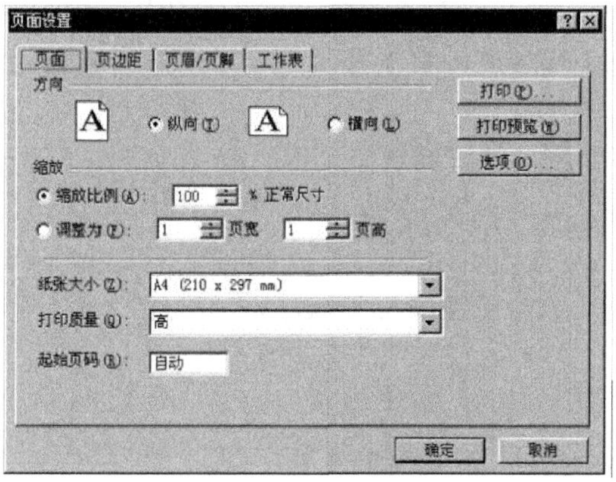

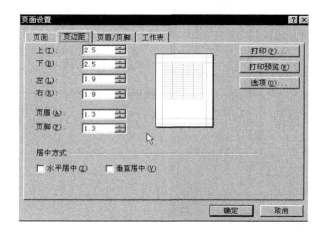

图4.4.1 "页面"选项卡

（1）纸张大小

在"纸张大小"下拉编辑框中，单击所需的纸张大小选项。单击"确定"按钮即可。

（2）改变打印方向

在如图4.4.1的"页面"选项卡中，在"方向"标题下，单击"纵向"或"横向"选项，单击"确定"按钮即可。

（3）改变起始页的页码

在"起始页码"编辑框中，输入所需的工作表起始页的页码。如果要 Microsoft Excel 自动给工作表添加页码，请在"起始页码"编辑框中，输入"自动"。单击"确定"按钮即可。

2. 设置页边距与居中方式

（1）设置页边距

执行"文件"菜单中的"页面设置"命令，然后单击其中的"页边距"选项卡，如图4.4.2所示。

图4.4.2 "页边距"选项卡

在图4.4.2的选项卡中的相关位置分别输入页面的上、下、左、右值，最后单击"确定"按钮即可完成对页边距的调整。

（2）设置居中方式

如果要使工作表中的数据在左右页边距之间水平居中,在"居中方式"标题下选中"水平居中"复选框。如果要使工作表中的数据在上下页边距之间垂直居中,在"居中方式"标题下选中"垂直居中"复选框。

3. 设置页面的打印顺序与打印标题

执行"文件"菜单中的"页面设置"命令,然后单击其中的"工作表"选项卡。

（1）设置打印顺序

在"打印顺序"标题下,单击所需的打印顺序选项。

（2）设置打印标题

具体操作步骤如下。

① 无需选择全部工作表,可直接选择菜单命令"文件/页面设置",在弹出的对话框中,选择"工作表"选项卡,对"打印标题"进行设置。

② 判断需要设置的范围是行还是列,如果是行,就对"顶端标题行"进行设置;如果是列,则对"左端标题列"进行设置。

③ 单击相应设置位置的选择 按钮,单击工作表中的标题行(列)。

④ 单击"打印预览"按钮 ,检查设置。

⑤ 最后单击"确定"按钮。

4. 设置页眉/页脚

对于要打印的工作表,可以为其设定页眉/页脚。除了采用系统已经定义的格式外,还可以自己设定所要的格式。控制选定工作表的页眉和页脚。所谓页眉和页脚是打印在工作表每页的顶端和底端的叙述性文字。可以增加、删除、编辑、设定格式和安排页眉和页脚,并且可查看它们打印时的外观。其实现步骤如下。

① 选择"文件"菜单,执行其中的"页面设置"命令,这时在屏幕上会出现"页面设置"对话框。选择其中的"页眉/页脚"选项卡,如图4.4.3所示。

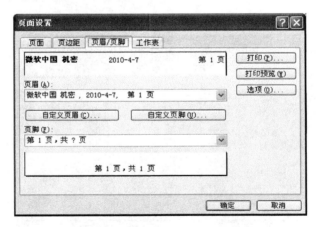

图4.4.3 "页眉/页脚"选项卡

② 分别在页眉或页脚列表框中,设定需要的页眉/页脚格式。单击"打印预览"按钮。

对于自定义"页眉/页脚",分别单击"自定义页眉"和"自定义页脚"按钮。在产生的对话框中可以定义自己的"页眉"格式。例如,在其中的左框中输入"天津华邦电脑有限公司"后,单击"确定"按钮之后,在"页眉"选项卡中就能看到刚定义的页眉。

同理,也可以自定义页脚,其方法与定义页眉相同,这里就不再赘述。

4.4.3 打印预览

过去,一个文档打印输出之前,用户无法看到实际打印的效果,因此需要通过多次的调整才能达到满意的打印效果。而在中文 Excel 中由于采用了"所见即所得"的技术,用户可以对一个文档在打印输出之前,通过打印预览命令或全真查看模式在屏幕上观察文档的打印效果,而不必经过先打印输出再修改这一繁琐过程了。

因此,一旦准备好要打印数据时,就可以预览打印结果,并且可以调整页面的设置来得到所要的打印输出。同时,还可以决定 Microsoft Excel 建立工作表页数的次序,控制分页符和页数,调整独立图表的缩放比例,使其能用指定的页数完成打印。

使用打印预览能同时看到全部页面,并可调整像分页符和页边距之类的内容。在通常情况下,Excel 对工作表的显示同打印后所看到的工作表在形式上是一致的。在打印之前,最好先保存工作簿。这样,即使打印机产生错误或发生其他问题,也不会丢失最后一次保存工作簿之前所完成的工作。

1. 打印预览

选择"文件"菜单下的"打印预览"命令或单击标准工具栏上的打印预览 按钮,在窗口中显示了一个打印输出的缩小版。

出现在预览窗口中的各页的外观可能根据可用的字体、打印机的分辨率和可用的颜色而不同。

2. 调整页边距

如上所述,在打印预览方式下,有一个是"页边距"按钮,单击后,出现一些浅色的线条,这些线条代表所设定的上、下、左、右、页眉、页脚的位置。用户可以看到代表边界的 4 条线及图片的方框。

用户可直接利用鼠标移动这些线条,来调整上、下、左、右边界和页眉、页脚的位置,以达到最佳的排版效果。

调整上下左右边界的方法:在代表上边界及下边界两条线条的左端(或右端)各有一个黑色小方块,而在左边界及右边界两个线条的下方也有一个黑色小方块。当要改变这些边界的时候,首先将鼠标指针移到适当的小方块上。按下鼠标按钮不放,并拖动鼠标。当拖动鼠标时,小方块所属的边界线会跟着一起移动,当把边界线移到理想的位置后,松开鼠标按钮,新的边界即已设定好了。

3. 调整页眉/页脚位置

在打印预览窗口中,页眉/页脚的四周由一个虚线线条围成的框,用户可以在打印预览时改变页眉/页脚的位置,只要将鼠标指针移到围绕页眉/页脚的方框中,按下鼠标按钮不放,并拖动鼠标。当拖动鼠标时,方框会随之移动,窗口右上方显示的与边缘距离也跟着变化,可以让用户了解新的位置所在。当把方框移到所要的位置后,松开鼠标按钮,新的位置即已设定好了。

4.4.4 打印

当对一个工作表通过打印预览观察编辑后,即可将该文档打印输出。Excel 对于打印

計算機应用基础

一个文档提供了灵活的方式。可以选择打印单页、若干页或全部打印输出。下面将分别介绍这些打印方式的用法。

要打印一个文档，首先要执行"文件"菜单下的"打印"命令，之后可以根据需要选择相应的打印方式。

（1）打印范围：可选择"全部"或选择页来指定要打印工作表中的多少页。如果选择了页，必须输入开始和结束的页号。

（2）份数：指定打印的份数。可以敲入份数也可以单击上/下箭头键来增加或减少数目。

（3）打印内容：选择该栏中代表打印内容的按钮，即"选定区域"、"选定工作表"、"整个工作簿"，默认情况下，Excel 打印活动工作表。

（4）打印预览：单击预览按钮，进入到打印预览模式。

例 4.4.1 设置打印标题：在素材/第 4 章 Excel 应用/1.xls 中 Sheet4 工作表 J 列的左侧插入分页线；设置表格标题为打印标题。具体操作步骤如下。

① 选中 Sheet4 工作表的 J 列。

② 执行"插入/分页符"命令，如图 4.4.4 所示。

图 4.4.4 执行"分页符"命令

③ 执行"文件/页面设置"命令，在弹出的"页面设置"对话框中，单击选择"工作表"选项，如图 4.4.5 所示；在对话框中"打印标题"下方的"顶端标题行"右端单击页面设置按钮，弹出如图 4.4.6 所示的对话框。

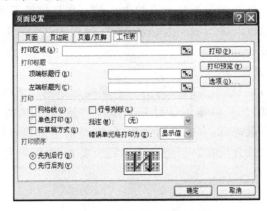

图 4.4.5 "页面设置"对话框

④ 单击选择图 4.4.6 中顶端标题行右侧的 按钮,回到图 4.4.5 的对话框。

图 4.4.6 "页面设置-顶端标题行"对话框

⑤ 单击选择打印预览按钮 ,检查设置是否正确,单击"确定"按钮完成操作。

4.5 公式与函数

Excel 2002 具有强大的数据运算和数据分析功能。这是因为在其应用的程序中包含了丰富的函数及数据的运算公式。对于一些复杂的数据的运算,用户可以通过这些包含函数和数组的公式进行解答。可以说,公式与函数是 Excel 的灵魂所在。因此学习好本节的知识,对于掌握 Excel 有很大的帮助。

4.5.1 公式的运算符

运算符用于对公式中的元素进行特定类型的运算,Excel 包含 4 种运算符:算术运算符、比较运算符、文本运算符和引用运算符。

1. 算术运算符

算术运算符是用户最熟悉的运算符,它可以完成基本的数字运算,如加、减、乘、除等,用以连接数字并产生数字结果,算术运算符的含义如表 4.5.1 所示。

表 4.5.1 算术运算

算术运算符	含 义	示 例
+(加号)	加	$2+3=5$
-(减号)	减	$3-2=1$
*(星号)	乘	$3*2$ 相当于 $3×2$
/(斜杠)	除	$6/2$ 相当于 $6÷2$
%(百分号)	百分比	50%
^(脱字号)	乘方	4^3 相当于 4^3

2. 比较运算符

比较运算符可以比较两个数据数值,并产生逻辑值 TRUE 或 FALSE,即条件相符,则产生逻辑真值 TRUE;若条件不符,则产生逻辑假值 FALSE。比较运算符的含义及示例如表 4.5.2 所示。

表 4.5.2 比较运算符

比较运算符	含 义	示 例
=(等号)	相等	$A1=8$
<(小于号)	小于	$A1<10$
>(大于号)	大于	$A1>5$
>=(大于等于号)	大于等于	$A1>=7$
<>(不等于)	不等于	$A1<>4$
<=(小于等于)	小于等于	$A1<=9$

3. 引用运算符

引用运算符可以将单元格区域合并计算,如表 4.5.3 所示。

表 4.5.3　引用运算符

引用运算符	含　义	示　例
:(冒号)	区域运算符,对两个引用之间,包括两个引用在内的所有单元格进行引用	SUM(B1：C5)
,(逗号)	联合运算符,将多个引用合并为一个引用	SUM(C2：A5,C2：A6)
(空格)	交叉运算符,表示几个单元格区域所重叠的那些单元格	SUM(B2：D3 C1：C4)(这两个单元格区域的共有单元格为 C2 和 C3)

4.5.2　公式的运算顺序

如果公式中出现不同类型的运算符混用时,运算顺序是引用运算>算术运算>文本运算>比较运算。

如果要改变计算的次序,可以在公式中使用圆括号。例如:(8-3) * 8/2^3＝5 * 8/2^3＝5 * 8/8＝40/8＝5

4.5.3　输入公式

输入公式的操作类似于输入文字。用户可以在编辑栏中输入公式,也可以在单元格里直接输入公式。

1. 在单元格中输入公式

其操作步骤如下。

① 单击要输入公式的单元格。

② 在单元格中输入等号和公式。

③ 按回车键确定。

2. 在编辑栏中输入公式

其操作步骤如下。

① 单击要输入公式的单元格。

② 单击编辑栏,在编辑栏中输入等号与公式。

③ 按回车键或者单击 ✓ 按钮。

公式输入完毕,编辑栏也显示了公式。这时候按回车键单元格中会显示出计算结果,在编辑栏中仍然显示当前单元格的公式,以便于用户的修改和修订。

4.5.4　移动和复制公式

在 Excel 2002 中可以移动和复制公式,当移动公式时,公式内的单元格引用不会更改;而当复制公式时,单元格引用会根据引用类型而变化。复制公式的操作步骤如下。

① 在单元格里输入“＝sum(C3:E3)”公式，如图 4.5.1 所示。

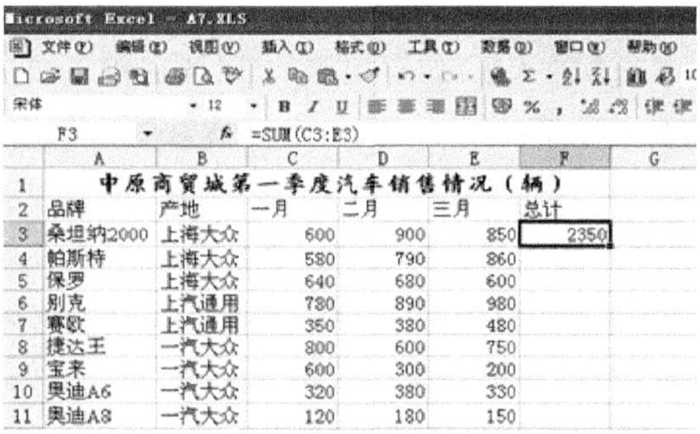

Microsoft Excel - A7.XLS

F3 =SUM(C3:E3)

	A	B	C	D	E	F	G
1	中原商贸城第一季度汽车销售情况（辆）						
2	品牌	产地	一月	二月	三月	总计	
3	桑坦纳2000	上海大众	600	900	850	2350	
4	帕斯特	上海大众	580	790	860		
5	保罗	上海大众	640	680	600		
6	别克	上汽通用	780	890	980		
7	赛欧	上汽通用	350	380	480		
8	捷达王	一汽大众	800	600	750		
9	宝来	一汽大众	600	300	200		
10	奥迪A6	一汽大众	320	380	330		
11	奥迪A8	一汽大众	120	180	150		

图 4.5.1　输入公式

② 按<Enter>键计算出结果，用鼠标拖动单元格 F3 右下角的填充柄，如图4.5.2所示。

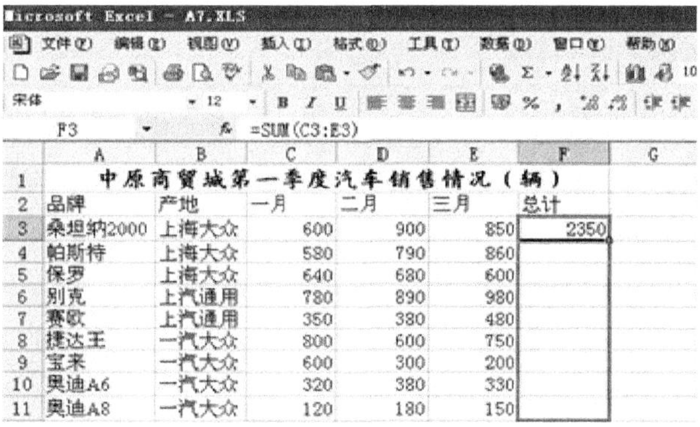

Microsoft Excel - A7.XLS

F3 =SUM(C3:E3)

	A	B	C	D	E	F	G
1	中原商贸城第一季度汽车销售情况（辆）						
2	品牌	产地	一月	二月	三月	总计	
3	桑坦纳2000	上海大众	600	900	850	2350	
4	帕斯特	上海大众	580	790	860		
5	保罗	上海大众	640	680	600		
6	别克	上汽通用	780	890	980		
7	赛欧	上汽通用	350	380	480		
8	捷达王	一汽大众	800	600	750		
9	宝来	一汽大众	600	300	200		
10	奥迪A6	一汽大众	320	380	330		
11	奥迪A8	一汽大众	120	180	150		

图 4.5.2　拖动填充柄

③ 将公式复制到下面的单元格里，结果如图 4.5.3 所示。

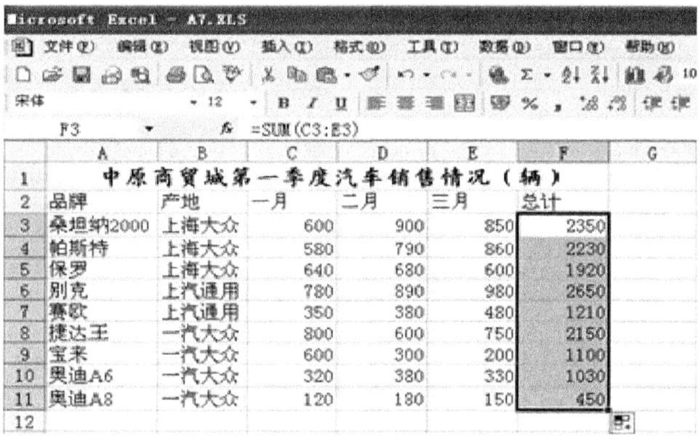

Microsoft Excel - A7.XLS

F3 =SUM(C3:E3)

	A	B	C	D	E	F	G
1	中原商贸城第一季度汽车销售情况（辆）						
2	品牌	产地	一月	二月	三月	总计	
3	桑坦纳2000	上海大众	600	900	850	2350	
4	帕斯特	上海大众	580	790	860	2230	
5	保罗	上海大众	640	680	600	1920	
6	别克	上汽通用	780	890	980	2650	
7	赛欧	上汽通用	350	380	480	1210	
8	捷达王	一汽大众	800	600	750	2150	
9	宝来	一汽大众	600	300	200	1100	
10	奥迪A6	一汽大众	320	380	330	1030	
11	奥迪A8	一汽大众	120	180	150	450	
12							

图 4.5.3　完成复制

4.5.5 使用函数

中文版 Excel 2002 中包含的函数,如常用函数、财务函数、日期与时间函数、三角函数、统计函数、逻辑函数和信息函数等。用户可用这些函数对单元格区域进行计算,从而提高工作效率。函数作为预定义的内置公式,具有一定的语法格式。

每个函数由一个函数名和相应的参数组成。参数位于函数名右侧并用括号括起来,它是一个函数用以生成新值或完成运算的信息。多数函数参数的数据类型都是固定的,可以是数字、文本、逻辑值、数组、单元格引用或者是表达式,等等。

有些函数非常简单,不需要参数。例如,用户在一个单元格输入"=TODAY( )",Excel就会在单元格里显示当天的日期。当用户每次打开包含该函数的工作表时,单元格中的日期就会更新。表 4.5.4 列出了 Excel 提供的常用函数。

表 4.5.4 Excel 常用函数及作用

语　法	作　用
SUM(number1,number2,…)	返回单元格区域中所有数值的和
ISPMT(Rate,Per,Nper,Pv)	返回普通(无担保)的利息偿还
AVERAGE(Number1,Number2,…)	计算参数的算术平均数,参数可以是数值或包含数值的名称数组和引用
IF(Logical_test,Value_if_true,Value_if_false)	执行真假判断,根据对指定条件进行逻辑评价的真假而返回不同的结果
HYPERLINK(Link_location,Friendly_name)	创建快捷方式,以便打开文档或网络驱动器或连接 Internet
COUNT(Value1,Value2,…)	计算参数表中的数字参数和包含数字的单元格的个数
MAX(number1,number2,…)	返回一组数值中的最大值,忽略逻辑值和文字符
SIN (number)	返回固定角度的正弦值
SUMIF (Range, Criteria, Sum_range)	根据指定条件对若干单元格求和
PMT(Rate,Nper,Pv,Fv,Type)	返回在固定利率下,投资或贷款的等额分期偿还额

4.5.6 插入函数

中文版 Excel 2002 提供了大量的函数,同时也提供了"插入函数"按钮来帮助用户创建或者编辑函数。插入函数的操作步骤如下。

① 选定需要插入函数的单元格,如图 4.5.4 所示。

② 单击编辑栏中的"插入函数"按钮,将弹出"插入函数"对话框,在"或选择类别"下

拉列表中选择要插入的函数类型,在"选择函数"列表框选择要使用的函数,如图 4.5.5 所示。

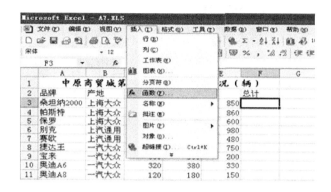

图 4.5.4　选定单元格

图 4.5.5　选择类别及函数

 提示：

当用户不知道要使用什么函数时,可在"搜索函数"文本框输入一句自然语言,如"如何得到平均值",然后单击"转到"按钮,Excel 将给出一个用于完成该任务的推荐函数列表。

③ 单击"确定"按钮,将弹出"函数参数"对话框,如图 4.5.6 所示,其中显示了函数的名称、函数功能、参数、参数的描述、函数的当前结果等。

图 4.5.6　"函数参数"对话框

④ 在参数文本框输入数值、单元格引用区域,或者用鼠标在工作表中选定数据区域,单击"确定"按钮,在单元格中显示出函数计算结果。

4.5.7 在 Excel 中使用公式编辑器

在日常工作和学习中,有时需要输入一些数字公式,例如:

$$A \subseteq B, \quad I = \frac{P^2}{\rho c}, \quad P = \sqrt{\frac{1}{T} \int_0^T P^2(t) \, \mathrm{d}t} \quad 等。$$

1. 介绍公式工具栏

Microsoft 公式编辑器 3.0 的"公式"工具栏分为 2 行,上行为"符号与希腊字母行",下行为"模板行",如图 4.5.7 所示。

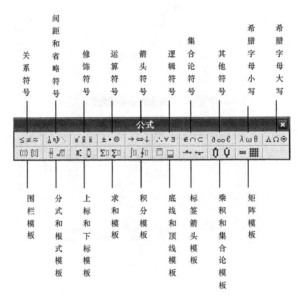

图 4.5.7 "公式"工具栏

2. 调用公式编辑器的通用步骤

在 Excel 中使用公式编辑器的操作步骤如下。

① 在工作表中任意选择一个单元格。

② 单击"插入"菜单,单击"对象"选项,如图 4.5.8 所示,在打开的"对象"对话框中,选择"新建"选项卡,在"对象类型"中单击"Microsoft 公式 3.0"选项,单击"确定"按钮,出现如图4.5.9所示的对话框。

图 4.5.8 "插入/对象"菜单

③ 在公式编辑器中进行公式编辑,编辑完成后,在框外的任意处单击即可返回到文档编辑状态。

图 4.5.9　"对象"对话框

3. 建立公式

下面将通过创建几个具体的公式,来说明如何使用 Excel 所提供的公式编辑器来建立一些含有数学符号的公式。在编辑公式的时候,字符的位置要根据下划线判断,通过键盘上的方向键可移动下划线的位置。

例如,A_B 此时输入的字符位置会与"A"相同,得到 A_BC。A_B 此时输入的字符位置会与"B"相同,得到 A_{BC}。下面以输入"A_C^B"为例进行操作,具体步骤如下。

① 进入公式编辑状态,输入中间的字符"A",得到 A。

② 选择"公式"工具栏上相应的格式,比如选择 按钮。

③ 单击上标的位置,输入"B",即 $A \to A^B$。

④ 单击下标的位置,输入"C",即 $A^B \to A^B_C$。

⑤ 单击编辑框外部位置,完成公式编辑。

4.6　图表的制作

根据工作表中的数据可以创建所需要的图表,Excel 2002 提供了图表的向导,可以很方便地绘制图表。

1. 图表的建立方式

根据图表显示的位置的不同,建立图表的方式有两种,由此可产生两种图表,即嵌入式图表和图表工作表。

嵌入式图表是置于工作表中用于补充工作数据的图标,如图 4.6.1 所示。当要在一个工作表中查看或者打印图表及其源数据或其他信息时,可使用嵌入式图表。

图表工作表是工作薄中具有特定工作表名称的独立工作表,如图 4.6.2 所示。当要独

立于工作表数据查看或编辑大而复杂的图标,或希望节省工作表上的屏幕空间时,可以使用图表工作表。

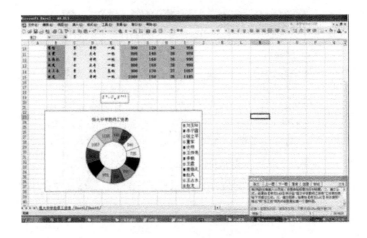

图 4.6.1　嵌入式图表

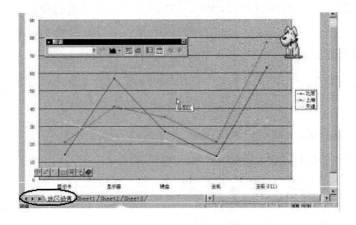

图 4.6.2　图表工作表

 提示：

无论是以何种方式建立的图表,都与生成它们的工作表上的源数据建立了链接,这就意味着当更新工作表时,同时也会更新图表。

2. 创建图表

各种类型的图表创建步骤是相同的,下面以创建一新图表为例,介绍如何使用图表向导创建图表。操作步骤如下。

① 根据题目意思选择单元格范围,如果需要选择的范围不连续,按住<Ctrl>键分别选择。

② 在已选择单元格范围的情况下,单击"常用"工具栏上的"图表向导"按钮 。

③ 选择"图表类型",再选择"子图表类型"。要根据"子图表类型"的名称判断选择是否

正确,如图4.6.3所示。

④ 单击"下一步"按钮,进入"'图表源数据'之数据区域",切换"系列产生在行/列",根据样文判断应选"行"还是"列",如图4.6.4所示。

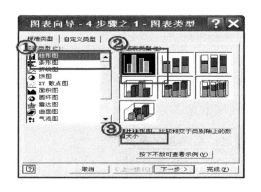

图4.6.3　图表类型

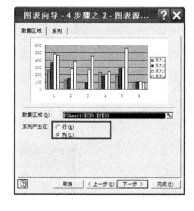

图4.6.4　图表源数据

⑤ 单击"下一步"按钮,进入"'图表源数据'之"系列"选项卡",如图4.6.5所示。

根据样文判断"各系列的名称"和"分类(X)轴标志",使用选择按钮，直接选择表格的相应单元格范围,如图4.6.6所示。

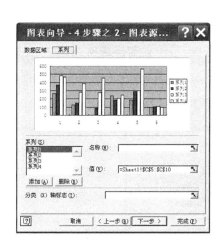

图4.6.5　源数据/系列

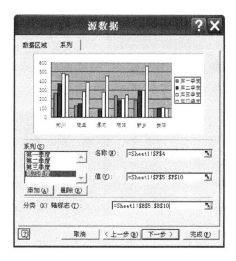

图4.6.6　选择相应单元格

⑥ 单击"下一步"按钮,进入"'图表选项'之'标题'",在可输入的选项中任意输入字符,根据样文判断应在哪个选项输入什么文字,如图4.6.7所示。

⑦ 单击"下一步"按钮,进入"'图表选项'之'坐标轴'",任意选择选项,根据样文判断是否需要选择,如图4.6.8所示。

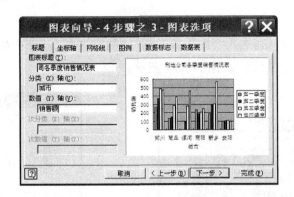

图 4.6.7　图表选项/标题

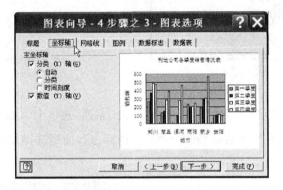

图 4.6.8　图表选项/坐标轴

⑧ 单击"下一步"按钮,进入"'图表选项'之'网格线'",任意选择选项,根据样文判断是否需要选择,如图 4.6.9 所示。

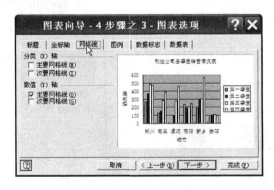

图 4.6.9　图表选项/网格线

⑨ 单击"下一步"按钮,进入"'图表选项'之'图例'",任意选择选项,根据样文判断是否需要选择,如图 4.6.10 所示。

⑩ 单击"下一步"按钮,进入"'图表选项'之'数据标志'",任意选择选项,根据样文判断是否需要选择,如图 4.6.11 所示。

⑪ 单击"完成"按钮,完成图表创建。

⑫ 用鼠标按住"图表区",将整个图表移动到公式下方。

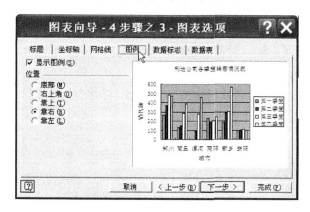

图 4.6.10 图表选项/图例

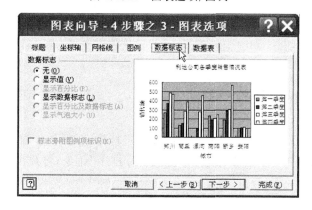

图 4.6.11 图表选项/数据标志

3. 图表的编辑

在图表的空白处单击右键,可在弹出的快捷菜单中选择"图表类型"、"图表源数据"、"图表选项"进行修改。

 提示:

使用"图表"工具栏,单击图表时,可在工具栏的"图表对象"中看到相应名称,此时,用右侧的"格式"按钮可修改对象的格式。

4.7 数 据 处 理

4.7.1 数据排序

数据排序是指按一定规则对数据进行整理、排列,这样可以为进一步处理数据做好准备。中文版 Excel 2002 提供了多种对数据清单进行排列的方法,如升序、降序,用户也可以自定义排列方法。

1. 简单排序

如果要针对某一列数据进行排序,可以单击"常用"工具栏中的"升序"或"降序"按钮进行操作,其操作步骤如下。

① 在数据清单中选定某一列标志名称所在单元格,例如,要对三月份进行排序,则选定"三月"所在单元格,如图 4.7.1 所示。

② 根据需要,单击"常用"工具栏中的"升序"或"降序"按钮,例如,要按"降序"排列,单击"降序"按钮,结果如图 4.7.2 所示。

图 4.7.1 选定"三月"所在的单元格

图 4.7.2 按降序排列的结果

2. 多重排序

也可以使用"排序"对话框中的工作表的数据进行排序,操作步骤如下。

① 选定如图 4.7.3 所示的工作表,单击"数据/排序"命令,将弹出"排序"对话框。

图 4.7.3 "数据/排序"命令

② 在"主要关键字"下拉表框中选择或输入"三月",并选中其中右侧的"降序"单选按钮,如图 4.7.4 所示。

图 4.7.4 "排序"对话框

③ 在"次要关键字"下拉列表框中选择"二月"选项,并选中右侧的"降序"单选按钮;在"列表"选项中选中"有标题行"单选按钮。

④ 单击"确定"按钮。

4.7.2 数据筛选

管理数据时经常需要对数据进行筛选,即从众多数据中挑选出符合某种条件的数据。因此,筛选是一种用于查找数据的快捷方法。

1. 自动筛选

自动筛选是一种快速的筛选方法,用户可以通过它快速地访问大量的数据,并从中选出满足条件的记录显示出来。其操作步骤如下。

① 单击选中要进行筛选的单元格区域中的任一单元格。

② 选择"数据"菜单中的"筛选"命令,在其子菜单中选择"自动筛选"子命令。此时,选定区域的第1行字段名右侧都将出现一个向下指的箭头,如图4.7.5所示。

图 4.7.5 "数据/筛选"命令

③ 单击想要查找的字段名右侧的向下箭头,打开用于设定筛选条件的下拉列表框,如图4.7.6所示。

图 4.7.6 下拉列表

④ 在下拉列表框中选择条件。

筛选后显示的记录的行号呈蓝色,且设置了筛选条件的字段名右侧的向下箭头也变成蓝色。

2. 自定义自动筛选

如果要进行更加复杂的筛选,可以通过选择字段名下拉列表的"自定义"选项来缩减自动筛选的数据范围。例如,如果希望筛选出一月大于或等于 600 的数据,其操作步骤如下。

① 在图 4.7.6 所示的"一月"下拉列表中选择"自定义",打开如图 4.7.7 所示的"自定义自动筛选方式"对话框。

② 在左侧下拉列表中选择"大于或等于"的条件,右上侧输入数值 600,如图 4.7.8 所示。

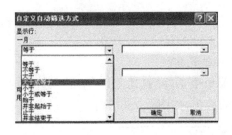

图 4.7.7 "自定义自动筛选方式"对话框

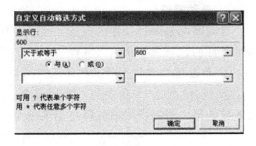

图 4.7.8 "自定义自动筛选方式"的设置

③ 单击"确定"按钮,则得到筛选结果。

3. 高级筛选

如果数据清单中的字段比较多,筛选的条件也比较多,则可以使用"高级筛选"功能来筛选数据。

要使用"高级筛选"的功能,必须先建立一个条件区域,用来指定筛选的数据需要满足的条件。条件区域的第 1 行是作为筛选条件的字段名,这些字段名必须与数据清单中的字段名完全相同,条件区域的其他行则用来输入筛选条件。需要注意的是条件区域和数据清单不能连接,必须用一个空行将其隔开。

4.7.3 合并计算

通过合并计算可以对来自一个或多个源区域的数据进行汇总,并建立合并计算表。这些源区域与合并计算表可以在同一个工作表中,也可以在同一个工作簿的不同工作表中,还可以在不同的工作簿中。

1. 合并计算的方式

Excel 提供 4 种方式来合并计算数据,最灵活的方法是创建公式,该公式引用的是要进行合并的数据区域中的每个单元格,引用了多张工作表中的单元格的公式称为三维公式,合并计算数据的方式有以下 4 种。

(1) 使用三维公式进行合并计算:这种方式对数据源区域的布局没有限制,可将合并计算更改为需要的方式,当更改源区域中的数据时,合并计算将自动进行更新。

(2) 按位置进行合并计算:如果所有源数据具有同样的位置顺序,可以按位置进行合并计算,利用这种方式可以合并来自同一模板创建的一系列工作表。当源数据更改时,合并计算将自动更新,但是不能更改合并计算中所包含的单元格和数据区域;如果使用手动更新合并计算,便可更改所包含的单元格和数据区域。

(3) 按分类进行合并计算:如果要汇总计算一组具有相同的行和列标志但以不同的方

式组织数据的工作表,则可按分类合并计算,这种方式会对每一张工作表中具有相同标志的数据进行合并计算。

(4)通过生成的数据透视表进行合并计算:这种方式可以根据多个合并计算的数据区域创建数据透视表,类似于按分类合并计算,但它可以重新组织分类,从而具有更多的灵活性。

2. 建立合并计算

在建立合并计算时,要先检查数据,并确定是根据位置还是根据分类来将其与公式中的三维引用进行合并。下面列出了合并计算的方式的使用范围。

① 公式:对于所有类型或排列的数据,推荐使用公式中的三维引用。

② 位置:如果要合并几个区域中相同位置的数据,可以根据位置进行合并。

③ 分类:如果包含几个具有不同布局的区域,并且计划合并来自包含匹配标志的行或列中的数据,可以根据分类进行合并。

(1)使用三维引用公式合并计算

使用三维引用公式合并计算时,先在合并计算表上复制或输入要合并计算的数据标志,然后选定用于存放合并计算数据的单元格,并输入合并计算公式,公式中的引用应指向每张工作表中待合并数据所在单元格,即可进行合并计算。

(2)按位置合并计算数据

按位置合并计算数据是指对每一个源区域中具有相同位置的数据进行合并,适用于按同样的顺序和位置排列的源区域数据的合并。

例 4.7.1　如果数据来自同一模板创建的一系列工作表,则可按位置合并计算数据,如图 4.7.11 所示。操作步骤如下。

① 在 Sheet1、Sheet2 工作表中分别建立要合并计算的工作表。

② 分别单击甲和乙门市部工作表标签,并在其中输入有关数据,结果如图 4.7.9 和图 4.7.10 所示。

	A	B	C	D	E
1	甲部门第一季度产品销售利润				
2	产品名称	一月	二月	三月	合计
3	水泥	11	20	56	87
4	钢材	50	40	61	151
5	沥青	5	5	6	16
6	木材	10	10	12	32
7	玻璃	6	7	8	21
8	合计	82	82	143	307

图 4.7.9　甲部门一季度销售利润

	A	B	C	D	E
1	乙部门第一季度产品销售利润				
2	产品名称	一月	二月	三月	合计
3	水泥	12	23	28	63
4	钢材	50	45	61	156
5	沥青	5	8	6	19
6	木材	10	13	14	37
7	玻璃	6	9	8	23
8	合计	83	98	117	298

图 4.7.10　乙部门一季度的销售利润

③ 单击总公司工作表标签,如图 4.7.11 所示。

④ 选定总公司工作表为目标工作表,并在其中选定目标区域。

⑤ 单击"数据"菜单,选择"合并计算"命令,打开如图 4.7.12 所示的"合并计算"对话框。

⑥ 在"函数"框中选择"求和"函数为合并计算数据的汇总函数。用于合并计算的函数包括求和、计算、平均值、总体方差等 11 种函数。

⑦ 在"引用位置"框中,输入源区域引用;或单击源工作表,选定源区域,于是该区域的引用也将出现在"引用位置"框中。这里,单击甲部门工作表标签,选定单元格源区域,如图

4.7.13 所示。

⑧ 单击"合并计算"对话框中的折叠按钮 使对话框还原,然后单击"添加"按钮。

图 4.7.11 总公司工作表

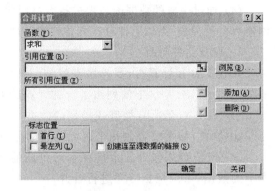

图 4.7.12 "合并计算"对话框

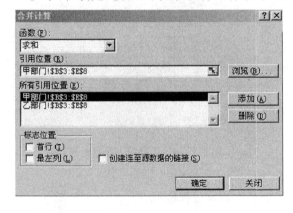

图 4.7.13 选定源区域

⑨ 对要进行合并计算的所有源区域重复⑦~⑧步骤。图 4.7.14 显示的是选定乙部门工作表中单元格区域的结果。

⑩ 单击"确定"按钮,于是在目标工作表中显示合并计算结果,如图 4.7.15 所示。

图 4.7.14 完成后的"合并计算"对话框

图 4.7.15 "合并计算"结果

 提示:

在合并计算中,目标工作表应该是当前工作表,目标区域也应当是当前单元格区域。选定目标区域时,只单击目标区域左上角的单元格即可,但单元格右下角及下边必须有足够的空单元格。

(3) 按类合并计算数据

如果各部门销售的产品种类不尽相同,工作表格式也不一定相同,同样可以使用合并计算的功能来完成汇总工作。但此时不能使用上述按位置合并计算的方法,而是应用按类别合并计算数据。其操作方法与按位置合并的操作方法类似。

例 4.7.2 如图 4.7.16 和图 4.7.17 所示的分别是公司下属的甲、乙两个部门一季度的销售利润情况,并且各部门销售的产品种类不尽相同。下面我们利用合并计算功能来汇总两个部门的销售利润,操作步骤如下。

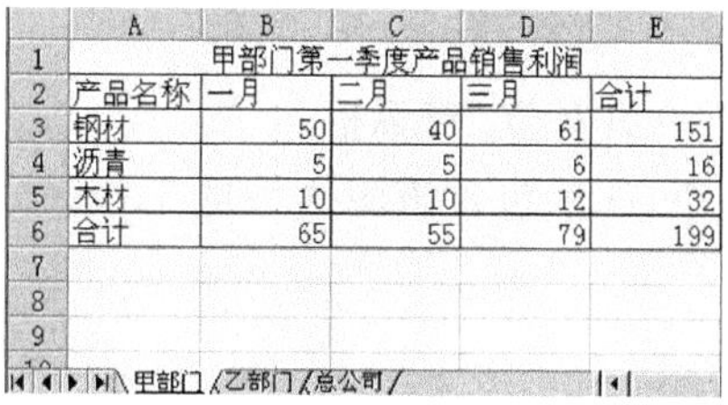

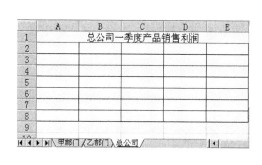

	A	B	C	D	E
1	甲部门第一季度产品销售利润				
2	产品名称	一月	二月	三月	合计
3	钢材	50	40	61	151
4	沥青	5	5	6	16
5	木材	10	10	12	32
6	合计	65	55	79	199

图 4.7.16 甲部门工作表

	A	B	C	D	E
1	乙部门第一季度产品销售利润				
2	产品名称	一月	二月	三月	合计
3	水泥	12	23	28	63
4	钢材	50	45	61	156
5	木材	10	13	14	37
6	玻璃	6	9	8	23
7	合计	78	90	111	279

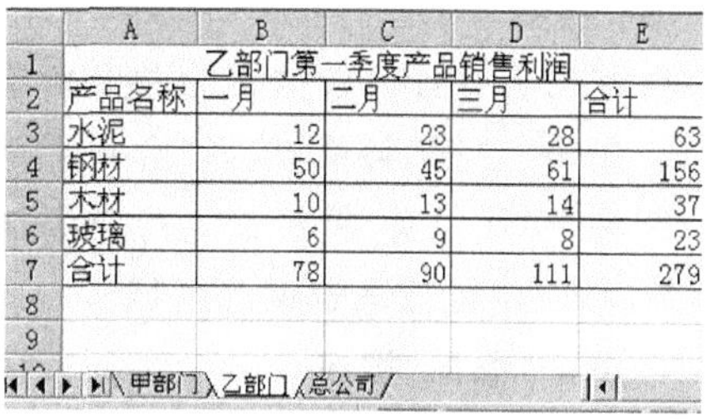

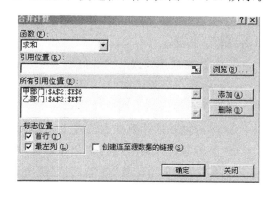

图 4.7.17 乙部门工作表

① 选定总公司工作表为目标工作表,单击单元格 A2 为目标区域,如图 4.7.18 所示。

② 单击“数据”菜单,选择“合并计算”命令,弹出“合并计算”对话框。

③ 在“函数”对话框中,选择“求和”函数为合并计算数据的汇总函数。

④ 用前面介绍的方法为合并计算选定源区域,其中在甲部门工作表中选定单元格区域,在乙部门中选定单元格区域,并选中“首行”和“最左列”复选框,结果如图 4.7.19 所示。

图 4.7.18 选定目标区域

图 4.7.19 选定源数据和设置标志

⑤ 单击“确定”按钮,于是在目标工作表中就显示了合并计算结果。

提示:

按类合并计算数据时,必须包含行或列标志,如果分类标志在顶端行,应选择“首行”复选框,如果分类标志在最左列,则应选择“最左列”复选框,也可以同时选择两个复选框,这样 Excel 将会自动按指定的标志汇总。不想合并计算的分类具有只出现在一个源区域的、独一无二的标志。此外,标志区分大小写,即大小写输入,同样的拼写将视为不同的标志。

(4) 合并计算的自动更新

在合并计算中,利用链接功能可以实现合并数据的自动更新,也就是说,如果用户希望当数据源改变时合并结果也会自动更新,则应选中"创建连至源数据的链接"复选框。这样一来,当每次更新源数据时,就不必再执行一次"合并计算"命令。

（5）为合并计算添加源区域

对于一个建立合并计算的工作表文件,用户还可以进一步编辑,即可以调整源区域并在目标区域中重新合并计算。不过,所执行的操作必须是以目标区域与源区域没有建立连接关系为前提。如果用户已经建立了目标区域与源区域的链接,同时又要调整合并计算,那么在进行调整之前,应先删除合并计算的结果并取消分级显示。

如果要在某个已存在合并计算中增加一个源区域,其操作步骤如下。

① 单击合并计算数据表的左上角单元格。

② 单击"数据"菜单,选择"合并计算"命令,弹出"合并计算"对话框。

③ 在"引用位置"框中输入想要添加的源区域引用;如果包含该源区域的工作表处于打开状态,可以用鼠标选定该源区域。

④ 单击"添加"按钮。

⑤ 如果要使用新的源区域进行合并计算,请单击"确定"按钮;否则单击"关闭"按钮。

（6）更改合并计算源区域的引用

更改源区域引用的操作步骤如下。

① 单击合并计算数据表的左上角单元格。

② 单击"数据"菜单,选择"合并计算"命令,弹出"合并计算"对话框。

③ 在"所有引用位置"框中,选定想修改的源区域。

④ 将光标插入"引用位置"框中,然后编辑所选定的引用。

⑤ 单击"添加"按钮。如果不想保留原有引用,先在"所有引用位置"框中选定它,然后单击"删除"按钮。

⑥ 如果要使用修改后的源区域进行合并计算,请单击"确定"按钮;否则单击"关闭"按钮。

（7）删除一个源区域的引用

删除一个源区域引用的操作步骤如下。

① 单击合并计算数据表的左上角单元格。

② 单击"数据"菜单,选择"合并计算"命令,弹出"合并计算"对话框。

③ 在"所有引用位置"框中,选定想要删除的源数据区域。

④ 单击"删除"按钮。

⑤ 如果要使用删除后的新的源区域进行合并计算,请单击"确定"按钮;否则单击"关闭"按钮。

4.7.4　分类汇总

"分类汇总"功能可以自动对选择数据进行汇总,并插入汇总行。汇总方式灵活多样,如求和、平均值、最大值、标准方差等,可以满足用户多方面的需要。

下面以图 4.7.20 的工作表为例,来介绍对数据进行分类汇总的方法,操作步骤如下。

① 选定工作表,单击"数据/分类汇总"命令,将弹出"分类汇总"对话框,在"汇总方式"下

拉列表框中选择"求和"选项,在选定汇总项列表框中选中"产地"复选框,如图4.7.21所示。

图4.7.20　准备分类汇总的工作表

②单击"确定"按钮,结果如图4.7.22所示。

图4.7.21　"分类汇总"对话框　　　　图4.7.22　汽车销售市场求和汇总

对数据进行汇总后,还可以恢复工作表的原始数据,方法为:再次选定工作表,单击"数据/分类汇总"命令,在弹出的"分类汇总"对话框中单击"全部删除"按钮,即可将工作表恢复到原始数据状态。

1. 分类汇总的创建

前面已对排序和分类汇总进行了介绍,现在利用这两项功能来建立一个比较完整的报告。一般来说,只要在进行汇总之前先进行排序,就可以使汇总信息加入到正确的行中。

例如,先按"产地"进行排序,然后对汽车各个销售市场做求和的汇总,操作步骤如下。

① 打开如图4.7.20所示工作表。

② 单击"数据/排序"命令,将弹出"排序"对话框,在"主要关键字"下拉列表框中选择"产地"选项。并选中其右侧的"升序"单选按钮,如图4.7.23所示。

③ 单击"确定"按钮,结果如图4.7.24所示。

图4.7.23　"排序"对话框

④ 单击"数据/分类汇总"命令,将弹出"分类汇总"对话框,在"分类字段"下拉列表框中选择"产地"选项,在"汇总方式"下拉列表框中选中"求和"选项,在"选定汇总项"列表中选中各个销售地复选框,如图4.7.25所示。

	A	B	C	D	E	F
1			中原市上半年各市场汽车销售情况（辆）			
2	品牌	产地	中原商贸城	中粮大厦	魏湾汽车城	岳各庄汽车城
3	保罗	上海大众	4060	3840	3680	2880
4	桑坦纳2000	上海大众	5400	5200	6020	7000
5	帕斯特	上海大众	4860	3690	3800	4060
6	别克	上汽通用	4020	3486	5800	3870
7	赛欧	上汽通用	2660	3460	2980	3060
8	奥迪A8	一汽大众	520	400	640	580
9	奥迪A6	一汽大众	1230	1820	2050	1460
10	捷达王	一汽大众	6080	5960	5480	6320
11	宝来	一汽大众	2080	1800	1400	1520
12						

图4.7.24　排序后的工作表

⑤ 单击"确定"按钮,完成对工作表中数据的分类汇总。

从图4.7.26可以看出,在显示分类汇总的同时,分类汇总表左侧自动显示一些分级显示按钮。

"＋"显示细节按钮:单击按钮可以显示分级显示信息。

"－"隐藏细节按钮:单击此按钮可以隐藏分级显示信息。

"1"级别按钮:单击此按钮只显示总的汇总结果,即总计数据。

"2"级别按钮:单击此按钮则显示部分数据及其汇总结果。

"3"级别按钮:单击此按钮显示全部数据。

图4.7.25　设置分类汇总的各个选项

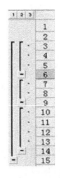

图4.7.26　分级按钮

2. 清除分类汇总

如果想取消分类汇总的显示结果,恢复到工作表的初始状态,其操作步骤如下。

① 选择分类汇总数据区。

② 单击"数据"菜单中的"分类汇总"命令。

③ 在"分类汇总"对话框中单击"全部删除"按钮,即可清除分类汇总。

4.7.5　使用透视表

Excel提供了一种简单、形象、实用的数据分析工具——数据透视表,使用数据透视表可以全面地对数据清单进行重新组织和统计数据。

数据透视表是一种对大量数据进行快速汇总和建立交叉列表的交互式表格,它不仅可以转换行和列显示源数据的不同汇总结果,也可以显示不同页面以筛选数据,还可以根据用户的需要显示区域中的细节数据。使用数据透视表有以下几个优点。

① Excel 提供了向导功能,易于建立数据透视表。

② 真正地按用户设计的格式来完成数据透视表的建立。

③ 当原始数据更新后,只需要单击"更新数据"按钮,数据透视表就会自动更新数据。

④ 当用户认为已有的数据透视表不理想时,可以方便地修改透视表。

下面就以如图 4.7.27 所示的工作表为例建立一张数据透视表,操作步骤如下。

	A	B	C	D	E	F
1		中原市下半年各市场汽车销售情况（辆）				
2	品牌	产地	中原商贸城	中粮大厦	魏湾汽车城	岳各庄汽车城
3	别克	上汽通用	4320	3886	4600	4170
4	帕斯特	上海大众	4160	3890	4300	4260
5	桑坦纳2000	上海大众	5100	5800	5720	6300
6	捷达王	一汽大众	6480	6260	6480	5820
7	保罗	上海大众	3860	4040	4280	3080
8	赛欧	上汽通用	3160	3060	2480	3360
9	奥迪A6	一汽大众	1830	1320	1750	1660
10	宝来	上海大众	1880	2400	1800	1620
11	奥迪A8	一汽大众	560	420	580	600
12	标志	东风	3400	3200	2840	2600
13	广州本田	广州本田	1240	1010	980	1500

图 4.7.27　示例工作表

① 单击"数据/数据透视表和数据透视图"命令,将弹出"数据透视表和数据透视图向导 1"对话框,在"请指定待分析数据的数据源类型"选项区中选"Microsoft Excel 数据列表或数据库"单选按钮(该项为默认设置),如图 4.7.28 所示。在"所需创建的报表类型"选项区中,用户可以根据需要选中"数据透视表"单选按钮或"数据透视图"单选按钮。

图 4.7.28　数据透视表和数据透视图向导

在该对话框的"请指定待分析数据的数据源类型"选项区中有 4 个单选按钮,除选中的单选按钮外其他 3 个单选按钮含义如下。

• 外部数据源:使用存储在 Excel 2002 外部的文件或已建立的数据透视表。

• 多重合并计算数据区域:是指建立数据透视表的数据源来源于几张工作表。

• 另一个数据透视表或数据透视图:用同一个工作薄中另外一张数据透视表或透视图来建立数据透视表或透视图。

② 单击"下一步"按钮,将弹出"数据透视表和数据透视图向导 2"对话框,此对话框要求用户建立数据透视表的数据区域,如图 4.7.29 所示。

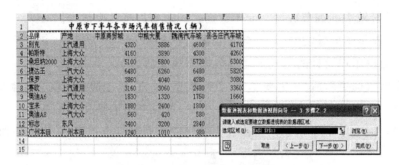

图 4.7.29 "数据透视表和数据透视图向导 2"对话框

③ 单击"下一步"按钮,弹出"数据透视表和数据透视图向导 3"对话框,如图 4.7.30 所示。单击"布局"按钮,在弹出的对话框中对数据透视表的版式进行设置,如图 4.7.31 所示。

图 4.7.30 "数据透视表和数据透视图向导 3"对话框

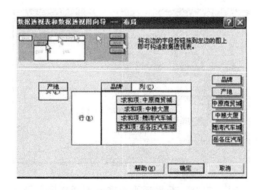

图 4.7.31 "数据透视表和数据透视图"的布局设置

④ 单击"确定"按钮,返回到"数据透视表和数据透视图向导"对话框,在"数据透视表显示位置"选项区中,选中"现有工作表"单选按钮。

⑤ 单击"完成"按钮,结果如图 4.7.32 所示。

	A	B	C	D	E	F	G
1	产地	(全部)					
2							
3		品牌					
4	数据	奥迪A6	奥迪A8	宝来	保罗	标志	别克
5	求和项:中原商贸城	1830	560	1880	3860	3400	4320
6	求和项:中粮大厦	1320	420	2400	4040	3200	3886
7	求和项:魏湾汽车城	1750	580		4280	2840	4600
8	求和项:岳各庄汽车城	1660	600		3080	2600	4170

图 4.7.32 数据表透视图

对话框透视表可以进行变换角度透视及添加或删除字段操作,分别介绍如下。

(1) 变换角度透视

在设置透视表布局时,可随意将数据清单的字段拖到"行"、"列"或"数据"的位置上,因此,想要改变行列的顺序,可重新布局数据透视表,改变一下字段显示位置就可以了。更改数据透视表布局的操作步骤如下。

① 单击"数据透视表"工具栏上的"数据透视表"按钮,选择"向导"选项。

② 打开如图4.7.30所示的对话框,单击"布局"按钮,打开如图4.7.33所示的向导"布局"对话框。

③ 在"布局"对话框上改变数据透视表或数据透视图布局,单击"确定"按钮。

(2) 添加或删除字段

用户可以在数据透视表中添加新的字段或删除不需要的字段,以改变数据透视表中使用的数据。在工作表中添加字段可将字段从"数据透视表段列表"框中拖动到工作表中要创建的字段类型所在的区域;删除字段,只要将字段拖出工作表即可。

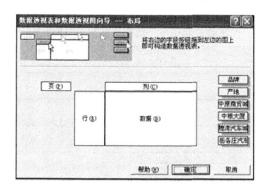

图4.7.33 向导"布局"对话框

使用向导添加或删除字段和使用向导重新布局图表的方法类似,在打开"数据透视表和数据透视图向导——布局"对话框后,若要添加字段,可将需要添加的字段从右侧的字段列表拖动到图形区域;若要删除字段,可将其拖到图形区之外。完成布局后单击"确定"按钮,再单击"完成"按钮。

习 题 四

一、打开素材/第4章 Excel应用/2. XLS,并按下列要求进行操作。

1. 设置工作表及表格,结果如【样文4-2A】所示。

(1) 设置工作表行、列:在"单凤街"所在行的上方插入一行,并输入如【样文4-2A】所示的内容;将"F"列(空列)删除;设置标题行的高度为27.00厘米。

(2) 设置单元格格式:将单元格区域B2:I2合并及居中,设置字体为宋体,字号为20,字体颜色为浅绿色,设置梅红色的底纹;将单元格"B3"及其下方的"B4"单元格合并为一个单元格,将单元格区域C3:G3合并及居中;将单元格区域B3:I15的对齐方式设置为水平居中,垂直居中,并设置浅绿色的底纹。

（3）设置表格边框线：将单元格区域 B3：I15 的外边框线设置为紫色的粗虚线，内边框线设置为蓝色的细虚线。

（4）插入批注：为"1430"（H10）单元格插入批注"车流量最大"。

（5）重命名并复制工作表：将 Sheet1 工作表重命名为"优选的监测交通干线实测数据表（1989 年）"，并将此工作表复制到 Sheet2 工作表中。

（6）打印标题：在 Sheet2 工作表第 12 行的上方插入分页线；设置表格标题为打印标题。

2. 建立公式，结果如【样文 4-2B】所示。

在"优选的监测交通干线实测数据表（1989 年）"工作表的表格下方建立公式：

$$D = \frac{|\overline{x}_1 - \overline{x}_2|}{\overline{x}_1}$$

3. 建立图表，结果如【样文 4-2C】所示。

使用"优选干线"和"车流量"两列的数据创建一个分离型圆环图。

【样文 4-2A】

优选的监测交通干线实测数据表（1989 年）

优选干线	dB(A)					车流量	路长/km
	L_{10}	L_{50}	L_{90}	L_{eq}	δ	（辆/h）	（km）
重工街	74	67	61	69.5	5.1	723	3.2
肇工街	73	63	57	71.7	6.1	247	3.9
北二路	76	67	61	73.5	5.1	472	5.7
南十路	72	63	57	69.9	5.6	240	3.8
沈辽中路	76	71	66	72.9	3.8	1363	4.5
崇山西路	75	70	65	72.6	4	1430	4.5
市府大街	77	70	64	73.5	4.7	1079	3.1
珠林路	78	71	65	74.5	5.1	959	2
单凤街	74	66	60	71	5.2	435	3.5
三经街	72	64	58	73.3	6.3	312	1.6
青年大街	77	70	65	73.6	4.9	1252	4.6

【样文 4-2B】

$$D = \frac{|\overline{x}_1 - \overline{x}_2|}{\overline{x}_1}$$

【样文 4-2C】

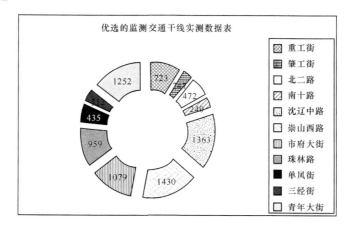

二、打开文档"7. XLS",按下列要求操作。

1. 公式(函数)应用:使用 Sheet1 工作表中的数据,计算"最小值"和"每季度总计",结果分别放在相应的单元格中,如【样文 7-7A】所示。

2. 数据排序:使用 Sheet2 工作表中的数据,"第四季度"为主要关键字,升序排序,结果如【样文 7-7B】所示。

3. 数据筛选:使用 Sheet3 工作表中的数据,筛选出"第二季度"和"第三季度"大于或等于 50 000 的记录,结果如【样文 7-7C】所示。

4. 数据合并计算:使用 Sheet4 工作表"第一季度各家电城彩电销售情况表"和"第二季度各家电城彩电销售情况表"中的数据,在"上半年各家电城彩电销售情况表"中进行"求和"合并计算,结果如【样文 7-7D】所示。

5. 数据分类汇总:使用 Sheet5 工作表中的数据,以"品牌"为分类字段,将 4 个季度的销量分别进行"平均值"分类汇总,结果如【样文 7-7E】所示。

6. 建立数据透视表:使用"数据源"工作表中的数据,以"经销商"为分页,以"品牌"为行字段,以"型号"为列字段,以"数量"为求和项,从 Sheet6 工作表的 A1 单元格起建立数据透视表,结果如【样文 7-7F】所示。

【样文 7-7A】

永元家电城彩电销售情况统计表						
品牌	型号	第一季度	第二季度	第三季度	第四季度	最小值
康佳彩电	k1943	20000	24000	20500	26000	20000
康佳彩电	k2144	26000	25500	22000	29000	22000
康佳彩电	k2148	30000	32000	25000	45000	25000
康佳彩电	k2146	38000	28000	22000	34000	22000
长虹彩电	c2954	52000	56600	65000	70000	52000
长虹彩电	c2578	51000	55000	56000	68000	51000
海信彩电	H2561	84000	65000	98000	54000	54000
海信彩电	H2978	65000	55000	85000	65000	55000
海信彩电	H3190	85000	80000	73000	85000	73000
每季度总计		451000	421100	466500	476000	

【样文7-7B】

永元家电城彩电销售情况统计表					
品牌	型号	第一季度	第二季度	第三季度	第四季度
康佳彩电	k1943	20000	24000	20500	26000
康佳彩电	k2144	26000	25500	22000	29000
康佳彩电	k2146	38000	28000	22000	34000
康佳彩电	k2148	30000	32000	25000	45000
海信彩电	H2561	84000	65000	98000	54000
海信彩电	H2978	65000	55000	85000	65000
长虹彩电	c2578	51000	55000	56000	68000
长虹彩电	c2954	52000	56600	65000	70000
海信彩电	H3190	85000	80000	73000	85000

【样文7-7C】

永元家电城彩电销售情况统计表					
品牌	型号	第一季度	第二季度	第三季度	第四季度
长虹彩电	c2954	56000	56600	65000	70000
长虹彩电	c2578	54000	55000	56000	68000
海信彩电	H2561	86000	65000	98000	54000
海信彩电	H2978	65000	54000	85000	65000
海信彩电	H3190	85000	80000	78000	86000

【样文7-7D】

上半年各家电城彩电销售情况表				
品牌	蓝天家电城	中原家电城	西门家电城	淮海家电城
康佳 k1943	54000	69500	58500	64000
康佳 k2144	58000	71500	66000	74400
康佳 k2148	64000	59000	103000	110000
康佳 k2146	86000	96600	80000	79000
长虹 c2954	98000	99600	119200	135800
长虹 c2578	99000	92000	80000	121000
海信 H2561	162000	130000	144600	141000
海信 H2978	128000	124000	139000	137000
海信 H3190	130000	143200	144000	163000

【样文 7-7E】

永元家电城彩电销售情况统计表					
品牌	型号	第一季度	第二季度	第三季度	第四季度
康佳彩电 平均值		29500	27625	25375	33500
海信彩电 平均值		78666.67	66333.33	87000	68333.33
长虹彩电 平均值		55000	55800	60500	69000
总计平均值		51555.56	46788.89	53722.22	53000

【样文 7-7F】

经销商	(全部) ▼				
求和项:数量	型号 ▼				
品牌 ▼	k1943	k2144	k2146	k2148	总计
康佳彩电	122500	148600	227600	183000	681700
总计	122500	148600	227600	183000	681700

第 5 章 Word 和 Excel 综合应用

本章学习目标与要求

※ 熟练掌握不同软件之间的数据传递方法，熟练掌握选择性粘贴的方法；

※ 熟练掌握宏的概念和操作方法；

※ 熟练掌握邮件合并的概念、用途和操作方法。

5.1 各软件之间数据的传递

5.1.1 数据传递形式

1. 复制粘贴或者选择性粘贴

在各程序之间可以通过复制粘贴或者选择性粘贴完成数据的传递。

(1) Excel 工作表中的数据复制到 Word 中

在 Excel 中执行"工作表/选择要复制的数据区域/复制"命令，然后执行"打开 Word/选定目标位置/粘贴或者选择性粘贴"命令，完成操作。

若是选择了粘贴，则直接将数据以表格形式粘贴到 Word 中，如果选择了选择性粘贴，则弹出如图 5.1.1 所示对话框，在该对话框中选择粘贴的形式：Microsoft office Excel 工作表对象、带格式文本（RTF）、无格式文本、图片（Windows 图片文件）、位图、图片（增强图元文件）或 HTML 格式。

图 5.1.1 "选择性粘贴"对话框

例如，原始数据如图 5.1.2 所示，选择"Microsoft office Excel 工作表对象"，结果如图 5.1.3 所示。双击后出现图 5.1.4 所示的界面，可以以 Excel 形式编辑。

“带格式文本(RTF)”与“无格式文本”的区别是前者将框线及各种格式一起复制，后者只复制文字无格式，如图5.1.5所示。图片、位图等格式以图像对象形式粘贴。可以按照图像对象的操作方法对其进行设置。

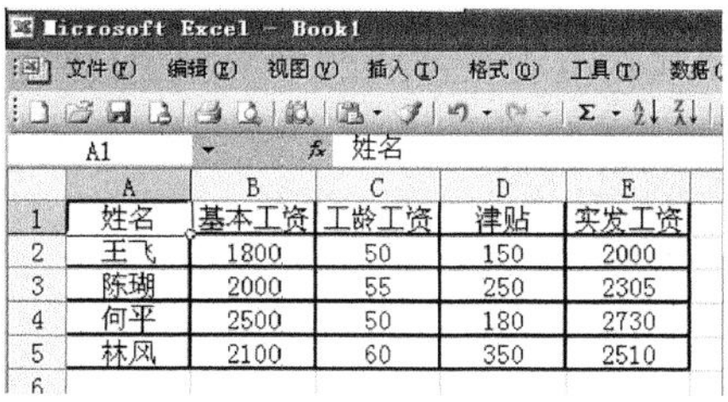

	A	B	C	D	E
1	姓名	基本工资	工龄工资	津贴	实发工资
2	王飞	1800	50	150	2000
3	陈瑚	2000	55	250	2305
4	何平	2500	50	180	2730
5	林风	2100	60	350	2510
6					

图5.1.2 原始数据

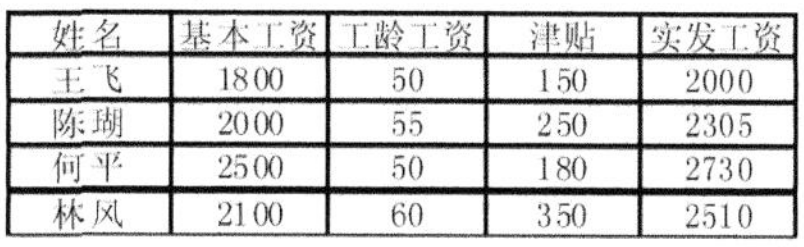

姓名	基本工资	工龄工资	津贴	实发工资
王飞	1800	50	150	2000
陈瑚	2000	55	250	2305
何平	2500	50	180	2730
林风	2100	60	350	2510

图5.1.3 以Excel形式粘贴结果1

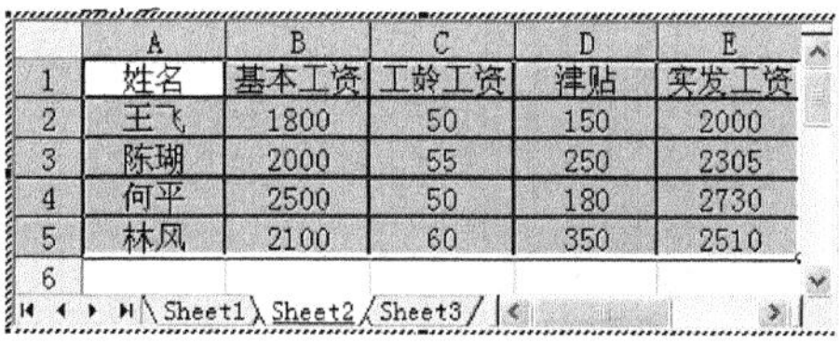

	A	B	C	D	E
1	姓名	基本工资	工龄工资	津贴	实发工资
2	王飞	1800	50	150	2000
3	陈瑚	2000	55	250	2305
4	何平	2500	50	180	2730
5	林风	2100	60	350	2510
6					

图5.1.4 以Excel形式粘贴结果2

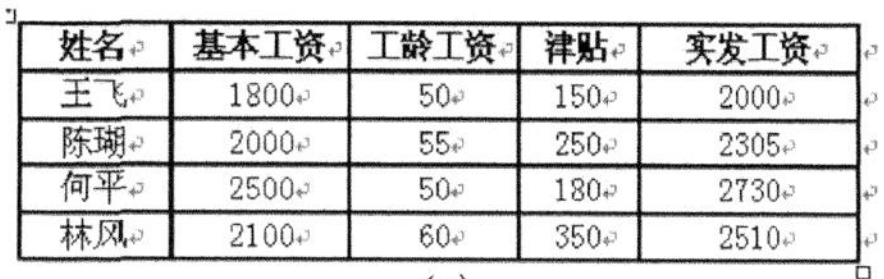

姓名	基本工资	工龄工资	津贴	实发工资
王飞	1800	50	150	2000
陈瑚	2000	55	250	2305
何平	2500	50	180	2730
林风	2100	60	350	2510

(a)

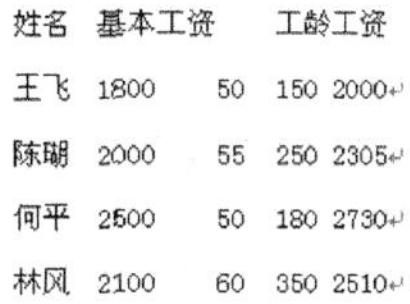

姓名 基本工资 工龄工资 津贴 实发工资
王飞 1800 50 150 2000
陈瑚 2000 55 250 2305
何平 2500 50 180 2730
林风 2100 60 350 2510

(b)

图5.1.5 “带格式文本(RTF)”与“无格式文本”的比较

2. Word中的表格复制到Excel工作表中

在Word中执行“表/复制”命令，然后“打开Excel/选择要粘贴的第1个单元格/粘贴”，结果如图5.1.6所示。也可以使用选择性粘贴，在选择性粘贴中有Word对象、图片(增强性图元文件)、文本等形式粘贴，其结果同上，不再详细说明。

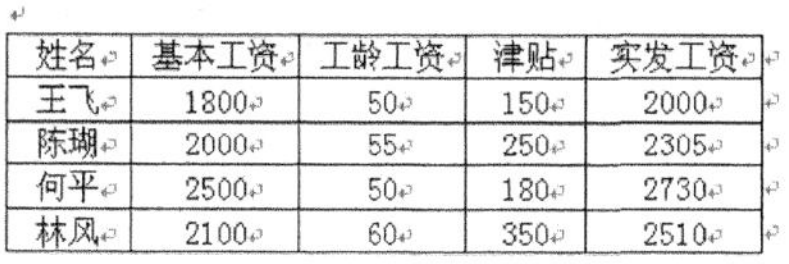

姓名	基本工资	工龄工资	津贴	实发工资
王飞	1800	50	150	2000
陈瑚	2000	55	250	2305
何平	2500	50	180	2730
林风	2100	60	350	2510

(a) Word表格

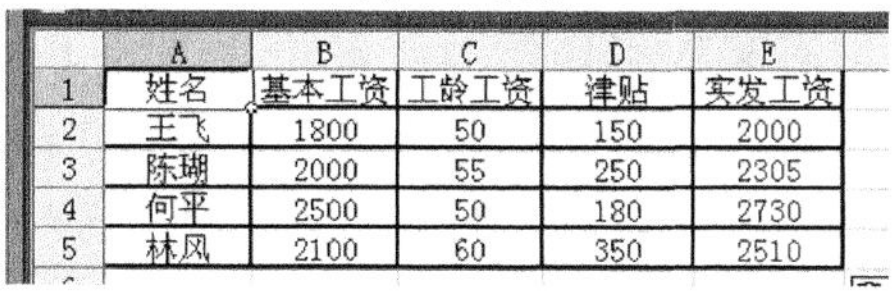

	A	B	C	D	E
1	姓名	基本工资	工龄工资	津贴	实发工资
2	王飞	1800	50	150	2000
3	陈瑚	2000	55	250	2305
4	何平	2500	50	180	2730
5	林风	2100	60	350	2510

(b) 粘贴到Excel后

图5.1.6 Word中表格和Excel中工作表的转换

3. 其他转换类型

① 可以利用“另存为”菜单将编辑好的文档转换成其他格式的文档并保存，然后用相应的软件打开即可完成类型的转换。

② 可以利用导入菜单将其他格式的文档导入到Word或者Excel中，或者利用导出菜

单将文档的全部内容或部分内容存储为其他格式的文件。

③ 也可以用其他第三方的类型转换软件将一种类型的文档转换为另一种格式的文档。

5.1.2 Word 文档内表格和文本的转换

在 Word 中可以将表格转换为文本,也可以将文本转换成表格的形式。

1. 表格转换为文本

选中要转换的表格,执行"菜单"中"表格/转换/表格转换为文本"命令。如图 5.1.7 所示,选择文字分隔符,按"确定"按钮。

2. 文本转换为表格

选中要转换的文本,执行"菜单"中"表格/转换/文本转换为表格"命令。如图 5.1.8 所示,选择文字分隔符,根据具体要求修改表格尺寸,如果需要,可以设置自动调整参数、自动套用格式等,按"确定"按钮。要注意在选择文本的时候不可多选或者少选文本。

图 5.1.7 "表格转换成文本"对话框

图 5.1.8 "文本转换成表格"对话框

5.2 宏 的 操 作

5.2.1 宏

在文档编辑过程中,经常有某项工作要多次重复,这时可以利用 Word 和 Excel 的宏功能来使其自动执行,以提高效率。宏将一系列的 Word、Excel 命令和指令组合在一起,形成一个命令,以实现任务执行的自动化。用户可以创建并执行一个宏,以替代人工进行一系列费时而重复的 Word 或者 Excel 操作。

宏可以完成以下一些工作。

① 加速日常编辑和格式设置。

② 组合多个命令。

③ 使对话框中的选项更易于访问。

④ 使一系列复杂的任务自动执行。

Word 和 Excel 提供了两种创建宏的方法:宏录制器和 Visual Basic 编辑器。宏录制器可帮助用户快速创建宏。用户可以在 Visual Basic 编辑器中打开已录制的宏,修改其中的指令。也可以直接用 Visual Basic 编辑器创建新宏,这时可以输入一些无法录制的指令。

启动宏录制器,并进行一系列操作,就可以在 Word 或者 Excel 中录制宏。可以将一些经常使用的宏指定到工具栏、菜单或快捷键中,以后运行宏就可以直接单击工具栏按钮或菜单项,或按快捷键,而不必使用宏对话框。

录制宏时,可单击工具栏按钮和菜单选项。但是,宏录制器不能录制文档窗口中的鼠标运动,如果要移动插入点、选定文本、滚动文档,必须用键盘录制这些操作。

提示:

如果录制过程中出现对话框,只有选择对话框中的"确定"或"关闭"按钮时,才录制对话框,并录制对话框的所有选项设置。例如,假设宏包括"编辑"菜单中的"查找"或"替换"命令,如果在"搜索范围"框中选择"全部"选项,则运行宏时进行全文搜索。如果选择"向上"或"向下"选项,Word 会在查找到文档开头或结尾时停止宏,并显示提示信息询问是否继续搜索。

5.2.2　录制宏

如果要录制宏,可以按以下步骤进行(下面说明以 Word 为例,Excel 与此相似,不再详细说明)。

① 单击"工具"菜单中的"宏"命令,从级联菜单中选择"录制新宏"命令,出现"录制宏"对话框,如图 5.2.1 所示。

图 5.2.1　宏的录制

② 在"宏名"框中,键入要录制宏的名称。

③ 在"将宏保存到"对话框中,选择要保存宏的模板或文档。默认使用 Normal 模板,这样以后所有文档都可以使用这个宏。如果只想把宏应用于某个文档或某个模板,就选择该文档或模板。

④ 在"说明"框中,输入对宏的说明,以后就可以清楚该宏的作用。

⑤ 如果不想将宏指定到工具栏、菜单或快捷键上,单击"确定"按钮,进入宏的录制状态,开始录制宏,这时屏幕上出现"停止录制"工具栏,该工具栏有"停止录制"和"暂停录制"两个按钮。同时,状态栏中的"录制"字样变黑,鼠标指针变成带有盒式磁带图标的箭头。

⑥ 执行要录制在宏中的操作。

⑦ 录制过程中,如果有一些操作不想包含到宏中,单击"停止录制"工具栏上的"暂停录制"按钮,可暂停录制。再次单击"恢复录制"按钮,可以恢复录制。

⑧ 录制完毕后,单击工具栏中的"停止录制"按钮或者单击"工具"菜单中的"宏"命令,从级联菜单中选择"停止录制"命令,停止录制宏。

提示：

① 如果给新宏的命名与已经录制的宏具有同样的名称，将提示是否用新宏代替原有的宏。

② 如果给新宏的命名与 Word 中已有的内置宏同样的名称，新宏中的操作将代替已有的操作。例如，"文件"菜单中的"打开"命令与一个名为"File Open"的宏相连，如果录制一个新宏并命名为"File Open"，该新宏将与"打开"命令相连。在选择"打开"命令时，Word 将执行录制的新操作，而不执行原"打开"的功能。

③ 在录制或书写宏之前，请计划好需要宏执行的步骤和命令。如果在录制宏的过程中进行了错误操作，更正错误的操作也将被录制。录制结束后，用户可以编辑宏并删除录制的不必要的操作。

④ 如果宏包含"编辑"菜单中的"查找"或"替换"命令，请单击"查找"或"替换"选项卡上的"高级"按钮，然后单击"搜索范围"框中的"全部"选项。如果宏仅向上或向下进行搜索，Word 会在达到文档开头或结尾时停止运行宏，并显示提示信息询问是否继续搜索。

⑤ 如果经常用某个宏，可将其指定给工具栏按钮、菜单或快捷键。这样，就可以直接运行该宏而不必打开"宏"对话框。

5.2.3　宏的使用和编辑

1. 宏的运行

打开"宏"对话框，选择要运行的宏，单击"运行"按钮。如果宏已经指定给工具栏按钮、菜单或快捷键，可以直接通过工具栏按钮、菜单或快捷键操作。

（2）宏的编辑

打开"宏"对话框，选择要编辑的宏，单击"编辑"按钮，使用 VBA 代码编辑器编辑。使用"Visual Basic 编辑器"可以来创建非常灵活、功能强大的宏，其中包含无法录制的 Visual Basic 指令。

5.2.4　例题

在 Word 中新建一个文件，文件名为"A8A. DOC"，保存至"考生文件夹"中。在该文件中创建一个名为"A8A"的宏，将宏保存在刚创建的"A8A. DOC"中，用<Ctrl>＋<Shift>＋<F>作为快捷键，功能为将选定段落的行距设置为固定值 18 磅，段落间距设置为段前、段后各 1 行。操作步骤如下。

① 打开 Word。

② 在 Word 中新建一空白文档。

③ 将文档命名为"A8A. DOC"并保存到"考生文件夹"中。如图 5.2.2 所示。

④ 执行"工具/宏/录制新宏"命令，打开录制宏窗口，如图 5.2.3 和图 5.2.4 所示。

⑤ 在"录制宏"对话框的"宏名"选项中输入宏名为"A8A"，设定保存位置为"A8A.DOC"。如图5.2.5所示。

图5.2.2 以"A8A.DOC"保存新建文件

图5.2.3 启动录制新宏

图5.2.4 录制宏窗口

⑥ 设置快捷组合键为＜Ctrl＞＋＜Shift＞＋＜F＞，如图5.2.6所示。

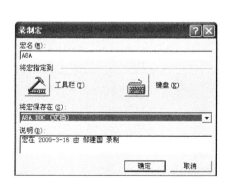

图5.2.5 命名宏、设定保存位置

图5.2.6 设置快捷键

⑦ 按"关闭"按钮，开始录制宏。

⑧ 启动"段落设置"对话框，并按照题目要求设置（选定段落的行距设置为固定值18磅，段落间距设置为段前、段后各1行）。如图5.2.7、图5.2.8所示。

⑨ 单击"停止"按钮或通过菜单停止录制宏。如图 5.2.9 所示。

图 5.2.7 启动段落设置对话框   图 5.2.8 设置宏功能

图 5.2.9 停止录制宏

5.3 邮件合并

5.3.1 基本概念

1. 基本概念和功能

"邮件合并"这个名称最初是在批量处理"邮件文档"时提出的。具体地说,就是在邮件文档(主文档)的固定内容中,合并与发送信息相关的一组通信资料(如 Excel 表、Access 数据表等),从而批量生成需要的邮件文档,因此大大提高工作的效率。

"邮件合并"功能除了可以批量处理信函、信封等与邮件相关的文档外,还可以轻松地批量制作标签、工资条、成绩单等。

2. 适用范围

需要制作的数量比较大且文档内容可分为固定不变的部分和变化的部分（比如打印信封：寄信人信息是固定不变的部分，而收信人信息是变化的部分），变化的内容来自数据表中含有标题行的数据记录表。

5.3.2 基本操作方法

邮件合并的基本过程包括3个步骤，只要理解了这些过程，就可以得心应手地利用邮件合并来完成批量作业。

1. 建立主文档

主文档是指邮件合并内容的固定不变的部分，如表格的表头部分、信函中的通用部分、信封上的落款等。建立主文档的过程就和平时新建一个 Word 文档一模一样，在进行邮件合并之前它只是一个普通的文档。唯一不同的是，如果正在为邮件合并创建一个主文档，可能需要花点心思考虑一下，这份文档要如何写才能与数据源更完美地结合，满足自己的要求（最基本的一点就是在合适的位置留下数据填充的空间）；另一方面，写主文档的时候也可以反过来提醒自己是否需要对数据源的信息进行必要的修改，以符合书信写作的习惯。

2. 准备数据源

数据源就是数据记录表，其中包含着相关的字段和记录内容。一般情况下，用户考虑使用邮件合并来提高效率正是因为手上已经有了相关的数据源，如 Excel 工作表、Word 表格、Outlook 联系人或 Access 数据库。如果没有现成的，也可以重新建立一个数据源。

需要特别提醒的是，在实际工作中，可能会在 Excel 工作表中加一行标题。如果要用为数据源，应该先将其删除，得到以标题行（字段名）开始的一张 Excel 表格，因为我们将使用这些字段名来引用数据表中的记录。

3. 将数据源合并到主文档中

利用邮件合并工具，可以将数据源合并到主文档中，得到目标文档。合并完成的文档份数取决于数据表中记录的条数。

5.3.3 邮件合并实例

在 Word 中打开文件"TF8-6B. DOC"，如图 5.3.1 所示。在该文件夹中另存为"A8B. DOC"。选择"信函"文档类型，使用当前文档，以文件 TF8-6C. XLS 为数据源，进行邮件合并。将邮件合并结果保存为"A8C. DOC"。操作步骤如下。

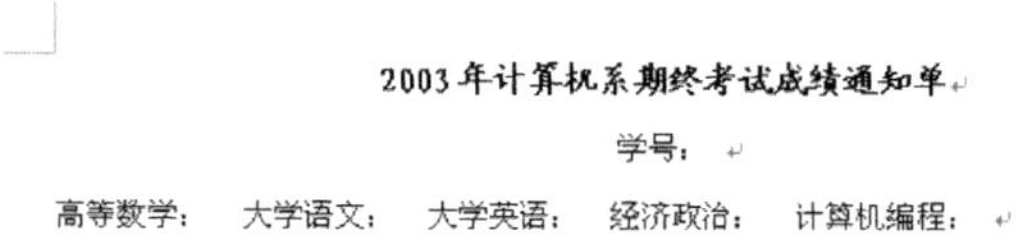

2003年计算机系期终考试成绩通知单

学号：

高等数学： 大学语文： 大学英语： 经济政治： 计算机编程：

图 5.3.1 文档信息

① 打开 Word 文档"TF8-6B. DOC"。

② 在该文件夹中以"A8C. DOC"文件名进行保存。

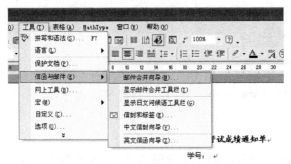

图 5.3.2 启动"邮件合并向导"

③ 启动邮件合并向导,即执行"工具/信函与邮件/邮件合并向导"命令。如图 5.3.2 所示。

④ 任务窗格中显示邮件合并向导,如图 5.3.3 所示。

⑤ 选择信函,点击"下一步"按钮,"正在启动文档"中选择"开始文档"(使用当前文档),单击"下一步"按钮(选取收件人)。如图 5.3.4 所示。

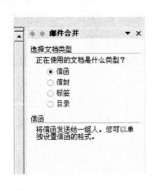

图 5.3.3 "邮件合并"向导

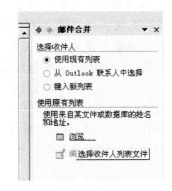

图 5.3.4 选取收件人

⑥ 选择浏览,通过向导查找数据文件"TF8-6C. XLS",单击"打开"按钮。如图 5.3.5 所示。

图 5.3.5 查找数据文件

⑦ 在"选择表格"对话框中选择工作表，如图5.3.6所示。

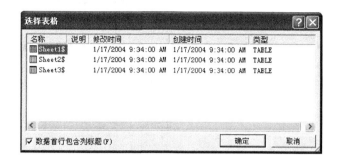

图5.3.6 选择工作表

⑧ 选择要合并的记录，单击"确定"按钮。如图5.3.7所示。

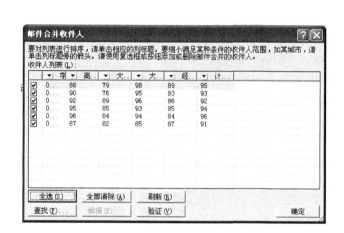
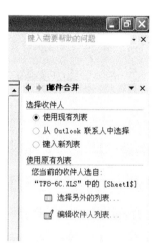

图5.3.7 选择要合并的记录

⑨ 单击撰写信函。

⑩ 在文档中将光标定位在要输入的项目位置，如：单击"学号："后面。如图5.3.8所示。

2003年计算机系期终考试成绩通知单

学号：

高等数学： 大学语文： 大学英语： 经济政治： 计算机编程：

图5.3.8 确定项目位置

⑪ 单击其他项目：

⑫ 按要求选择"学号"后单击"插入"或者双击"学号"即可在文档中的相应位置增加合并项目。如图5.3.9所示。

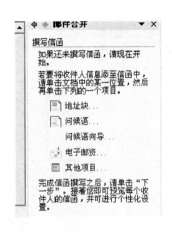
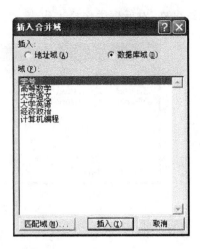

2003 年计算机系期终考试成绩通知单

学号：《学号》

高等数学：　大学语文：　大学英语：　经济政治：　计算机编程：

图 5.3.9　插入"学号"项目

⑬ 以此类推完成其他项目的增加。如图 5.3.10 所示。

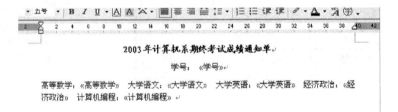

图 5.3.10　插入文件合并域

⑭ 单击进行预览信函，查看合并效果。如图 5.3.11 所示。

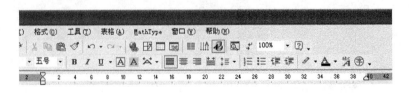

2003 年计算机系期终考试成绩通知单

学号：03001

高等数学：88　大学语文：79　大学英语：98　经济政治：89　计算机编程：95

图 5.3.11　合并效果

⑮ 完成合并,单击"编辑个人信函"。如图 5.3.12 所示。

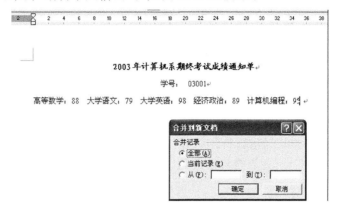

图 5.3.12　编辑个人信函

⑯ 选择要合并的记录,单击确定,完成合并任务。如图 5.3.13 所示。

图 5.3.13　完成合并

⑰ 将合并结果保存为"A8C.DOC"。如图 5.3.14 所示。

图 5.3.14　保存合并结果

⑱ 关闭文档。

习 题 五

打开文件"A8. DOC",按下列要求操作。

1. 选择性粘贴：在 Microsoft Excel 中打开文件"C：\2004KSW\DATA 2\TF8-2A. XLS"，将工作表中的表格以"Microsoft Excel 工作表 对象"的形式复制到 A8. DOC 文档【8-2A】文本下，结果如【样文 8-2A】所示。

2. 文本与表格间的相互转换：将【8-2B】"宏达机械厂办公楼日常维护计划"下的文本转换成表格，表格为 3 列 6 行；为表格自动套用"竖列型 3"的格式；文字分隔位置为段落符号，结果如【样文 8-2B】所示。

3. 录制新宏：

① 在 Word 中新建一个文件，文件名为"A8-A. DOC"，保存至考生文件夹。

② 在该文件中创建一个名为"A8A"的宏，将宏保存在"A8-A. DOC"文档中，用＜Ctrl＞＋＜Shift＞＋＜F＞作为快捷键，功能为添加"数据库"工具栏。

4. 邮件合并：

① 在 Microsoft Word 中打开文件"C：\2004KSW\DATA2\TF8-1B. DOC"，"另存为"考生文件夹中，文件名为"A8-B. DOC"。

② 选择"信函"文档类型，使用当前文档，以文件"C：\2004KSW\DATA 2\TF8-2C. XLS"为数据源，进行邮件合并，结果如【样文 8-2C】所示。

③ 将邮件合并结果保存至考生文件夹中，文件名为"A8-C. DOC"。

【样文 8-2A】

恒大中学初三年级期终考试成绩表

姓名	班级	语文	数学	英语	政治	总分
陈喜峰	初三三	60	65	65	50	240
祝新建	初三一	65	73	69	59	266
许前进	初三五	70	68	63	50	251
杨亚飞	初三五	70	76	68	73	287
张可心	初三二	75	85	72	84	316
李学力	初三三	80	74	78	62	294
张志奎	初三一	80	78	76	74	308
王红	初三五	80	85	62	62	289

【样文 8-2B】

宏达机械厂办公楼日常维护计划

科　室	任　务	频　率
财务科	清除垃圾	每日一次
防汛科	清空垃圾桶	每周一次
保卫科	用吸尘器清洁地板	每周一次
销售科	给室内植物浇水	每周一次
人事科	擦拭办公室/计算机设备	每月一次

【样文 8-2C】

考生基本情况卡

准考证号	姓名	性别	学历	工作单位
001	李昌	男	大专	安徽省第一人民医院

考生基本情况卡

准考证号	姓名	性别	学历	工作单位
002	付产	男	本科	北京市科技开发中心

考生基本情况卡

准考证号	姓名	性别	学历	工作单位
003	刘水	女	大专	南京市第一实验中学

考生基本情况卡

准考证号	姓名	性别	学历	工作单位
005	李平	女	中专	重庆市高等电力专科学校

第6章 PowerPoint 演示文稿

 本章学习目标与要求

※ 熟练掌握 PowerPoint 的工作界面和基本操作方法；

※ 熟练掌握创建和编辑幻灯片演示文稿的方法；

※ 掌握幻灯片母版设计和美化幻灯片基本方法；

※ 掌握幻灯片动画设置和切换的基本方法；

※ 掌握幻灯片演示文稿的放映和打印的方法；

※ 掌握不同办公软件之间的信息共享，以链接和嵌入对象等方式实现利用文档大纲创建演示文稿、在文档中插入演示文稿或幻灯片、在演示文稿中插入文档或文档表格及在演示文稿中插入数据表格或图表的操作。

6.1 PowerPoint 中文版概述

PowerPoint 是用于设计制作专家报告、教师授课、产品演示、广告宣传的电子版幻灯片等演示文稿的应用软件。利用 PowerPoint 设计制作的演示文稿是一个由一张张按照一定顺序、内容彼此相关，有图像、文字、声音、动画、影像等材料组成的包含幻灯片、演讲备注和大纲等内容的文件。演示文稿中的每张幻灯片在演示文稿中既相互独立又相互联系。制作的演示文稿可以通过计算机屏幕或投影机播放。

PowerPoint 简称 PPT，是微软公司套装产品办公自动化 Office 中的重要组成部分。微软公司相继发布 PowerPoint 97、PowerPoint 2000、PowerPoint XP、PowerPoint 2003 和 PowerPoint 2007，目前最新产品 PowerPoint 2010。

PowerPoint 演示文稿是"全国计算机信息高新技术考试办公软件应用模块高级操作员级考试"的第六单元演示文稿的制作和第七单元办公软件的联合应用两单元考试内容，"全国计算机信息高新技术考试办公软件应用模块高级操作员级考试"目前使用 Windows 平台 Office XP。已经发布 Office 2003 试题汇编。

6.1.1 PowerPoint 的启动与退出

有多种方法可以启动 PowerPoint，其方法与启动 Word 的方法相同，启动 PowerPoint 的同时建立一个新的文档，PowerPoint 的一个文档被称为一个演示文稿。启动 PowerPoint 的方法中最基本的有以下两种。

方法 1：通过"开始"菜单启动。

单击"开始"按钮，指向"所有程序"，然后单击"Microsoft PowerPoint"即可启动。如图

6.1.1 所示。

图 6.1.1　通过"开始"菜单启动 PowerPoint

方法 2：通过在桌面上添加 PowerPoint 快捷方式图标启动。其操作步骤如下。

① 单击"开始"按钮，指向"所有程序"，指向"Microsoft PowerPoint"后右键单击，单击快捷菜单中"'发送到'→'桌面快捷方式'"命令。如图 6.1.2 所示。

图 6.1.2　桌面上添加 PowerPoint 快捷方式图标的操作

② 在桌面上左键双击 PowerPoint 快捷方式图标即可启动。如图 6.1.3 所示。

图 6.1.3　桌面上 PowerPoint 快捷方式图标

此外通过打开已有的演示文稿也可启动 PowerPoint。

如果需要关闭演示文稿或退出 PowerPoint,也可以使用与退出 Word 相同的方法。退出 PowerPoint 的方法常用的有以下 3 种。

方法 1:单击 PowerPoint 窗口右上角的"关闭"按钮。

方法 2:双击 PowerPoint 窗口左上角的应用程序图标。

方法 3:单击"文件"菜单的"退出"命令。

此外通过组合键<Alt>+<F4>也可以退出 PowerPoint。

6.1.2 PowerPoint XP 的工作界面

启动 PowerPoint XP 应用程序之后,就可以看到 PowerPoint XP 的工作界面。如图 6.1.4所示。

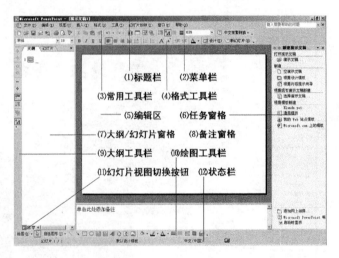

图 6.1.4 PowerPoint XP 的工作界面

PowerPoint XP 的工作界面主要包括标题栏、菜单栏、工具栏、状态栏、编辑工作区和任务窗格几个部分。

(1)标题栏

在 PowerPoint XP 工作界面的最上方。左边有窗口控制图标、文件名与程序名称,右端有"最小化"、"还原/最大化"、"关闭"按钮。功能是显示程序和当前编辑的文档的文件名、调整窗口大小、移动窗口和关闭窗口。

(2)菜单栏

菜单栏位于标题栏下方。它是命令菜单的集合,用以显示、调用程序命令。分 9 大类,分别为"文件"、"编辑"、"视图"、"插入"、"格式"、"工具"、"幻灯片放映"、"窗口"和"帮助"。

(3)常用工具栏

常用工具栏通常在菜单栏下边。其中有许多按钮与 Office 组件中其他软件的按钮相同,它们的作用也相同。下面仅介绍一些在其他软件中没有的按钮的功能。

①"插入图表"按钮:单击该按钮可以调出"数据表"对话框,在该对话框中通过输入数值创建图表。

② "全部展开"按钮：单击该按钮在"大纲"窗口中显示出每张幻灯片的标题和全部正文。

③ "显示格式"按钮：单击该按钮可以在普通视图中显示或隐藏字符格式。

④ "显示/隐藏网格"按钮：单击该按钮可以切换网格的显示和隐藏。

⑤ "颜色灰度"按钮：单击该按钮弹出一组下拉按钮，共有 3 个选项，它们是"颜色"、"灰度"和"黑白"，默认显示"颜色"。如果选择了"灰度"或"黑白"则在编辑状态下不显示颜色，但不影响放映状态。

（4）格式工具栏

格式工具栏通常在常用工具栏下边。其中也有许多按钮与 Office 组件中其他软件的按钮相同，其中有些按钮的功能与 Word 等软件基本相同。下面仅介绍一些在其他软件中没有的按钮的功能。

① "阴影"按钮：单击该按钮可以使所选择的文字增加阴影效果。

② "增大字号"按钮：单击该按钮可以使所选字符增大一号。

③ "减小字号"按钮：单击该按钮可以使所选字符减小一号。

④ "幻灯片设计"按钮：单击该按钮可调出"幻灯片设计"任务窗格。

⑤ "新幻灯片"按钮：单击该按钮可在当前幻灯片之后插入一张新幻灯片。

（5）绘图工具栏

绘图工具栏位于 PowerPoint XP 工作窗口的下方。其中按钮与 Office 组件中 Word 等软件的按钮相同，按钮的功能也相同。

一些工具栏中没显示的命令，都集中在"视图/工具栏"子菜单中，在其前面打"√"选择某个命令就会打开相应的工具栏。

（6）状态栏

状态栏位于 PowerPoint XP 的工作窗口的最底部。如果在幻灯片浏览视图中，则显示相应视图模式。如果在普通视图（幻灯片视图或大纲视图）中，则显示幻灯片当前编号/总张数、幻灯片采用的模版类型以及输入法类型等信息。双击模版类型处显示幻灯片设计模版任务窗格。双击输入法类型处弹出语言（国家/地区）选择对话框。

（7）编辑区

编辑区是编辑幻灯片的工作区，也称幻灯片编辑窗格。

（8）大纲/幻灯片窗格

大纲/幻灯片窗格位于 PowerPoint XP 的工作窗口左上侧，用于显示大纲文字或幻灯片的缩略图，适合快速录入纲要性文字、查看并修改幻灯片风格。可在窗格的上部选择"大纲"或"幻灯片"选项卡，显示不同的视图。在大纲标签下，可以看到幻灯片文本的大纲；在幻灯片标签下可以看到缩略图形式显示的幻灯片。

（9）备注窗格

备注窗格位于幻灯片编辑窗格下方，备注窗格通常用于记录当前幻灯片的备注文字或提示，作为幻灯片演讲者的参考或备忘。通过拖动窗格的灰色边框可以调整其尺寸大小。

（10）任务窗格

任务窗格位于 PowerPoint XP 窗口右侧，用来显示设计文稿时经常用到的命令。

PowerPoint XP 会随不同的操作需要显示相应的任务窗格。

在任务窗格单击最上端的"其他任务窗格"下三角按钮,从列出了所有任务窗格的下拉菜单中选择所需要的任务窗格。如图 6.1.5 所示。如果不需要使用任务窗格,可以选择"视图/任务窗格"命令隐藏任务窗格,以释放程序窗口的可用空间。再次选择"视图/任务窗格"命令时,任务窗格将再次出现。

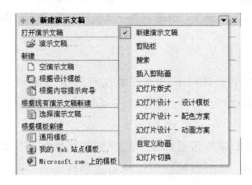

图 6.1.5　任务窗格

(11) 视图切换按钮及三种视图

位于 PowerPoint XP 的工作窗口下部左侧的分别是"普通视图"按钮、"幻灯片浏览视图"按钮和"幻灯片放映视图"按钮。单击任意一个按钮都可以切换视图。

① 普通视图。普通视图是默认的视图也是主要的编辑视图,如图 6.1.6 所示。关闭右侧的任务窗格后,左边是可以通过"大纲"或"幻灯片"选项卡切换的,以显示缩略图的"幻灯片"窗格或是显示幻灯片文本的"大纲"窗格,可对幻灯片进行简单的如选择、移动、复制等的操作;右边是幻灯片编辑窗格,用来显示当前幻灯片的一个大视图,可以对幻灯片进行编辑,视图的大小可以通过"常用"工具栏上的比例栏进行调整;底部是备注视图;主要用于作者编写注释与参考信息。

图 6.1.6　普通视图

② 幻灯片浏览视图。这是一种可以看到演示文稿中所有幻灯片的视图。用这种方式，可以很方便地进行幻灯片的次序调整及其他编辑工作(复制、删除等)。如图 6.1.7 所示。

图 6.1.7　幻灯片浏览视图

③ 幻灯片放映视图。即当前幻灯片的满屏放映状态。

6.1.3　应用技巧和实训案例

1. 应用技巧

(1) 重新设置演示文稿的默认保存位置

PowerPoint 的默认保存文件的位置是"My document"文件夹，如果用户习惯把它存到另一个文件夹，比较简单的办法操作步骤如下。

① 执行"工具/选项"命令，打开"选项"对话框。

② 选择"保存"选项卡，在"默认文件位置"中输入路径名称即可。

(2) 重新设置演示文稿的默认视图

PowerPoint 有 3 种主要视图，分别是"普通视图"、"幻灯片浏览视图"和"幻灯片放映视图"。可以选择一种视图作为 PowerPoint 的默认视图，操作步骤如下。

① 执行"工具/选项"命令，打开"选项"对话框。

② 选择"视图"选项卡，在"默认视图"下选取需要的视图即可。

(3) 重新设置演示文稿可撤销的默认次数

一般 PowerPoint 可以撤销的操作数的默认值是 20 次。用户可以更改这个默认次数。操作步骤如下。

① 执行"工具/选项"命令，打开"选项"对话框。

② 选择"编辑"选项卡，在"最多可取消操作数"框中重新设置可撤销默认次数。Power-

Point 可以撤销操作数的最高限制次数为 150 次。此数值越大占用系统资源越多。

2. 实训案例

例 6.1.1 启动和退出演示文稿。操作要求：在 PowerPoint XP 中打开"素材\第 6 章 PowerPoint 演示文稿\实例\1\1.ppt"的"昙花·人生感悟"演示文稿并欣赏。

操作步骤如下。

① 通过"开始"菜单启动。单击"开始"按钮。指向"所有程序"，然后单击"Microsoft PowerPoint"即可启动 PowerPoint XP。

② 单击工具栏上的"打开"按钮或单击"文件"菜单项中的"打开"命令，打开"打开"对话框，如图 6.1.8 所示。

图 6.1.8 "打开"对话框

③ 选择"昙花·人生感悟.ppt"文件，单击"打开"按钮，打开"昙花·人生感悟"演示文稿。如图 6.1.9 所示。

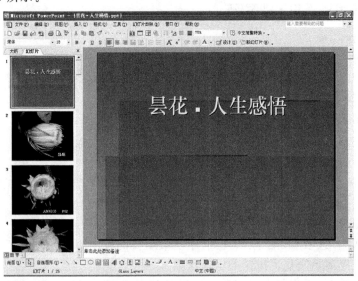

图 6.1.9 打开的演示文稿

④ 单击"幻灯片放映"菜单项中的"观看放映"命令，或按<F5>键放映幻灯片。

⑤ 单击"文件"菜单项中的"退出"命令，或者单击标题栏上的"关闭"按钮都可以退出

PowerPoint XP。如果仅关闭"昙花·人生感悟.ppt"文件,可以单击"文件"菜单项中的"退出"命令或单击菜单栏上的"关闭窗口"按钮。

6.2 演示文稿的建立与编辑

一个出色的演示文稿包括丰富的内容和生动的外观形式。制作出色的演示文稿,一般有建立演示文稿→输入文字内容→插入图形、表格、Flash、声音、视频等内容→设置幻灯片外观等主要步骤。首先介绍演示文稿的建立与编辑方法。

6.2.1 建立新演示文稿

1. 使用空白幻灯片创建演示文稿

在"常用"工具栏单击"新建"按钮 ,选择一种版式后单击。如果想插入下一张,单击"插入/新幻灯片"命令或者格式工具栏后面的 图标。输入编辑文本,继续单击"插入/新幻灯片"命令或者格式工具栏后面的 图标。编辑完毕后,在"文件"菜单上单击"保存"按钮,输入名字后单击"保存"。

2. 建立空演示文稿

打开演示文稿,在"文件"菜单上单击"新建"命令,任务窗格里有 3 个选项。如图 6.2.1 所示。单击"空演示文稿"选项,"幻灯片版式"窗格就出来版式供选择了。选择一种版式后单击。如图 6.2.2 所示。

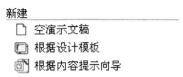

图 6.2.1 "新建"任务窗格里的 3 个选项

图 6.2.2 幻灯片版式窗格

3．根据设计模板新建

打开演示文稿,在"文件"菜单上单击"新建"命令,任务窗格里有 3 个选项。见图 6.2.1 所示。选择"根据设计模板"选项,"幻灯片设计"窗格就出来很多设计好的设计模板供用户选择,如图 6.2.3 所示。

图 6.2.3　幻灯片设计模板

4．根据内容提示向导新建

打开演示文稿,在"文件"菜单上单击"新建",任务窗格里有 3 个选项。见图 6.2.1。

① 点"根据内容提示向导",就会跳出一个"内容提示向导"对话框。如图 6.2.4 所示。单击"下一步"按钮。

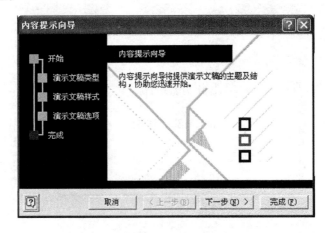

图 6.2.4　内容提示向导对话框

② 选择演示文稿类型对话框。如图 6.2.5 所示。按需选择,例如选中"全部"按钮,并选择列表中的"商务计划"演示文稿类型。单击"下一步"按钮。

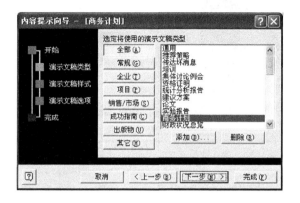

图 6.2.5 演示文稿类型对话框

③ 选择输出类型对话框,如图 6.2.6 所示。采用默认方式即可。单击"下一步"按钮。

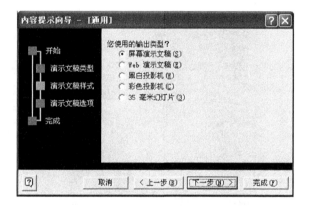

图 6.2.6 输出类型对话框

④ 演示文稿选项对话框,按需选填标题、日期、编号等选项。如图 6.2.7 所示。单击"下一步"按钮。

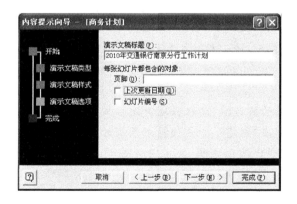

图 6.2.7 演示文稿选项对话框

⑤ 完成查看演示文稿对话框。如图 6.2.8 所示。只需单击"完成"按钮即可。

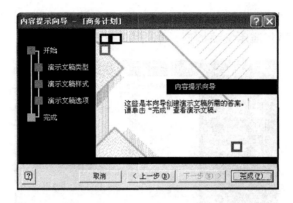

图 6.2.8　完成对话框

利用"根据内容提示向导"创建的新演示文稿,如图 6.2.9 所示。

图 6.2.9　"根据内容提示向导"创建的新演示文稿

 提示:

在 PowerPoint 界面的右边单击"根据现有演示文稿创建",在弹出的窗口中选择要应用样式的演示文稿,然后单击"创建",于是便根据原有的演示文稿,创建了一个新的演示文稿。此外利用文档大纲也可创建演示文稿,见 6.2.4 应用技巧。在 PowerPoint 2003 中还可利用"相册"创建演示文稿。

6.2.2　编辑幻灯片

1. 向幻灯片中输入并编辑文本

（1）输入文本

向幻灯片中输入文本的方法有多种。

方法1：在占位符中输入文本。直接在占位符中单击鼠标,然后键入或粘贴文本。

方法2：在文本框中输入文本。可以利用"绘图"工具栏中的"横排"文本框按钮或"竖排"文本框按钮,在需要输入文本的位置绘置文本框,然后在其中键入或粘贴文本。发现文本框位置不适合,可进行调整。其操作步骤如下。

① 单击选中的文本框。

② 将鼠标指针指向文本框的边框（注意不要指向边框周围的空心圆点上）。

③ 按下左键不放,并拖动鼠标,文本框就随着移动。

④ 移到合适位置后,松开鼠标左键就可以了。

如果觉得文本框中的文字安排的不合适的话,还可以按下面的方法调整。

① 单击选中需要调整的文本框。

② 将鼠标指针指向边框周围的空心小原点上（"调节控制柄"）。

③ 光标变成调整按钮时,按下鼠标左键不放,并拖动鼠标,文本框也就随着进行调整。

方法3：在自选图形中输入文本。若要添加随图形一起移动的文本,可选中自选图形,单击鼠标右键并选择"添加文本"或"编辑文本"命令,然后在其中键入或粘贴文本。

方法4：通过添加"艺术字"输入特殊的文本。可以利用"绘图"工具栏中的"插入艺术字"按钮,选择所需要的艺术字样式,单击"确定"按钮后进入"编辑艺术字文字"对话框,键入或粘贴文本即可。不过它与普通文本不同,属于图形对象。

（2）编辑文本

先选中欲编辑文本的占位符、文本框、自选图形或艺术字,然后单击鼠标右键并选择"编辑文本"命令即可。

2. 设置文本字体、字形及字号

用菜单命令设置文本字体、字形及字号的操作步骤如下。

① 选取要设置的文本或段落,单击"格式/字体"菜单命令,调出"字体"对话框,如图6.2.10所示。

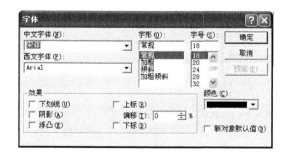

图 6.2.10　"字体"对话框

② 在如图 6.2.10 所示的对话框中有"中文字体"和"西文字体"两个下拉列表框,在它们中选择不同的选项,可以使同一段文字内中文和西文的字体不同。

③ 在"字形"和"字号"列表框中选择合适的字形和大小。

④ 在"效果"栏里提供 5 种特殊的效果,可根据需要选用。

⑤ 在"颜色"下拉列表框中可对选中的字的颜色进行设置。

⑥ 如果选中"新对象默认值"复选框,则再输入的文字将使用这种设置。

⑦ 单击"确定"按钮,完成对所选文字的设置。

例 6.2.1 编辑幻灯片。在 PowerPoint XP 中打开"素材\第 6 章 PowerPoint 演示文稿\实例\2\2.ppt"演示文稿。将第 1 张幻灯片中标题文字"新一代手机银行,金融生活从此改变"字体设置为华文行楷、加粗,字号设置为 36。将第 1 张幻灯片中两张图片之间的中间插入第 3 行第 4 个艺术字,内容为"e 动交行",字体设置为华文隶书,字号设置为为 36。具体操作步骤如下。

① 通过"开始"菜单启动。单击"开始"按钮,指向"所有程序",然后单击"Microsoft PowerPoint"即可启动 PowerPoint XP。

② 单击工具栏上的"打开"按钮或单击"文件"菜单项中的"打开"命令,打开"打开"对话框,打开"3.ppt"演示文稿。

③ 在第 1 张幻灯片中选取文字"新一代手机银行,金融生活从此改变",单击"格式/字体"菜单命令,调出"字体"对话框,在"中文字体"下拉列表框中选择华文行楷,在"字形"列表框中选择"加粗",在"字号"列表框中选择 36。单击"确定"按钮。

④ 单击"绘图"工具栏中的"插入艺术字"按钮。选择第 3 行第 4 个艺术字,如图 6.2.11 所示。

⑤ 单击"确定"按钮。输入"e 动交行",设置字体为华文隶书,设置字号为 36。

⑥ 单击"确定"按钮。将艺术字"e 动交行"拖放至两张图片中间。如图 6.2.12 所示。

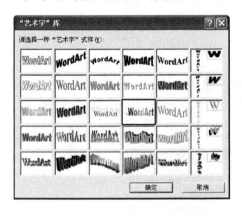

图 6.2.11 "艺术字库"对话框

图 6.2.12 艺术字效果

⑦ 保存"2.ppt"演示文稿。退出 PowerPoint XP。

3. 设置对齐方式

由于文本都在文本框中,所以对齐方式是指文字与文本框之间的关系。设置文本对齐方式可以使用菜单命令。选取要对齐的文本,然后单击"格式/字体对齐方式"命令,在弹出的子菜单中选择相应的菜单命令。如图 6.2.13 所示。

4. 设置行距

设置行距的方法是选择要更改行距的文字或对象,然后单击"格式/行距"菜单命令,调出"行距"对话框,如图 6.2.14 所示。在"行距"对话框中对行之间的距离和段前、段后的行距进行设置,单击"确定"按钮完成。

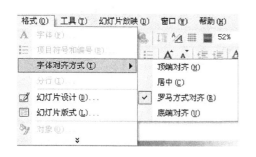

图 6.2.13　字体对齐方式菜单

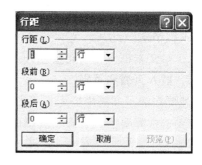

图 6.2.14　"行距"对话框

5. 设置项目符号或编号

为使文本更具有条理性,可以使用项目符号或编号。设置项目符号或编号的操作步骤如下。

① 选择要添加项目符号或编号的文本行。单击"格式/项目符号和编号"菜单命令,调出"项目符号和编号"对话框。如图 6.2.15 所示。

② 在"项目符号项"选项卡中选择所需的项目符号,也可在"编号"选项卡中选择所需的编号,单击"确定"按钮,即可为列表添加项目符号或编号。

③ 如果在"项目符号和编号"对话框中单击"图片"按钮,则会调出"图片项目符号"对话框,如图 6.2.16 所示。在这个对话框中选择一幅图片后单击"确定"按钮,则关闭该对话框返回到幻灯片的编辑状态,就可以使用所选择的图片作为项目符号了。

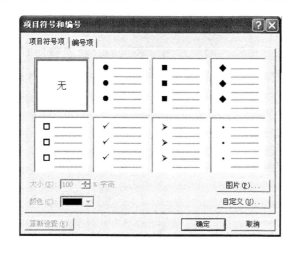

图 6.2.15　"项目符号和编号"对话框

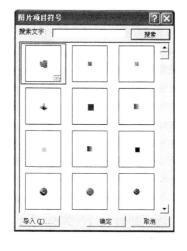

图 6.2.16　"图片项目符号"对话框

 提示:

若要将自己的图片添加到此对话框中,请单击"导入"按钮,再选择所需的文件,然后单击"添加"按钮。如果用户的计算机上没有安装剪辑管理器,则在"项目符号和编号"对话框中单击"图片"后会显示"插入图片"对话框,用户只需要选择自己希望的图片就可以了。

6. 设置文本框的底纹和边框

操作步骤如下。

① 选中文本框的边框,右键单击,在快捷菜单中选择"设置文本框格式"选项,弹出"设置文本框格式"对话框。

② 给文本框设置填充颜色、透明度和边框颜色。

7. 插入页眉和页脚

若要在演示文稿中插入页眉和页脚,如公司名称等,可通过以下操作来实现。

① 选中需要插入页眉和页脚的幻灯片,单击"视图/页眉和页脚"命令,打开"页眉和页脚"对话框。

② 切换到"幻灯片"选项卡,选中"幻灯片编号"和"页脚"选项,并在"页脚"框中输入页脚,如图 6.2.17 所示。

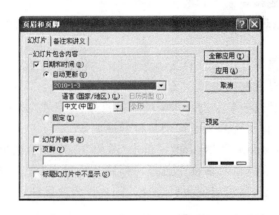

图 6.2.17 "页眉和页脚"对话框

③ 单击"应用"按钮即可在选中的幻灯片中插入幻灯片编号和页脚。若要将所有幻灯片设置为相同的页脚,可单击"全部应用"按钮;如果不希望标题幻灯片中出现页脚信息,可选中"标题幻灯片中不显示"复选框。

6.2.3 编辑演示文稿

演示文稿通常是由多张幻灯片组成,这自然需要编辑多张幻灯片。

1. 插入和删除幻灯片

(1) 在普通视图插入新幻灯片

选中当前幻灯片,单击"插入/新幻灯片"菜单命令(或单击"格式"工具栏中的"新幻灯片"按钮),在 PowerPoint 工作窗口中,出现等待编辑的新插入的幻灯片。在出现的"幻灯片版式"任务窗口中,选择一种需要的版式,便可向新插入的幻灯片中输入内容。在大纲窗格中可以看到,新插入的幻灯片在当前幻灯片的后面,如图 6.2.18 所示。

(2) 在幻灯片浏览视图中插入新幻灯片

将插入点插入到目标位置,然后按照上述方法继续操作,所插入的新幻灯片如图 6.2.19 所示。

图 6.2.18 大纲窗格插入幻灯片

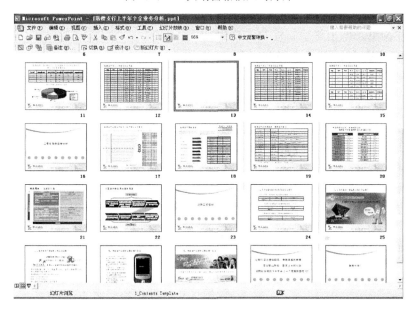

图 6.2.19 浏览视图插入幻灯片

（3）删除幻灯片

在幻灯片浏览视图中选择要删除的幻灯片,然后按＜Delete＞键或单击"编辑/剪切"菜单命令或单击"编辑/删除幻灯片"菜单命令。

2. 选定幻灯片

根据当前使用的视图不同,选定幻灯片的方法也各不相同。

方法 1:在普通视图的"大纲"选项卡中选定幻灯片。在普通视图的"大纲"选项卡中显示了幻灯片的标题及正文。此时,单击幻灯片标题前面的图标,即可选定该幻灯片。

方法 2:在幻灯片浏览视图中选定幻灯片。只需单击相应幻灯片的缩略图,即可选定该幻灯片,被选定的幻灯片的边框高亮显示。

如果要选定连续一组幻灯片,可以单击第 1 张幻灯片的缩略图,然后再按住<Shift>键的同时,单击最后一张幻灯片的缩略图,如果要选定多张不连续的幻灯片,在按住<Ctrl>键的同时,分别单击需要选定的幻灯片的缩略图。

3.移动和复制幻灯片

(1)复制幻灯片

复制幻灯片有多种方法,下面介绍其中的几种。

方法 1:使用"常用"工具栏复制幻灯片。选中所要复制的幻灯片,单击"常用"工具栏的"复制"按钮,再将插入点置于想要插入幻灯片的位置,然后单击"粘贴"按钮。

方法 2:使用菜单命令复制幻灯片。选中所要复制的幻灯片,单击"插入/幻灯片副本"菜单命令,即可在该幻灯片的下方复制一个新的幻灯片。

方法 3:使用鼠标拖曳复制幻灯片。单击窗口左下方的"幻灯片浏览视图"按钮,切换到幻灯片浏览视图。选中想要复制的幻灯片,然后按住<Ctrl>键不放,用鼠标将幻灯片拖曳到目标位置,在释放鼠标左键和<Ctrl>键,即可完成幻灯片的复制。

(2)移动幻灯片

在幻灯片浏览视图中移动幻灯片的步骤如下。

① 在幻灯片窗格中,选定要移动的幻灯片。

② 按住鼠标左键,并拖曳幻灯片到目标位置,拖曳时有一个长条的直线就是插入点。

③ 释放鼠标左键,即可将幻灯片移动到新的位置。

此外,还可以利用剪切和粘贴功能来移动幻灯片。

4.使用"大纲"窗格

(1)"大纲"窗格

图 6.2.20 "大纲"窗格

在默认情况下,左侧窗格中显示为"幻灯片"窗格,如果打开"大纲"选项卡,则显示出"大纲"窗格,如图 6.2.20 所示。在"大纲"窗格中主要显示幻灯片的标题和文本信息,因此很容易看出幻灯片的结构和主要内容。在该视图中,可以任意改变幻灯片的顺序和层次关系。

(2)"大纲"工具栏

可帮助制作者将自己的观点条理化,同时也能帮助观众更有效地理解制作者的观点。"大纲"工具栏如图 6.2.20 左侧所示。

如果"大纲"工具栏没有显示出来,可单击"视图/工具栏/大纲"菜单命令。

5．使用设计模板

在 PowerPoint XP 中，除了可以对整个演示文稿中的所有幻灯片使用设计模板以外，还允许对单张应用不同的设计模板。应用设计模板的具体操作步骤如下。

① 单击"格式"工具栏的"设计"按钮，调出"幻灯片设计"任务窗格。

② 在"应用设计模板"栏中选定要使用的设计模板。

• 若要将所选定的模板应用于所有幻灯片，请任选一张幻灯片再单击该设计模板。

• 若要将所选定的模板应用于选定幻灯片，请选定使用设计模板的幻灯片再单击设计模板上的下三角按钮，再选择下拉列表中的"应用于所选幻灯片"选项，如图 6.2.21 所示。这时就可以看到模板已经应用于所选定的幻灯片，如图 6.2.22 所示。

图 6.2.21　设计模板下拉列表

图 6.2.22　模板已应用的幻灯片

 提示：

在创建演示文稿时,如果使用了设计模板,就可以得到美观的格式和背景图案。但有时候可能会在使用了一段时间后,又想更改设计模板,则上面的方法也可更改设计模板。

6. 使用配色方案

幻灯片的配色方案是指在 PowerPoint 中,各种颜色设置了其特定的用途。每一默认的配色方案都是系统精心制作的,一般在套用演示文稿设计模板时,同时也套用了一种配色方案。当然,用户也可以自己创建新的配色方案。具体操作步骤如下。

① 在普通视图中,选择要应用配色方案的幻灯片(如果要更改所有幻灯片的配色方案则可以不选定幻灯片)。

② 单击"格式"工具栏中的"设计"按钮,调出"幻灯片设计"任务窗格,然后在任务窗格中单击"配色方案"选项,打开"幻灯片设计-配色方案"任务窗格。

③ 在任务窗格的"应用配色方案"列表框中,选择所需要的配色方案。

• 若要将所选定的配色方案应用于所有幻灯片,请单击该配色方案。

• 若要将所选定的配色方案应用于选定幻灯片,单击配色方案上的下三角按钮,再选择下拉列表中的"应用于所选幻灯片"选项。如图 6.2.23 所示。

• 如果应用了多个设计模板,并希望将配色方案应用于所有幻灯片,单击配色方案上的下三角按钮,再选择"应用于所有幻灯片"选项。

图 6.2.23　配色方案下拉列表

7. 编辑配色方案

如果配色方案无法满足要求,可以自己创建新的配色方案。具体操作步骤如下。

① 单击"幻灯片设计"任务窗格下方的"编辑配色方案"选项,调出"编辑配色方案"对

话框,如图 6.2.24 所示。

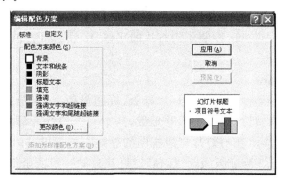

图 6.2.24 "编辑配色方案"对话框

② 在"配色方案颜色"栏中列出了构成配色方案的 8 种因素,单击选中要修改颜色的元素,如"阴影"选项,再单击"更改颜色"按钮,调出"阴影颜色"对话框,从中选择合适的颜色后,单击"确定"按钮回到"编辑配色方案"对话框,再单击"应用"按钮,关闭该对话框,同时应用了修改的颜色。

8. 修改背景色

虽然在配色方案中可以修改背景的颜色,但由于修改背景色是比较常用的操作,所以还有另外一种方法修改背景色。具体操作步骤如下。

① 单击"格式/背景"菜单命令,调出"背景"对话框,如图 6.2.25 所示。

② 单击"背景填充"选项组中的下拉按钮,选择所需的填充色。如果要将更改的背景应用到当前的幻灯片中,则单击"应用"按钮;如果要将更改的背景应用到所有的幻灯片中,则单击"全部应用"按钮。

此外,在"背景填充"颜色样板中选择了"填充效果"选项,可打开如图 6.2.26 所示的"填充效果"对话框。在"填充效果"对话框中可设置过度填充、纹理填充、图案填充及图片填充等效果。

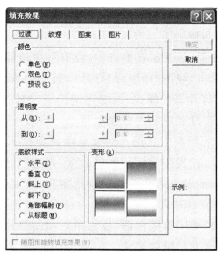

图 6.2.25 "背景"对话框　　　　图 6.2.26 "填充效果"对话框

9. 使用幻灯片母版

所谓"母版"就是一种特殊的幻灯片,它包含了幻灯片文本和页脚(如日期、时间和幻灯片编号)等占位符,这些占位符,控制了幻灯片的字体、字号、颜色(包括背景色)、阴影和项目符号样式等版式要素。

(1) 幻灯片母版类型

幻灯片母版有4个形式,它们是幻灯片母版、标题母版、讲义母版及备注母版。在幻灯片母版视图中可以添加幻灯片母版和标题母版,其中一个幻灯片母版和一个标题母版组成一个母版对。它们同时显示在幻灯片母版视图的缩略图窗口里。

① 幻灯片母版。幻灯片母版为除"标题"幻灯片外的一组或全部幻灯片提供下列样式:
- "自动版式标题"的默认样式;
- "自动版式文本对象"的默认样式;
- "页脚"的默认样式,包括"日期时间区"、"页脚文字区"和"页码数字区"等;
- 统一的"背景"颜色或图案。

② 标题母版。标题母版为一张或多张"标题"幻灯片提供下列样式:
- "自动版式标题"的默认样式;
- "自动版式副标题"的默认样式;
- "页脚"的默认样式,包括"日期时间区"、"页脚文字区"和"页码数字区"等;
- 统一的"背景"颜色或图案。

③ 讲义母版。讲义母版提供在一张打印纸中同时打印1、2、3、4、6、9张幻灯片的"讲义"版面布局选择设置和"页眉与页脚"的默认样式。

④ 备注母版。备注母版向各幻灯片添加"备注"文本的默认样式。

PowerPoint的4种视图中均有各自的母版可供应用,幻灯片视图对应幻灯片母版,大纲视图对应标题母版,幻灯片浏览视图对应讲义母版,备注页视图对应备注母版,母版中标题及内文的格式的改变,会影响到演示文稿中各个幻灯片。

(2) 查看幻灯片母版

操作步骤如下。

① 在PowerPoint窗口中,打开要更改属性设置的演示文稿。

② 单击"视图/母版/幻灯片母版"菜单命令,打开幻灯片母版窗口,并显示出当前演示文稿的幻灯片母版样式,同时还调出了"幻灯片母版视图"工具栏,如图6.2.27所示。

(3) 在母版中加入背景项目

在母版画面中所加入的背景项目会显示在各张幻灯片中。操作步骤如下。

① 单击"视图/母版"菜单命令,再选取"幻灯片母版"。

② 以拖曳方式在幻灯片中选定出显示区域,加入文字、日期、时间或页码等,也可以加入图片或图表对象。

③ 按"关闭母版视图"按钮可返回幻灯片视图。

(4) 改变母版的格式

要改变主要标题的格式,在切换到幻灯片母版画面后,选定标题的版面配置区,改变标题文字的对齐方式、大小、字体、文字色彩、填充色彩及外框格式。

要改变主要文本内容的格式,切换到幻灯片母版画面,选定文本内容的版面配置区,改变文字的对齐方式、大小、字型、色彩、填充色彩或外框格式,也可以改变项目编号的符号。

图 6.2.27　幻灯片母版窗口

6.2.4　应用技巧

1. 利用 Word 文档大纲创建演示文稿

方法 1:从 PowerPoint 中打开文档大纲方式。操作步骤如下。

① 在 PowerPoint 中,执行"文件/打开"命令,打开"打开"对话框。

② 在"文件类型"框中选择"所有大纲"。如图 6.2.28 所示。

图 6.2.28　"文件类型"选择"所有大纲"

③ 选择要导入的文件,单击"确定"按钮。新建演示文稿如图 6.2.29 所示。

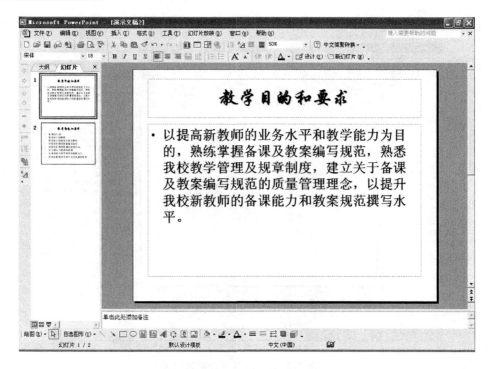

图 6.2.29　新建演示文稿

方法 2：通过 Word"发送"大纲文档方式。操作步骤如下。

① 在 Word 中，打开大纲文档。

② 执行"文件/发送/Microsoft PowerPoint"命令，如图 6.2.30 所示。新建演示文稿见图 6.2.29。

图 6.2.30　Word"发送"大纲文档

2. 从某个已制作好的演示文稿中导入某些幻灯片或全部幻灯片

操作步骤如下。

① 在"大纲"窗格中将光标定位在需要插入其他幻灯片的位置处,执行"插入"菜单下的"幻灯片(从文件)"命令,打开"幻灯片搜索器"对话框。

② 单击"浏览"按钮,打开"浏览"对话框,进入要插入的幻灯片所在的目录,将要插入的演示文稿选中,单击"打开"按钮,即可在"幻灯片搜索器"对话框中显示出该演示文稿的所有幻灯片,如图 6.2.31 所示。

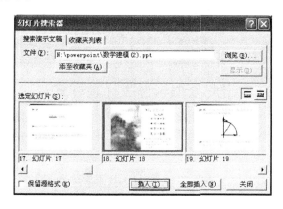

图 6.2.31 "幻灯片搜索器"对话框

③ 从"选定幻灯片"列表框中分别单击选中所要插入的幻灯片,单击"插入"命令按钮即可将所选择的部分幻灯片插入到当前演示文稿中,如图 6.2.32 所示;直接单击"全部插入"命令按钮即可将所有幻灯片插入到当前演示文稿中。

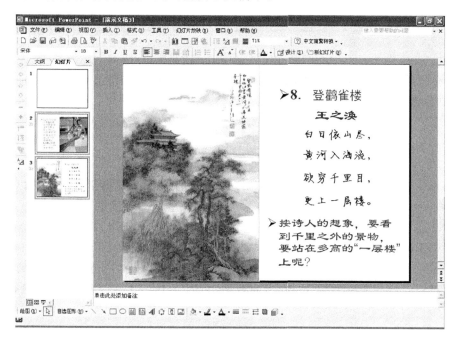

图 6.2.32 插入幻灯片

3．自定义幻灯片页眉页脚的位置

在默认状态下设置的页眉页脚有固定的格式，如只能位于所指定的占位符中，等等。通过下面的操作方法可以自定义页眉页脚的位置。其操作步骤如下。

① 单击"视图/母版/幻灯片母版"命令，进入幻灯片母版视图中。

② 将"日期区"、"数字区"占位符删除；将"页脚区"占位符移到幻灯片母版右下角，在其中输入页脚，并在"格式"工具栏中设置好文字格式，如图 6.2.33 所示。

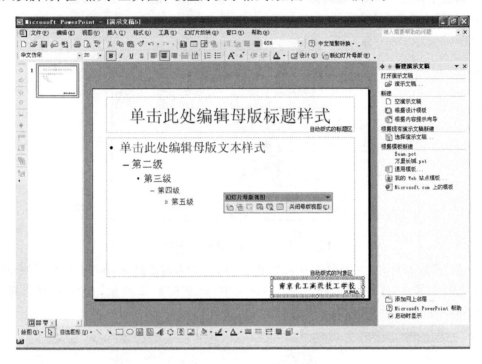

图 6.2.33　自定义页眉页脚

③ 单击"绘图"工具栏中的"横排文本框"工具，在母版左上角绘制横排文本框，输入页眉信息，并设置文字的格式。

④ 单击"关闭母版视图"按钮回到幻灯片编辑状态，即可看到所有幻灯片都包含所设置的页眉页脚信息。如图 6.2.34 所示。

4．幻灯片的背景设置技巧

套用模板是快速美化幻灯片的一种方式，另外，通过为幻灯片设置背景也可以达到修饰的目的。

（1）设置幻灯片的图片背景效果

其操作步骤如下。

① 在幻灯片空白处单击鼠标右键，在快捷菜单中选择"背景"命令，弹出"背景"对话框，打开"颜色"对话框的下拉菜单，选择"填充效果"选项，如图 6.2.35 所示，打开"填充效果"对话框。

② 选择"图片"选项卡，单击"选择图片"按钮，打开"选择图片"对话框，选择合适的图片后单击"插入"按钮将图片插入，如图 6.2.36 所示。

③ 单击"确定"按钮回到"背景"对话框。要将设置的图片背景只应用于选定的幻灯片，可单击"应用"按钮;若要让所有幻灯片都使用同一种图片背景效果,则单击"全部应用"按钮,设置好背景的结果如图 6.2.37 所示。

图 6.2.34 设置页眉页脚

图 6.2.35 "背景"对话框

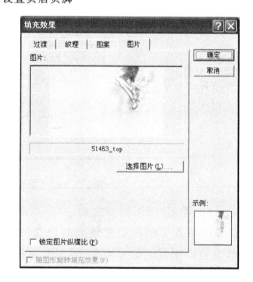

图 6.2.36 "选择图片"对话框

（2）设置半透明的背景效果

其操作步骤如下。

① 单击绘图工具栏中的"矩形"图形,绘制与幻灯片大小相同的"矩形"图形。

② 双击"矩形"图形,打开"设置自选图形格式"对话框,单击"填充"栏"颜色"框下拉菜

单中的"填充效果"选项,打开"填充效果"对话框,选择"图片"选项卡插入合适的图片。

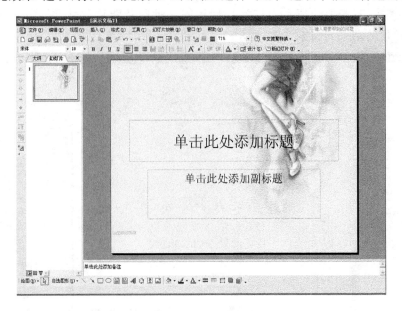

图 6.2.37　设置的图片背景

③ 设置完成后单击"确定"按钮回到"设置自选图形格式"对话框,拖动"透明度"滑杆设置填充图片的半透明效果,并将自选图形的线条颜色设置为"无线条颜色",如图 6.2.38 所示。

图 6.2.38　"设置自选图形格式"对话框

④ 单击"确定"按钮回到文档中,所绘制的自选图形效果如图 6.2.39 所示。

⑤ 选中设置了图片填充效果的自选图形,选择"另存为图片"命令,打开"另存为图片"对话框,设置好保存的图片类型,并设置好图片的保存位置及文件名,将该对象保存为图片。

⑥ 在幻灯片中删除设置了填充效果的自选图形,在空白处单击鼠标右键,快捷菜单中选择"背景"命令,打开"背景"对话框,按照前面介绍的方法,设置以刚才保存的图片作为背景显示,从而变相实现半透明背景效果的设置。如图 6.2.40 所示。

（3）设置水印背景效果

水印背景效果与半透明背景效果相似,且实现方法也相似。在图 6.2.38 中切换到"图片"选项卡,选择"颜色"框下拉菜单中的"冲蚀"选项,然后调整好"亮度"与"对比度",如图

6.2.41 所示,单击"确定"按钮即设置了图片的冲蚀效果。

图 6.2.39　自选图形效果

图 6.2.40　半透明背景效果

图 6.2.41　设置冲蚀效果

6.2.5 实训案例

在 PowerPoint 中打开"素材\第 6 章 PowerPoint 演示文稿\实例\4\ 4. ppt",按如下要求进行操作。

(1) 将幻灯片背景全部应用"素材\第 6 章 PowerPoint 演示文稿\实例\4\4A. jpg",忽略母版背景图形。

(2) 将第 1 张幻灯片中标题设置成艺术字：样式设置为第 2 行第 3 列,字体设置为楷体、加粗,大小设置为 54 磅。设置艺术字填充颜色为白色,线条颜色为白色,线型为 1.75 磅的实线。

(3) 设置第 1 张幻灯片中副标题的文本格式为隶书、加粗、40 磅、鲜绿色字体。

具体操作步骤如下。

① 通过"开始"菜单启动 PowerPoint。单击"开始"按钮,指向"所有程序",然后单击"Microsoft PowerPoint"即可启动 PowerPoint XP。

② 单击工具栏上的"打开"按钮或单击"文件"菜单项中的"打开"命令,打开"打开"对话框,打开"4. ppt"演示文稿。

③ 单击"格式"菜单项中的"背景"命令,或在幻灯片空白处单击鼠标右键,选择"背景"命令,弹出"背景"对话框,打开"颜色"框下拉菜单,选择"填充效果"选项,如图 6.2.42 所示。

④ 在"填充效果"对话框中,选择"图片"选项卡,单击"选择图片"按钮,打开"选择图片"对话框,选择合适的图片后单击"插入"按钮将图片插入,如图 6.2.43 所示。

图 6.2.42 "颜色"框下拉菜单   图 6.2.43 "图片"选项卡

⑤ 单击"确定"按钮回到"背景"对话框,勾选"忽略母版背景图形"。单击"全部应用"按钮。如图 6.2.44 所示。

⑥ 在第 1 张幻灯片中选取标题文字"爱护地球,共建美好家园",单击"插入/图片/艺术字"菜单命令,调出"艺术字库"对话框,选择第 2 行第 3 列艺术字。如图 6.2.45 所示。

⑦ 单击"确定"按钮。字体设置为楷体、加粗,大小设置为 54 磅。如图 6.2.46 所示。

⑧ 单击"确定"按钮。将艺术字调整到标题位置,并选中原标题的占位符,单击右键快捷菜单中选择剪切或用键盘删除。如图 6.2.47 所示。

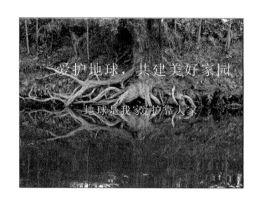

图 6.2.44　背景图片

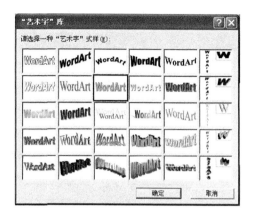

图 6.2.45　"艺术字库"对话框

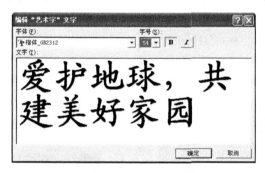

图 6.2.46　设置字体

图 6.2.47　将艺术字调整到标题位置

⑨ 在"艺术字工具栏"中单击"设置艺术字格式"按钮,调出"设置艺术字格式"对话框,如图 6.2.48 所示。

⑩ 在"设置艺术字格式"对话框中,填充颜色为白色,线条颜色为白色,线型为 1.75 磅的实线。如图 6.2.49 所示。

⑪ 单击"确定"按钮。效果如图 6.2.50 所示。

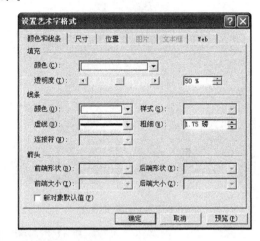

图 6.2.48 "设置艺术字格式"对话框   图 6.2.49 设置艺术字格式

⑫ 在第 1 张幻灯片中选中副标题"地球是我家 爱护靠大家"的占位符,单击"格式/字体"菜单命令,调出"字体"对话框。如图 6.2.51 所示。

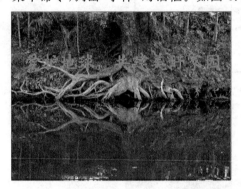

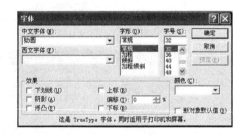

图 6.2.50 艺术字效果图   图 6.2.51 "字体"对话框

⑬ 在"中文字体"下拉列表框中选择"隶书";在"字形"列表框中选择"加粗";在"字号"列表框中选择"40";在"颜色"下拉列表框中选择"鲜绿色"。

⑭ 单击"确定"按钮。效果如图 6.2.52 所示。

⑮ 保存"4.ppt"演示文稿;退出 PowerPoint XP。

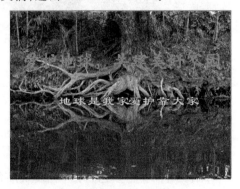

图 6.2.52 设置页面格式效果

6.3　在幻灯片中添加和设置对象

为了使幻灯片生动、有表现力,仅使用文本是不行的,必须要插入一些表格、图片、声音等对象,加深读者的印象。在幻灯片中插入对象的方法主要有两种:通过自动版式单击相应对象插入对象;通过"插入"菜单中的相应命令插入对象。

6.3.1　在幻灯片中添加和设置图画和图示

1. 添加和设置 PowerPoint 自带的剪贴画

其操作步骤如下。

① 单击"插入"菜单中的"图片"命令,选择子菜单中的"剪贴画"选项,出现"插入剪贴画"窗口。如图 6.3.1 所示。

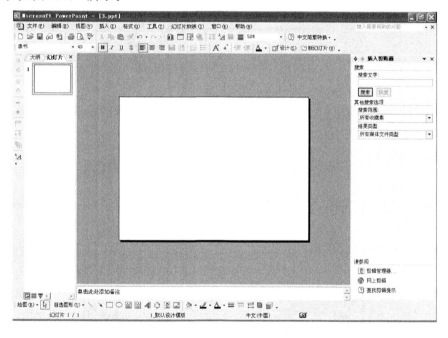

图 6.3.1　"插入剪贴画"窗口

② 在屏幕右边的"任务窗口"中的搜索栏里填入要找的剪贴画关键字(或空着),然后单击"搜索"命令按钮,即可出现相关的剪贴画图形,单击所要图形旁边的下拉三角,如图 6.3.2 所示。选择"插入"命令即可完成剪贴画插入幻灯片的操作。

③ 调整图片的大小和位置(方法和调整文本框的大小和位置相同)。

④ 保存演示文稿。

2. 添加和设置图片

其操作步骤如下。

① 打开演示文稿,选中要插入图片的幻灯片。

② 单击"插入"菜单中的"图片"命令,选择子菜单中的"来自文件"选项,出现"插入图片"窗口。如图 6.3.3 所示。

③ 在"查找范围"中选择图片所在的位置,选择需要的图片,单击"插入"按钮,图片就插入到幻灯片中了。结果如图 6.3.4 所示。

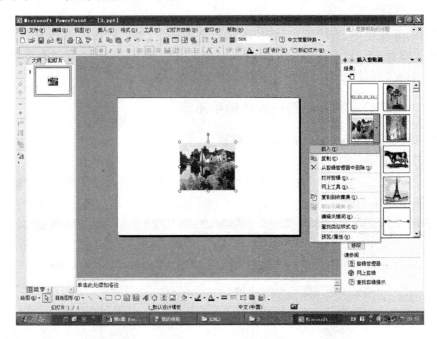

图 6.3.2　剪贴画下拉菜单

图 6.3.3　"插入图片"窗口

④ 调整图片的大小和位置(方法和调整文本框的大小和位置类似)。

⑤ 保存演示文稿。

3. 添加和设置图示

图示主要有 6 种特殊图形:组织结构图、循环图、射线图、棱锥图、维恩图和目标图。以插入组织结构图为例介绍其方法,具体操作步骤如下。

① 打开演示文稿,选中要插入图示的幻灯片。

② 单击"插入"菜单中的"图示"命令,出现"图示库"窗口。如图 6.3.5 所示。

③ 选择图示类型,单击"确定"按钮,图示图形就插入到幻灯片中了。结果如图 6.3.6 所示。

④ 调整图示的大小和位置（方法和调整图片的大小和位置相同）。

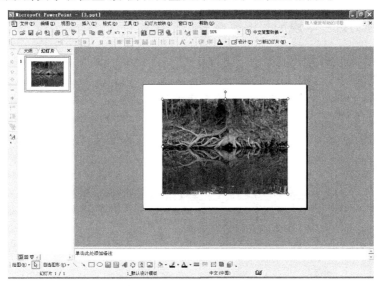

图 6.3.4　图片插入到幻灯片

图 6.3.5　"图示库"窗口

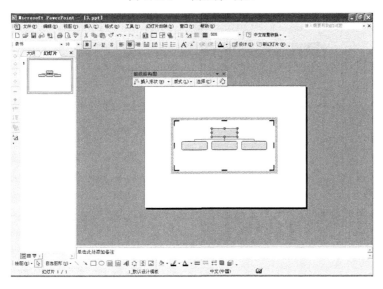

图 6.3.6　插入图示图形的幻灯片

⑤ 保存演示文稿。

6.3.2 在幻灯片中添加和设置声音和影片

1. 添加和设置声音或音乐

其操作步骤如下。

① 打开演示文稿,选中要插入声音或音乐的幻灯片。

② 单击"插入"菜单中的"影片和声音"命令,选择子菜单中的"文件中的声音"(当然也可以选择"剪辑管理库中的声音",然后从 PowerPoint 自带的剪辑管理库中去找自己需要的),出现"插入声音"对话框。如图 6.3.7 所示。

图 6.3.7 "插入声音"对话框

③ 在"查找范围"中找到声音(一些常用的声音文件格式如.wav、.mid、.mp3 等都可以)所在的位置,选中需要的声音文件,单击"确定"按钮,幻灯片中出现一个声音图标,同时出现一个"是否需要在幻灯片放映时自动播放声音? 如果不,则在您单击时播放声音"对话框,选择"是"则在幻灯片放映时自动播放声音;选择"否"则在单击鼠标时播放声音。如图 6.3.8 所示。

图 6.3.8 选择是否自动播放声音对话框

④ 调整声音图标位置。保存演示文稿。

 提示:

选择"自动播放声音"还是"单击鼠标时播放声音"之后,还可以更改这个播放设置。在幻灯片编辑状态下,双击声音图标能试听插入的声音。

2. 添加和设置影片

其操作步骤如下。

① 打开演示文稿,选中要插入影片的幻灯片。

② 单击"插入"菜单中的"影片和声音"命令,选择子菜单中的"文件中的影片"(当然也可以选择"剪辑管理库中的影片",然后从 PowerPoint 自带的影片库中去找自己需要的),出现"插入影片"对话框。如图 6.3.9 所示。

图 6.3.9　"插入影片"对话框

③ 在"查找范围"中找到影片所在的位置(视频文件格式如. mpg、. avi、. mov、. dat 等都可以),选中需要的影片文件,单击"确定"按钮,幻灯片中出现这个影片,同时出现一个"是否需要在幻灯片放映时自动播放影片? 如果不,则在您单击时播放影片"对话框,选择"是"则在幻灯片放映时自动播放影片;选择"否"则在单击鼠标时播放影片。如图 6.3.10 所示。

图 6.3.10　选择是否自动播放影片对话框

④ 单击选中影片,用鼠标拖动四周的"小方块"可调整其大小;用鼠标拖动影片内可以调整它的位置。

⑤ 保存演示文稿。

 提示:

选择"自动播放影片"还是"单击鼠标时播放影片"之后,还可以更改这个播放设置。

6.3.3　在幻灯片中添加和设置表格

1. 在添加新幻灯片时选择表格版式的幻灯片

其操作步骤如下。

① 在"任务窗格"中选择幻灯片版式,选中表格版式。如图 6.3.11 所示。

② 双击"添加表格"图标,打开"插入表格"对话框。在"插入表格"对话框的列数和行数编辑框中分别输入列数和行数。如图 6.3.12 所示。

③ 单击"插入表格"对话框的"确定"按钮,创建了一个表格。如图 6.3.13 所示。

图 6.3.11　添加表格

图 6.3.12　分别输入列数和行数

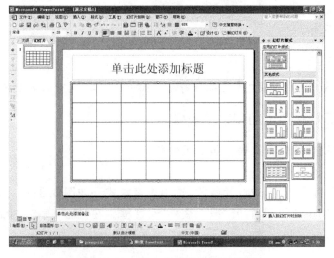

图 6.3.13　插入表格后的显示结果

2. 在已有的幻灯片中通过"插入"菜单加入表格

其操作步骤如下。

① 在幻灯片中单击"插入/表格"菜单命令。如图 6.3.14 所示。打开"插入表格"对话框。

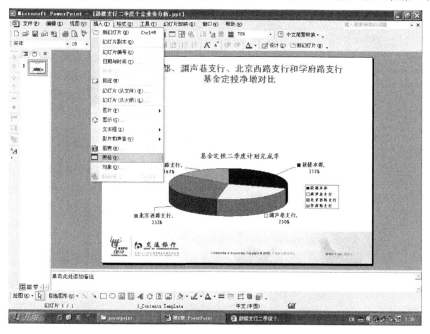

图 6.3.14　单击"插入/表格"命令

② 在"插入表格"对话框的列数和行数编辑框中分别输入列数和行数。如图 6.3.15 所示。

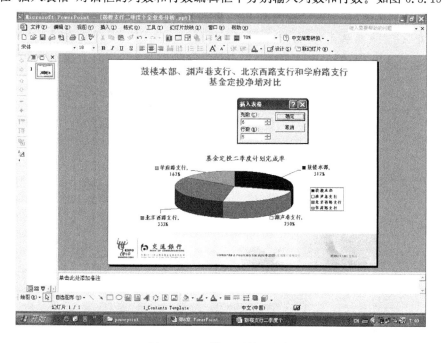

图 6.3.15　设置列数和行数

③ 单击"插入表格"对话框的"确定"按钮，创建了一个表格。通过调整大小、位置及输入文字数据，如图 6.3.16 所示。

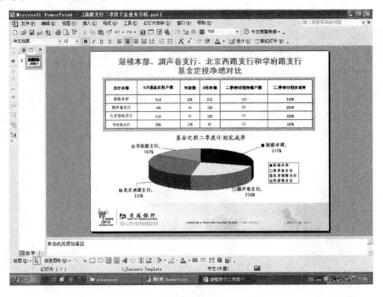

图 6.3.16　插入表格的幻灯片

 提示：

① 在创建行、列数较少的表格时可使用"常用"工具栏上的"插入表格"按钮▦。此外还可使用表格和边框工具栏手工绘制表格。

② 设置表格使用"表格和边框工具栏"，单击其中"边框和填充"按钮，如图 6.3.17 所示，也可打开"设置表格格式"对话框。

图 6.3.17　使用"表格和边框工具栏"

③ PowerPoint 中的"表格和边框工具栏"的使用方法与 Word 类似。

6.3.4　在幻灯片中添加和设置图表

在演示文稿中使用条形图、饼图、面积图等类型图表来表现数据,如图 6.3.18 所示,原来比较枯燥的数据变得一目了然,大大增加了演示文稿的感染力。

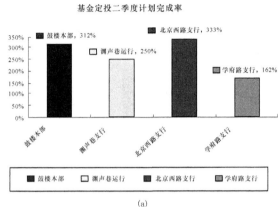

(a)

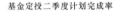

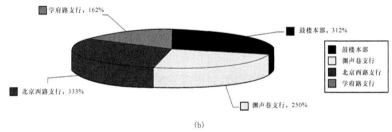

(b)

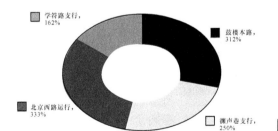

(c)

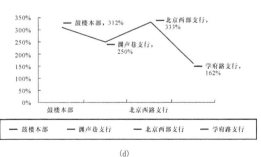

(d)

图 6.3.18　演示文稿中使用条形图、饼图、面积图等类型图表

其操作步骤如下。

① 单击"插入"菜单中的"图表"命令或单击"常用"工具栏上的"插入图表"按钮▥。弹出"数据表"窗口,默认的数据已出现在表格中了。如图 6.3.19 所示。在图表编辑环境中,

Graph 的菜单和工具栏取代了 PowerPoint 的菜单和工具栏,只有上面的标题栏没有变。图表编辑方法与 Excel 相同。

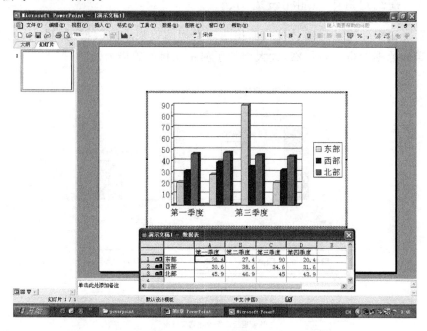

图 6.3.19   "数据表"窗口

② 在"数据表"的活动单元格中输入数据,原有的数据就被替代了。数据改变后图也随着变化。如图 6.3.20 所示。

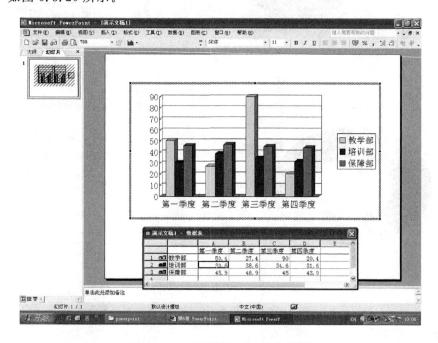

图 6.3.20   在"数据表"中输入数据

③ 编辑图表。关闭数据表,单击"图表"菜单下的"图表选项"。在对话框中选择"标题"

等选项卡,可输入标题等内容,单击"确定"按钮。结果如图 6.3.21 所示。

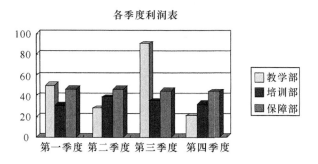

图 6.3.21　插入的图表

④ 保存演示文稿。

 提示:

柱形图是默认的图表类型,用户可以根据需要修改图表的类型。如果想要再次进入图表环境进行编辑修改操作,只要双击一下图表就行了。

6.3.5　在 PowerPoint 中插入超链接

1. 利用"插入超链接"创建超链接

其操作步骤如下。

① 在幻灯片视图中,选中幻灯片上要创建超级链接的文本或图形对象(注意:先选中后操作,否则超链接不会显亮),如图 6.3.22 所示。

② 单击"插入"菜单中"超链接"按钮,弹出"插入超链接"对话框。如图 6.3.23 所示。

图 6.3.22　选中要创建超级链接的对象

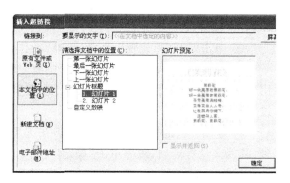

图 6.3.23　"插入超链接"对话框

③ 在左侧的"链接到"框中提供了原有文件或 Web 页、本文档中的位置、新建文档、电子邮件地址等选项,单击相应的按钮就可以在不同项目中输入链接的对象。

2. 使用"动作按钮"创建超链接

其操作步骤如下。

① 在幻灯片视图中,选中放置"动作按钮"的幻灯片,单击"幻灯片放映"菜单中"动作按钮"命令的 12 种预设的"动作按钮"之一。这里选择动作按钮"声音"。如图 6.3.24 所示。

② 在幻灯片上找一个适当的位置按住鼠标左键不放,拖出一个想要的大小,释放左键,就在幻灯片上添加了一个动作按钮,同时打开"动作设置"对话框。如图 6.3.25 所示。

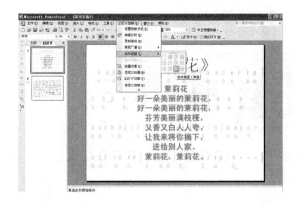

图 6.3.24 "动作按钮"命令　　　　图 6.3.25 "动作设置"对话框

③ 在弹出的"动作设置"对话框中有"单击鼠标"和"鼠标移过"两个选项卡,如果要使用单击启动跳转,请单击"单击鼠标"选项卡;如果使用鼠标移过启动跳转,请单击"鼠标移过"选项卡。

④ 单击"超链接到"下拉列表框,在这里可以选择链接到指定 Web 页、本幻灯片的其他张、其他文件等选项,最后单击"确定"按钮。

提示:

"动作按钮"在自选图形里面也有,作用是一样的。

3. 直接利用"动作设置"来创建超链接

其操作步骤如下。

① 在幻灯片视图中,选中幻灯片上要创建超链接的文本或图形对象(注意:先选中后操作,否则超链接不会显亮)。

② 单击"幻灯片放映"菜单,选择"动作设置"命令,然后自动弹出"动作设置"对话框。

③ 在弹出的"动作设置"对话框中有"单击鼠标"和"鼠标移过"两个选项卡,如果要使用单击启动跳转,请单击"单击鼠标"选项卡;如果使用鼠标移过启动跳转,请单击"鼠标移过"选项卡。

④ 单击"超链接到"下拉列表框,在这里可以选择链接到指定 Web 页、本幻灯片的其他张、其他文件等选项,最后单击"确定"按钮。

提示:

在单击鼠标右键出现的快捷菜单里也有相应的按钮。

6.3.6　在幻灯片中插入 Flash 动画

1. 控件插入方法

其操作步骤如下。

① 新建幻灯片,设计好幻灯片的版面,并预留出插入 Flash 动画的位置。

② 单击"视图/工具栏/控件工具箱"菜单命令,打开控件工具箱。单击"控件工具箱"中的"其他控件"选项,在控件列表中找到"Shockwave Flash Object"并单击,如图6.3.26所示,此时光标变成"+"字形。

图 6.3.26 控件工具箱中的控件列表

③ 按下鼠标并拖动,在幻灯片中绘制一个适当大小的矩形框,这个出现一个"大叉"的矩形区域就是播放 Flash 动画的窗口。

④ 选中有"大叉"的矩形框,单击鼠标右键并选择"属性"命令,打开"属性"对话框,最关键是要在 Movie 右边的框中填入 Flash 动画文件的路径(这里要注意了,Flash 动画文件最好与演示文稿 PPT 文件放在同一个文件夹下,这样只填入 Flash 动画文件的文件名即可)。如图 6.3.27 所示。

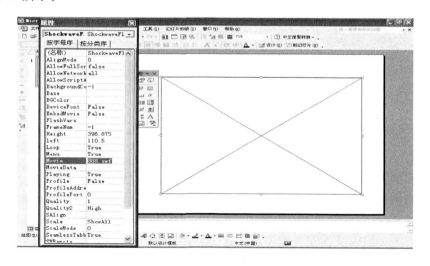

图 6.3.27 "属性"对话框

⑤ 输入完成后,关闭"属性"对话框回到演示文稿编辑状态,按一下<F5>键即可看到 Flash 动画的播放效果。

2. 超链接方法

其操作步骤如下。

① 新建幻灯片,设计好幻灯片的版面,并预留出插入 Flash 动画的位置。

② 单击"插入/对象"命令,打开"插入对象"对话框,如图 6.3.28 所示。选中"由文件创建"复选框。如图 6.3.29 所示。

图 6.3.28 "插入对象"对话框一

③ 单击"浏览"按钮。选择 Flash 动画文件,然后单击"确定"按钮。返回"插入对象"对话框。

④ 单击"确定"按钮回到幻灯片编辑状态,在幻灯片上可以看到一个 Flash 动画图标。右击该图标,在弹出的菜单中选择"动作设置"命令,打开"动作设置"对话框。

⑤ 选中"超级链接"复选框。在下拉列表中选择"其他文件"选项,弹出"超级链接到其他文件"对话框。从对话框中选择或输入 Flash 动画文件的完整路径,最后单击"确定"按钮回到"动作设置"对话框中。如图 6.3.30 所示。

图 6.3.29 "插入对象"对话框二　　　　　图 6.3.30 "动作设置"对话框

⑥ 单击"确定"按钮完成 Flash 动画的插入。按一下<F5>键进入幻灯片播放状态,单击 Flash 动画图标,会出现一个对话框,单击"确定"按钮,打开一个 Flash 动画播放器窗口播放动画。

此外,在 PowerPoint 演示文稿中输入数学公式,可通过"插入"菜单下的"对象"命令来操作。数学公式的插入和编辑与 Word 相同。

6.3.7　应用技巧

1. 让幻灯片播放前自动播放指定音乐

在特定的时候,幻灯片播放前需要播放指定的音乐,具体操作步骤如下。

① 选中第1张幻灯片,单击"插入/影片和声音/文件中的声音"命令,在弹出的"插入声音"对话框中选中要插入的声音文件后单击"确定"按钮。

② 幻灯片中出现一个声音图标,同时出现一个"是否需要在幻灯片放映时自动播放声音? 如果不,则在您单击时播放声音" 对话框,选择"是"按钮,如图6.3.31所示。

图6.3.31　是否自动播放声音对话框

③ 调整声音图标位置。保存演示文稿。

2. 让插入的音乐作为背景音乐

其操作步骤如下。

① 选中背景音乐开始播放的幻灯片,将需要的声音文件插入,注意选择自动播放声音。

② 右击声音图标,选择"自定义动画",打开"自定义动画"任务窗格,在动作列表中找到所插入的声音文件,单击在该动作的下拉列表,如图6.3.32所示。

③ 选中"效果选项"打开"播放 声音"对话框。

④ 选择"播放 声音"对话框的"效果"选项卡,在"停止播放"栏下面选择"在 N 张幻灯片后"停止播放,这里 N 是从当前幻灯片算起需要有该背景音乐的幻灯片的张数。如图6.3.33所示。单击"确定"按钮。

图6.3.32　"自定义动画"任务窗格

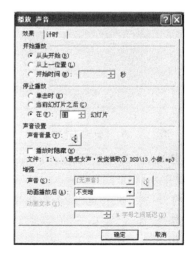

图6.3.33　"效果"选项卡

3. 巧妙隐藏声音图标

其操作步骤如下。

① 右击声音图标,选择"自定义动画"选项,打开"自定义动画"任务窗格,在动作列表中

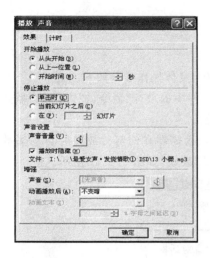

图 6.3.34　"效果"选项卡设置

找到所插入的声音文件,单击在该动作的下拉列表,选中"效果选项",打开"播放 声音"对话框。

② 选择"播放 声音"对话框的"效果"选项卡,在"声音设置"栏将"播放时隐藏"复选框选中。单击"确定"按钮。如图 6.3.34 所示。

4. 更改自动播放声音与单击时播放声音的播放设置

其操作步骤如下。

① 右击声音图标,选择"自定义动画"选项,打开"自定义动画"任务窗格,在动作列表中找到所插入的声音文件,单击在该动作的下拉列表,选中"效果选项",打开"播放 声音"对话框。

② 选择"播放 声音"对话框的"计时"选项卡。当将自动播放声音改成"单击时播放声音"时,在"开始"栏选中"单击时"即可,如图 6.3.35 所示;当将单击时播放声音改成自动播放声音时,在"开始"栏选中"之后"即可,如图 6.3.36 所示。单击"确定"按钮。

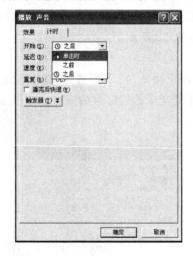

图 6.3.35　"计时"选项卡一

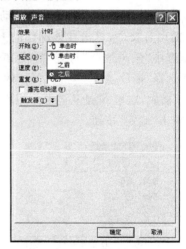

图 6.3.36　"计时"选项卡二

5. 把 Excel 工作表插入到 PowerPoint 中

其操作步骤如下。

① 打开一个演示文稿,选择要在其后插入幻灯片的位置。

② 选择"插入"菜单下的"新幻灯片"选项,选择"空白"版式,单击该版式旁的下拉按钮,选择"应用于选定的幻灯片"命令。

③ 选择"插入"菜单下的"对象"选项,如图 6.3.37 所示。

④ 在图 6.3.37 中,单击"根据文件创建"单选按钮,如图 6.3.38 所示。

⑤ 单击"浏览"按钮。

⑥ 选择在 Excel 中创建的某个文档,然后单击"确定"按钮。

⑦ 返回"插入对象"对话框,单击"确定"按钮。

⑧ 调整图表的句柄,可得到如图 6.3.39 所示的幻灯片。

⑨ 单击█按钮,保存结果。

图 6.3.37　"插入对象"对话框一

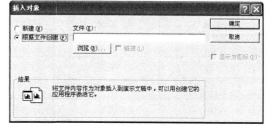

图 6.3.38 "插入对象"对话框二

6. 改变链接文字的默认颜色

PowerPoint 中如果对文字作了超链接或动作设置,那么 PowerPoint 会给它一个默认的文字颜色和单击后的文字颜色。但这种颜色可能与用户预设的背景色很不协调,更改的步骤如下。

① 单击"格式/幻灯片设计"菜单命令,再打开"幻灯片设计"任务窗格中"配色方案"下方的"编辑配色方案"。

② 在弹出的"编辑配色方案"对话框中,单击"自定义"选项卡,如图 6.3.40 所示,然后就可以对超链接或已访问的超链接文字颜色进行相应的调整了。

图 6.3.39 调整图表的句柄后的幻灯片

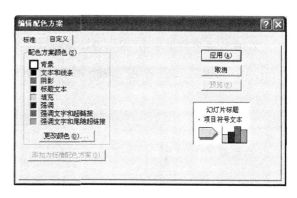

图 6.3.40　改变链接文字的默认颜色

6.3.8　实训案例

在 PowerPoint 中新建一个"北京奥运奖牌榜.ppt"的演示文稿并按如下要求进行操作,保存在"素材\第 6 章 PowerPoint 演示文稿\实例\4"文件夹中 。

(1)新建演示文稿并将设计模板"Competition"应用于所有幻灯片。

(2)在第 1 张幻灯片中,将标题"2008 年北京奥运奖牌榜"设置成艺术字:样式设置为第 3 行第 4 列,字体设置为华文行楷、加粗,大小设置为 60 磅。

(3)在第 1 张幻灯片中的标题"2008 年北京奥运奖牌榜"下方插入表格,数据如表6.3.1 所示。表格字体设置为楷体,大小设置为 20 磅。

（4）在第 2 张幻灯片中插入默认柱形图表，数据取表 6.3.1 中后 4 列资料。标题为"2008 年北京奥运奖牌榜"，字体设置为黑体、加粗，大小设置为 60 磅。

表 6.3.1 插入的数据

名次	国家	金牌	银牌	铜牌
1	中国	51	21	28
2	美国	36	38	36
3	俄罗斯	23	21	28
4	英国	19	13	15
5	德国	16	10	15
6	澳大利亚	14	15	17
7	韩国	13	10	8
8	日本	9	6	10
9	意大利	8	10	10
10	法国	7	16	17

（5）在第 1 张幻灯片中插入声音文件"素材\第 6 章 PowerPoint 演示文稿\实例\4\mlh. mp3"，在单击时播放，循环播放。

具体操作步骤如下。

① 通过"开始"菜单启动。单击"开始"按钮，指向"所有程序"，然后单击"Microsoft PowerPoint"即可启动 PowerPoint XP。

② 在任务窗格里单击"根据设计模板"，选择设计模板"Competition"。如图 6.3.41 所示。

图 6.3.41 选择设计模板和使用方式

③ 在下拉菜单中选择"应用于所有幻灯片"。效果如图6.3.42所示。

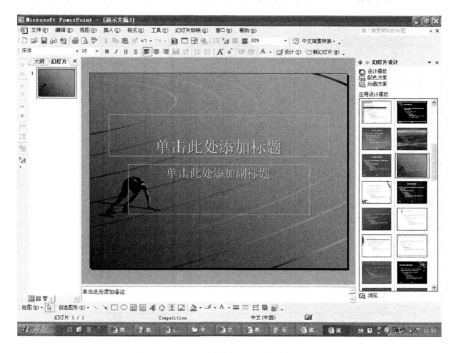

图6.3.42 选择"应用于所有幻灯片"

④ 单击"绘图"工具栏中的"插入艺术字"按钮。选择第3行第4个艺术字,如图6.3.43所示。

⑤ 单击"确定"按钮。输入"2008年北京奥运奖牌榜",设置字体为华文行楷,加粗,设置字号为60。如图6.3.44所示。

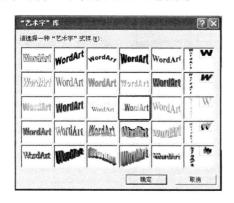

图6.3.43 选择艺术字

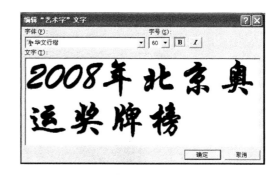

图6.3.44 编辑"艺术字"文字

⑥ 单击"确定"按钮。将艺术字"2008年北京奥运奖牌榜"拖放至幻灯片的上方。如图6.3.45所示。

⑦ 在幻灯片中单击"插入/表格"菜单命令。打开"插入表格"对话框。如图6.3.46所示。

⑧ 在"插入表格"对话框的列数和行数编辑框中分别输入5和11。单击"插入表格"对话框的"确定"按钮,创建了一个表格。如图6.3.47所示。

⑨ 通过输入文字数据、设置表格字体为楷体,大小设置为 20 磅及调整大小、位置,如图 6.3.48 所示。

图 6.3.45　艺术字拖放至幻灯片的上方

图 6.3.46　"插入表格"对话框

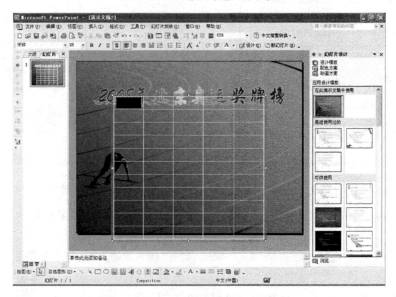

图 6.3.47　创建了一个表格

⑩ 通过单击"插入/新幻灯片"菜单命令插入新幻灯片。在幻灯片版式中选择"标题和内容"版式,选择"应用于选定的幻灯片"命令,如图6.3.49所示。

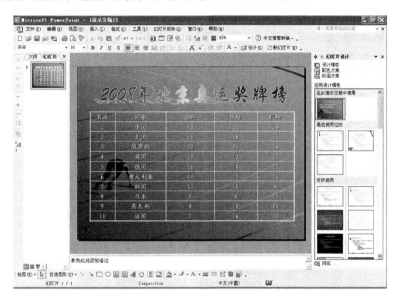

图6.3.48 设置表格格式

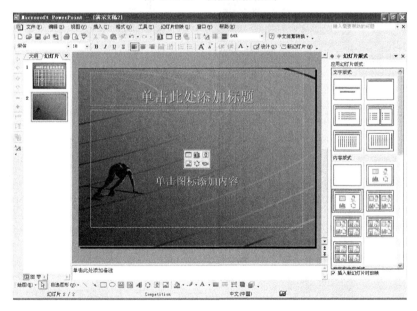

图6.3.49 选择"标题和内容"版式

⑪ 单击"单击此处添加标题",输入"2008年北京奥运奖牌榜",字体设置为黑体、加粗,大小设置为60磅。

⑫ 单击"单击图标添加内容"处的插入图表按钮,弹出"数据表"窗口,默认的数据已出现在表格中了。如图6.3.50所示。

⑬ 单击表中"东部"单元格,输入"中国"。单击表中"西部"单元格,输入"美国"。单击表中"北部"单元格,输入"俄罗斯"。同样的方法在相应单元格中输入各国。单击表中"第一季度"单元格,然后输入"金牌"。单击表中"第二季度"单元格,输入"银牌"。单击表中"第三季度"单元格,输入"银牌"。删除表中"第四季度"所在列。接着在相应单元格中输入各国所获得的奖牌数。如图 6.3.51 所示。

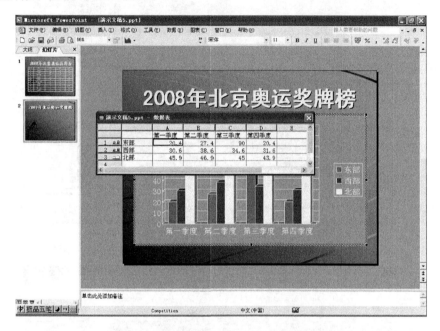

图 6.3.50 弹出有默认数据的"数据表"

图 6.3.51 修改默认的"数据表"

⑭ 单击数据表外的任何位置关闭数据表,效果如图 6.3.52 所示。

⑮ 选择第 1 张幻灯片,通过单击"插入/影片和声音"菜单命令,选择子菜单中的"文件中的声音",出现"插入声音"对话框。在"查找范围"中找到声音,在文件类型下拉列表中选"所有文件",如图 6.3.53 所示。单击"确定"按钮。

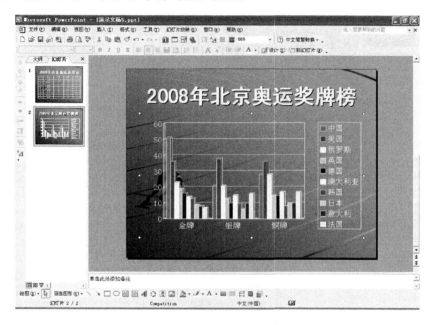

图 6.3.52　关闭数据表

图 6.3.53　文件类型选"所有文件"

⑯ 幻灯片中出现一个声音图标,同时出现一个"是否需要在幻灯片放映时自动播放声音? 如果不,则在您单击时播放声音"对话框,如图 6.3.54 所示。选择"否",则单击鼠标时播放声音。

⑰ 右击声音图标,在右键菜单上选择"编辑声音对象",出现一个"声音选项"对话框,如图 6.3.55 所示。单击"确定"按钮。

⑱ 单击常用工具栏上保存按钮███,以文件名"北京奥运奖牌榜. ppt"保存演示文稿于"素材\第 6 章 PowerPoint 演示文稿\实例\4"文件夹中。

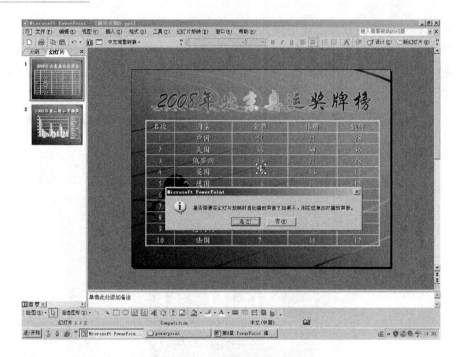

图 6.3.54　单击鼠标时播放声音

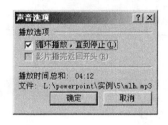

图 3.3.55　"声音选项"对话框

6.4　放映幻灯片

6.4.1　设置动画

在放映幻灯片时,可以看到在两张幻灯片进行切换时的变化很突然,所有内容都同时显示,这时可以通过设置动画和切换来改变放映时的效果。

1. 预置效果

选定要设置的效果的幻灯片,单击"幻灯片放映/动画方案"菜单命令,调出"幻灯片设计"任务窗格,进入"动画方案"面板,如图 6.4.1 所示。在"应用于所选幻灯片"列表框中选择需要选项,单击该列表框下面的"播放"按钮观察效果。

如果要将所选择的动画效果应用于所有的幻灯片,则可以单击列表框下方的"应用于所有幻灯片"按钮。

2. 自定义动画

如果要对幻灯片中的对象设置动画效果,则要进行自定义动画的设置,具体操作步骤如下。

① 在普通视图中,选中要设置动画效果的对象。单击"幻灯片放映/自定义动画"菜单命令,调出"自定义动画"任务窗格。

图 6.4.1　调出"幻灯片设计"任务窗格

② 单击"添加效果"按钮,调出其下拉菜单,如图 6.4.2 所示,然后单击"强调/陀螺旋"菜单命令,如图 6.4.3 所示。这时该对象所添加的动画效果会自动添加到任务窗格下方的效果列表中。

图 6.4.2　调出"自定义动画"任务窗格

图 6.4.3　单击"强调/陀螺旋"命令

从图 6.4.2 中可以看出，系统共提供了 4 类效果，分别为"进入"、"强调"、"退出"和"动作路径"，当鼠标移到一类效果上时，就会出现它的级联菜单，在这些级联菜单中列出了这类效果中的不同选项，从中选择一种动画效果即可。如果图 6.4.2 中所示的前 3 类效果还不能满足要求，则可以单击"其他效果"菜单命令，分别调出"添加进入效果"、"添加强调效果"、"添加退出效果"对话框（对于不同种类的动画效果，所调出的对话框不同）。例如"添加强调效果"对话框，如图 6.4.4 所示。

图 6.4.4 添加"强调效果"对话框

③ 单击"开始"下拉列表框，从中选择一种开始方式。如图 6.4.5 所示。

"开始"下拉列表框中的 3 个选项，分别是"单击时"、"之前"和"之后"，这 3 个选项的作用与在任务窗格中选中所添加的效果以后单击它的向下箭头所调出的菜单中前 3 个选项一一对应。它们的含义是选择"单击时"则鼠

图 6.4.5 "开始"下拉列表框

标在屏幕上单击时展示该动画效果，选择"之前"则在下一项动画开始之前自动展示该动画效果，选择"之后"则在上一项动画结束后自动开始展示该动画效果。

④ 在"数量"下拉列表框中选择这种动画效果中所旋转的角度和旋转方向，在"速度"下拉列表框中选择动画的播放的快慢。

⑤ 单击任务窗格最下方的"播放"按钮，则设置的动画效果在幻灯片区自动播放，可以观察效果。

3．在效果列表中更改动画播放的序列

在为一张幻灯片的多个对象设置了动画效果以后，在"自定义动画"任务窗格中该幻灯片中的所有动画效果列表，按照时间顺序排列并有标号，而左侧的幻灯片中对象的左上角也有与之对应的标号，如图6.4.6所示。这个数字将来也是放映时对象出现的顺序。如果要修改它的播放顺序，操作步骤如下。

图6.4.6　排列的动画效果列表及标号

① 在普通视图中，显示包含要重新排序的动画的演示文稿。

② 单击"幻灯片放映/自定义动画"菜单命令，打开"自定义动画"任务窗格。

③ 在"自定义动画"任务窗格下方的效果列表中选择要移动的项目并将其拖到列表中的其他位置即可。还可以通过单击"↑"和"↓"按钮来调整动画序列。

4．设置效果选项

把鼠标移到动画效果列表中任意一个动画效果上时，在该效果的右侧会出现一个向下箭头，见图6.4.6。单击该箭头将会出现下拉列表，如图6.4.7所示。在该列表中的前3项设置动画效果的参数，与参数区的"开始"下拉列表框中的选项一一对应，而其他几项则可以设置动画效果的一些其他选项。

（1）"效果"选项

在"自定义动画"任务窗格选项中选择一种动画效果，单击它右侧的向下箭头，在调出的下拉菜单中单击"效果选项"菜单命令，就可以调出一种动画的效果对话框，该对话框以所选择的效果命名，如图6.4.8所示。

在"设置"栏中可以对动画的效果进行设置，与任务窗格中的"方向"下拉列表框中的设置是对应的。

在"增强"栏中如果单击"声音"下拉列表框的向下箭头，可以为动画效果选择一种声音，这个声音将在播放动画时同时播放。单击"动画播放后"下拉列表框的向下箭头，可以选择

一种动画播放后对象的显示效果,例如对一个原来是黑色的文本对象设置完自定义动画以后,调出"效果"对话框,在该下拉列表框中选择浅紫色,则动画播放后,该文字变为了所选择的颜色。"动画文本"下拉列表框只有设置动画的对象是文本时才会有效,在该下拉列表框中可以选择文本的发送方式,有"整批发送"、"按字词"和"按字母"3个选项,可以进行不同的设置,体会各选项的效果。

图 6.4.7　动画效果的下拉列表

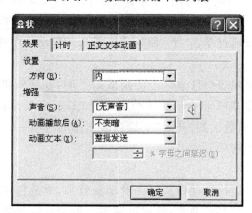

图 6.4.8　动画的"效果"选项卡

（2）"计时"选项

在图 6.4.8 所示的对话框中显示"计时"选项卡,如图 6.4.9 所示。在该选项卡中可以对动画的开始时间、延迟时间和速度进行设置。如果单击了"触发器"按钮,将显示下面两个单选按钮,如果选中"单击下列对象时启动效果"单选按钮,可以从右侧的下拉列表框中选择触发该效果的对象,选择了一个效果后,在放映幻灯片时只有单击该对象,动画才会放映出来。

(3)"正文文本动画"选项

在图6.4.8所示的对话框中显示"正文文本动画"选项卡,如图6.4.10所示。在该选项卡中可以对文本框中的组合文本进行设置。

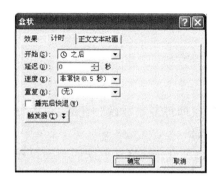

图 6.4.9　"计时"选项卡

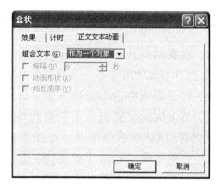

图 6.4.10　"正文文本动画"选项卡

5. 高级日程表

在"自定义动画"任务窗格中选择一种动画效果,单击它右侧的向下箭头,在调出的下拉菜单中单击"显示高级日程表"菜单命令,则这时的任务窗格如图6.4.11所示,这就是动画的高级日程表。可以看到在高级日程表中多了一个时间轴,在这里可以精细地设置每项效果的开始和结束时间。拖曳时间方块的两端可以设置放映时间。

图 6.4.11　动画的高级日程表

6. 修改和删除动画效果

(1)修改动画效果

如果对某个对象设置的动画不满意,则可以在"自定义动画"任务窗格下方的效果列表中选中该效果,这时的"动画效果"按钮变为"更改"按钮,单击该按钮,就可以修改动画效果,操作方法与前面设置动画的方法完全一样。

（2）删除动画效果

如果要删除所设置的动画效果，则应首先打开要删除的动画效果，然后在"自定义动画"任务窗格中的效果列表框中选择要删除的动画效果，最后单击"删除"按钮，即可删除选定的动画效果。

6.4.2　设置幻灯片放映方式和放映时间

1．观看幻灯片放映

其操作步骤如下。

① 打开要放映的幻灯片。

② 单击演示文稿窗口左下角的"幻灯片放映"按钮即可开始放映。此外，单击"幻灯片放映/观看放映"菜单命令或按<F5>键也可以开始放映。

③ 如果想停止幻灯片放映，按<Esc>键即可。也可以在幻灯片放映时单击鼠标右键，然后选择调出的快捷菜单中的"结束放映"菜单菜单命令。

2．设置幻灯片放映方式

其操作步骤如下。

① 单击"幻灯片放映/设置放映方式"菜单命令，调出"设置放映方式"对话框，如图 6.4.12 所示。

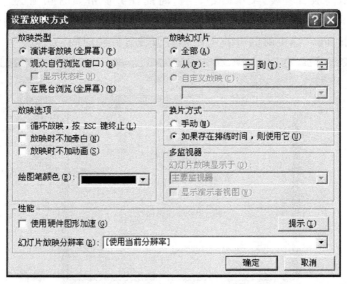

图 6.4.12　"设置放映方式"对话框

② 在"放映类型"选项选择适当的按钮放映类型。

③ 在"放映幻灯片"选项组中设置要放映的幻灯片。

④ 单击"确定"按钮。

3．设置幻灯片的切换效果

切换效果是添加在幻灯片上的一种特殊效果，在演示文稿播放过程中，切换效果可以使幻灯片以不同的效果进入视野，PowerPoint 提供了大量的切换效果，比如水平百叶窗、垂直百叶窗、盒状收缩，等等。另外，还可以在切换时添加音效。其操作步骤如下。

① 选中要设置切换效果的幻灯片,选择幻灯片放映菜单,在下拉菜单中单击幻灯片切换命令,在右侧的任务窗格弹出幻灯片切换窗格。如图 6.4.13 所示。

图 6.4.13 幻灯片切换窗格

② 在应用于所选幻灯片下拉列表中选择希望在放映时出现的切换效果;如水平梳理,如图 6.4.14 所示。

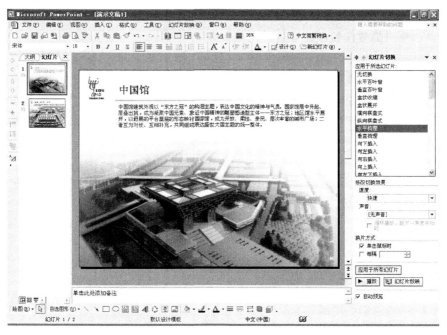

图 6.4.14 选择放映时的切换效果

③ 在修改切换效果选项组中可以对切换效果进行调整,打开速度下拉列表,改变幻灯片之间的切换速度,单击声音下拉列表,选择幻灯片之间切换时伴随的声音。

④ 在换片方式选项组中,可以设置幻灯片自动播放还是手动播放。如果想幻灯片手动播放,则选择"单击鼠标时"复选框,反之则选择"每隔"复选框,并在后面的微调框中设定间隔的时间,如图 6.4.15 所示间隔时间为 10 秒。

图 6.4.15 设置换片方式一

⑤ 单击应用于所有幻灯片或者应用于母版,可根据需要选择。

⑥ 最后,单击播放按钮预览设置的切换效果。

4. 设置排练计时

在放映每张幻灯片时,必须要有适当的时间供演示者充分表达自己的思想,以供观众领会该幻灯片所要表达的内容。利用 PowerPoint 的排练计时功能,演示者可在准备演示文稿的同时,通过排练为每张幻灯片确定适当的放映时间,这也是自动放映幻灯片的要求。

其操作步骤如下。

① 切换到演示文稿的第 1 张幻灯片。

② 选择"幻灯片放映"菜单,在下拉菜单中单击"排练计时"命令,进入演示文稿放映视图,此时将同时弹出"预演"对话框,如图 6.4.16 所示。

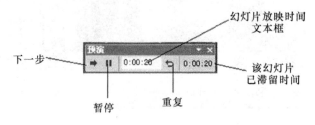

图 6.4.16 "预演"对话框

③ 用户可以估计演讲的时间,在幻灯片放映时间文本框中输入该张幻灯片滞留的时间,也可以现场模拟所需滞留时间,然后单击"下一步"进入下一张幻灯片的排练计时设置。

④ 当完成最后一张幻灯片的设置后,会弹出如图6.4.17所示的对话框询问用户整个演讲过程所需的时间是否与设置的时间一致。

图 6.4.17 是否保留新的幻灯片排练时间

⑤ 单击"是"按钮完成排练计时,单击"否"按钮取消所设置的时间。

另外,也可以用前面幻灯片切换效果中所讲的方法完成排练计时。

其操作步骤如下。

① 切换到普通视图的"幻灯片"选项卡上,选择需要设置排练时间的幻灯片。

② 在"幻灯片放映"菜单上,单击"幻灯片切换"。如图6.4.18所示。

图 6.4.18 单击"幻灯片切换"菜单

③ 在任务窗格下部"换片方式"之下,选择"每隔"复选框,输入要幻灯片在屏幕上显示的秒数。如图6.4.19所示。

④ 为每个需要设置排练时间的幻灯片重复以上步骤。

5. 设置动作按钮

将某个动作按钮添加到演示文稿中,然后定义如何在幻灯片的放映过程中使用它。

其操作步骤如下。

① 在幻灯片的窗格中,打开要添加动作按钮的幻灯片。

② 单击"幻灯片放映/动作按钮"菜单命令,将调出其次级菜单。如图6.4.20所示。单

击一种动作按钮。

图 6.4.19　设置换片方式二

图 6.4.20　单击"动作按钮"命令

③ 在幻灯片上按住鼠标左键不放,拖出一个想要的大小,释放左键,就在幻灯片上添加了一个动作按钮,同时打开"动作设置"对话框。如图 6.4.21 所示。可按需要进行设置。

图 6.4.21　"动作设置"对话框

6.4.3 放映幻灯片

1. 切换到幻灯片的放映视图

单击屏幕左下角的"幻灯片放映视图"按钮,就可以进入幻灯片的放映状态。这时幻灯片将占满整个屏幕,每单击一次鼠标就会切换到下一张幻灯片,直到最后一张幻灯片时将出现黑色屏幕,在屏幕的最上方显示"放映结束,单击鼠标退出放映"的提示语,单击鼠标后退出放映状态,回到编辑状态。

2. 放映时转到下一张幻灯片

在幻灯片放映视图中放映幻灯片或审阅演示文稿时,使用下列任一命令可从一张幻灯片转到下一张幻灯片。

(1)单击鼠标。

(2)按空格键或 Enter 键。

(3)单击右键,调出快捷菜单,单击"下一张"菜单命令(如果单击"上一张"菜单命令则会切换到上一张幻灯片)。如图 6.4.22 所示。

3. 放映时转到指定的幻灯片上

在放映状态下单击右键,调出快捷菜单,将鼠标指针移到"定位至幻灯片"菜单命令,然后在其子菜单上单击所需指定的幻灯片,如图 6.4.23 所示。

图 6.4.22 放映时转到下一张幻灯片　　图 6.4.23 放映时转到指定的幻灯片上

4. 观看以前查看过的幻灯片的效果

如果要查看上一次放映时看过的幻灯片,可以在放映状态下单击右键,在弹出的快捷菜单中单击"以前查看过的"菜单命令。如图 6.4.24 所示。

5. 使用 PowerPoint 笔在幻灯片上书写

放映演示文稿时,可以在演示时使用鼠标在幻灯片上画圈、标出下划线、画出箭头或作出其他标记,以强调要点或表明某些联系。使用的笔和方法如下。

① 在放映幻灯片时,右击调出快捷菜单并指向"指针选项"。

② 在其子菜单上单击选择一种笔选项,如图 6.4.25 所示。

③ 按住鼠标左键,在幻灯片上书写或绘图。

图 6.4.24 观看以前查看过的幻灯片

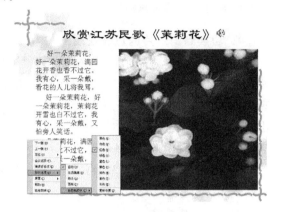

图 6.4.25 放映时在幻灯片上书写

6.4.4 打印演示文稿

用 PowerPoint 建立的演示文稿,除了可在计算机屏幕上作电子展示外,还可以将它们打印出来长期保存。PowerPoint 的打印功能非常强大,它可以将幻灯片打印到纸上,也可以打印到投影胶片上通过投影仪来放映,还可以制作成 35 mm 的幻灯片通过幻灯机来放映。

在打印演示文稿之前,应在 Windows 中完成打印机的设置工作。

1. 页面设置

在打印前首先要对幻灯片的页面进行设置。明确以什么形式、什么尺寸来打印幻灯片及其备注、讲义和大纲。其操作步骤如下。

① 打开"文件"菜单,选择"页面设置"命令弹出"页面设置"对话框。如图 6.4.26 所示。

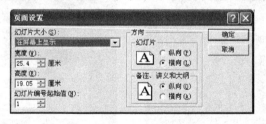

图 6.4.26 "页面设置"对话框

② 在"幻灯片大小"的下拉列表中,选择幻灯片输出的大小,包括全屏显示、35 毫米幻灯片(制作 35 毫米的幻灯片)、自定义。如果选择了"自定义"选项,应在"宽度"、"高度"框中键入相应的数值。

③ 如果不以"1"作为幻灯片的起始编号,应在"幻灯片编号起始值"框中输入合适的数字。

④ 在"方向"选项中,可以设置幻灯片的打印方向。演示文稿中的所有幻灯片应为同一方向,不能为单独的幻灯片设置不同的方向。备注页、讲义和大纲可以和幻灯片的方向不同。

2. 打印演示文稿

其操作步骤如下。

① 使用"文件"菜单中"打印"命令弹出"打印"对话框,如图 6.4.27 所示。

② 设置打印参数。打印时的参数设置与打印 Word 文档类似。不同之处在于可以在"打

印内容"栏中选择是打印幻灯片还是讲义、大纲、备注和每页打印几张幻灯片等多种内容。

图 6.4.27　"打印"对话框

③ 各种参数设置好后,单击"确定"按钮即开始打印。

 提示：

如果对打印机、打印范围等设置好了,可以直接单击"常用"工具栏上"🖨"按钮进行打印。

6.4.5　应用技巧

1．添加与母版不同的切换效果

如果要对某一张或几张幻灯片添加与母版不同的切换效果,我们可以选中该张幻灯片,然后在右侧的幻灯片切换窗格中选择切换效果,具体方法如下。

其操作步骤如下。

① 在普通视图的幻灯片选项卡中,选取要添加切换效果的幻灯片

② 选择幻灯片放映菜单,在下拉菜单中单击幻灯片切换命令。

③ 在右侧的下拉列表中,单击所希望的切换效果。

④ 对要添加不同切换效果的每张幻灯片重复执行以上步骤。

2．为演示文稿增加旁白

其操作步骤如下。

① 从"幻灯片放映"菜单中选择"录制旁白"命令,如图 6.4.28 所示。

② 单击"确定"按钮,如图 6.4.29 所示。从中选择"当前幻灯片"或"第一张幻灯片"选项,就可以开始录制。

③ 录制完毕后,右击屏幕并选择"结束放映"命令。

④ 对演示文稿中剩下的幻灯片重复上述操作。

3．幻灯片自动黑屏

在用 PowerPoint 讲课的时候,有时需要学习者自己看书讨论,这时为了避免屏幕上的图片等影响听者的学习注意力,可以按一下<B>键,此时屏幕黑屏。自学完成后再按一下<W>键即可恢复正常。按<W>键则会产生屏幕白屏的效果。

4. 让幻灯片自动播放

要让 PowerPoint 的幻灯片自动播放,只需要在播放前右键单击这个演示文稿,然后在弹出的菜单中执行"显示"命令即可,或者在打开演示文稿前将该文件的扩展名从.ppt 改为.pps 后再双击它即可。这样一来就避免了每次都要先打开这个文件才能进行播放所带来的不便和繁琐。

图 6.4.28   选择"录制旁白"命令

图 6.4.29   "录制旁白"对话框

5. "保存"特殊字体

为了获得好的效果,人们通常会在幻灯片中使用一些非常漂亮的字体,可是将幻灯片复制到演示现场进行播放时,这些字体变成了普通字体,甚至还因字体而导致格式变得不整齐,严重影响演示效果。其操作步骤如下。

① 在 PowerPoint 中,执行"文件/另存为"菜单命令。

② 在"另存为"对话框中单击"工具"按钮,如图 6.4.30 所示。在下拉菜单中选择"保存选项"按钮。

图 6.4.30   "另存为"对话框

③ 在弹出的"保存选项"对话框中选中"嵌入 TrueType 字体"项,然后根据需要选择"只嵌入所用字符"或"嵌入所有字符"项。如图 6.4.31 所示。

④ 最后单击"确定"按钮,保存该文件即可。

6.4.6　实训案例

在 PowerPoint XP 中打开"素材\第 6 章 PowerPoint 演示文稿\实例\5\5.ppt"演示文稿,按以下要求操作并保存。

图 6.4.31　"保存选项"对话框

(1)设置第 1～4 张幻灯片的切换效果为盒状展开、速度为慢速,声音为鼓掌,并循环播放到下一声音开始时,换片方式为"单击鼠标时"。

(2)设置第 1、第 3 张幻灯片标题文本为"强调"选项下的"陀螺旋"动画效果,数量为 360°顺时针,速度为快速,单击鼠标时启动动画。

(3)设置第 4、第 5 张幻灯片标题文本为"进入"选项下"飞入"的动画效果,方向为自左侧,速度为快速,按字/词发送,10％字/词之间延迟,单击鼠标时启动动画。

(4)在第 4 张幻灯片中插入动作按钮,"后退或前一项"动作按钮链接到上一张幻灯片,"前进或下一项"动作按钮链接到下一张幻灯片。

其操作步骤如下。

① 通过"开始"菜单启动。单击"开始"按钮,指向"所有程序",然后单击"Microsoft PowerPoint"即可启动 PowerPoint XP。

② 打开"素材\第 6 章 PowerPoint 演示文稿\实例\5\5.ppt"演示文稿。

③ 在幻灯片窗格,选择第 1～4 张幻灯片,通过"幻灯片放映"菜单,在下拉菜单中单击"幻灯片切换"命令。设置切换效果为盒状展开、速度为慢速,声音为鼓掌。勾选"循环播放,到下一声音开始时"复选框。换片方式为"单击鼠标时"。

④ 在普通视图中,选择第 1 张幻灯片标题文本占位符,单击"幻灯片放映/自定义动画"菜单命令,调出"自定义动画"任务窗格。

⑤ 单击"添加效果"按钮,调出其下拉菜单,然后单击"强调/陀螺旋"菜单命令,如图 6.4.32所示。这时该对象所添加的动画效果会自动添加到任务窗格下方的效果列表中。

⑥ 单击"开始"下拉列表框,从中选择"单击时"。

⑦ 在"数量"下拉列表框中选择"360 度"、"顺时针"。在"速度"下拉列表框中选择"快速"。

⑧ 单击任务窗格最下方的"播放"按钮,则设置的动画效果在幻灯片区自动播放,可以观察效果。

⑨ 对第 3 张幻灯片重复步骤④～⑧的操作。

⑩ 在普通视图中,选择第 4 张幻灯片标题文本占位符,单击"幻灯片放映/自定义动画"菜单命令,调出"自定义动画"任务窗格。

⑪ 单击"添加效果"按钮,调出其下拉菜单,然后单击"进入/飞入"菜单命令,如图 6.4.33所示。这时该对象所添加的动画效果会自动添加到任务窗格下方的效果列表中。

⑫ 单击"开始"下拉列表框,从中选择"单击时"。

⑬ 在"方向"下拉列表框中选择"自左侧"。在"速度"下拉列表框中选择"快速"。如图 6.4.34 所示。

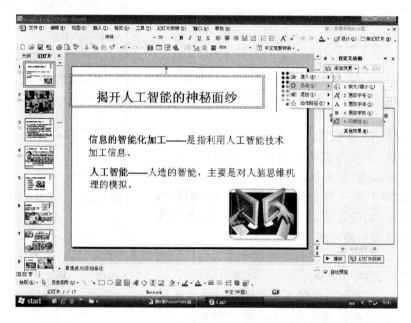

图 6.4.32　单击"强调/陀螺旋"命令

图 6.4.33　单击"进入/飞入"命令

⑭ 在"自定义动画"任务窗格选中"飞入"动画效果,单击它右侧的向下箭头,在调出的下拉菜单中单击"效果选项"菜单命令,调出"飞入"动画的"效果"对话框。在"增强"栏中"动画文本"下拉列表框中选择文本的发送方式为"按字词",设置 10％字/词之间延迟。如图 6.4.35所示。

⑮ 第 5 张幻灯片重复步骤⑩ ～⑭ 的操作。

⑯ 在幻灯片视图中,选中第 4 张幻灯片,单击"幻灯片放映"菜单中"动作按钮"命令的"后退或前一项"动作按钮。

⑰ 在幻灯片上找一个适当的位置按住鼠标左键不放,拖出一个想要的大小,释放左键,就在幻灯片上添加了一个"后退或前一项"动作按钮,同时打开"动作设置"对话框。

⑱ 在弹出的"动作设置"对话框中单击"超链接到"下拉列表框,选择"上一张幻灯片"选项,最后单击"确定"按钮。如图 6.4.36 所示。

⑲ 在幻灯片视图中,选中第 4 张幻灯片,单击"幻灯片放映"菜单中"动作按钮"命令的"前进或下一项"动作按钮。

⑳ 在幻灯片上找一个适当的位置按住鼠标左键不放,拖出一个想要的大小,释放左键,就在幻灯片上添加了一个"前进或下一项"动作按钮,同时打开"动作设置"对话框。

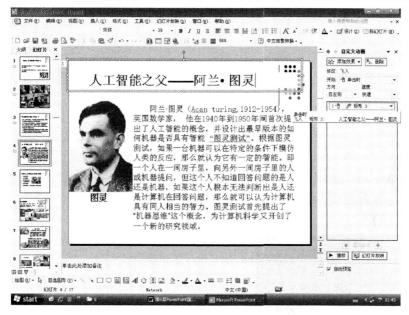

图 6.4.34　设置"飞入"动画参数

图 6.4.35　"飞入"动画的效果对话框

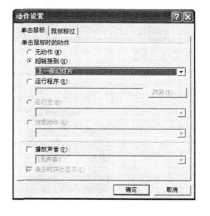

图 6.4.36　"动作设置"对话框

㉑ 在弹出的"动作设置"对话框中单击"超链接到"下拉列表框,选择"下一张幻灯片"选项,最后单击"确定"按钮。

㉒ 最后单击常用工具栏保存按钮▉保存该文件。

习 题 六

1. 在 PowerPoint 中打开 A6. PPT,按如下要求进行操作。

(1) 设置页面格式

① 按样文【6-1A】,将所有幻灯片全部应用设计模板"诗情画意"。

② 按样文【6-1A】,将第 1 张幻灯片中的标题字体设置为隶书、加粗、96 磅。

③ 按样文【6-1A】,在第 1 张幻灯片中的标题下面添加副标题"中国民族民间音乐欣赏",并设置字体为楷体。

④ 按样文【6-1B】,设置第 4 张幻灯片中插入图片 C:\Win2010GJW\KSML3\KSWJ6-1A.jpg。

(2) 演示文稿插入设置

在第 1 张幻灯片中插入声音文件 C:\Win2010GJW\KSML3\KSWJ6-1B. MID,在单击时播放,循环播放。

(3) 设置幻灯片放映

① 设置第 1～5 张幻灯片的切换效果为垂直梳理、速度为中速,声音为鼓掌,换页方式为单击鼠标时。

② 设置第 4～7 张幻灯片中的图片为"进入"选项下的"飞入"动画效果,辐射状为 2,速度为快速,单击鼠标时启动动画。

【样文 6-1A】

【样文 6-1B】

2. 在 PowerPoint 中打开 A6. PPT,按如下要求进行操作。

(1) 设置页面格式

① 按样文【6-2A】,将所有幻灯片全部应用设计模板"吉祥如意"。

② 按样文【6-2A】,将第 1 张幻灯片中标题字体设置为方正舒体、加粗、48 磅、深蓝色字体。

③ 按样文【6-2A】,在第 1 张幻灯片中的标题下面添加"六合浮桥将成为中国第一廊桥",并设置为隶书、加粗、32 磅、深蓝色字体。

④ 按样文【6-2B】,设置第 2 张幻灯片中正文的段落格式为深蓝色◆项目符号。

(2) 演示文稿插入设置

按样文【6-2B】,在第 2 张幻灯片中插入动作按钮,"后退或前一项"动作按钮链接到上一张幻灯片,"前进或下一项"动作按钮链接到下一张幻灯片。

(3) 设置幻灯片放映

① 设置第 1～4 张幻灯片的切换效果为盒状展开、速度为慢速,声音为鼓掌,并循环播放到下一声音开始时,换片方式为单击鼠标时。

② 设置第 3 张幻灯片标题文本为"强调"选项下的"陀螺旋"动画效果,数量为 360°顺时针,速度为快速,单击鼠标时启动动画。

③ 设置第 5 张幻灯片标题文本为"进入"选项下"飞入"的动画效果,方向为自左侧,速度为快速,按字/词发送,10％字/词之间延迟,单击鼠标时启动动画。

【样文 6-2A】

【样文 6-2B】

《六合县志、建置志卷三之七》桥渡篇记载,龙津桥(注:即今浮桥旧址处)在县治南城门外。
◆唐以前以石为之,成化志云,桥由十八拱垒石为之,有断石铭可验……值黄巢兵燹,桥废……
◆宋绍兴间,知县集相以水急建石不易,始造浮桥,又废。
◆明洪武元年,知县胡有源置渡船。永乐二年,知县胡铭惠仍造浮桥。成化五年,知县诏修整坚固。嘉靖十年,知县茅宰申请春年造船二只以易损坏。历经知县蔡备兴、董邦政、章世贞、李蕴修建,万历四十三年知县张启宗于南岸建楼三间,额曰:上游庆泽,从其西为耳楼,登焉可以眺远,后废。崇祯初知县谢命贲重造,丁丑毁于战火,历任知县仅行修理,后知县刘庆运复行捐体劝慕更制新船……

◀ ▶

3. 在 PowerPoint 中打开 A6.PPT,按如下要求进行操作。

(1) 设置页面格式

① 按样文【6-3A】,将所有幻灯片全部应用设计模板"Glass Layers"。

② 按样文【6-3A】,在第 1 张幻灯片中添加艺术字,艺术字样式设置为第 1 行第 1 列,艺术字字体设置为方正姚体,艺术字字号设置为 28 磅,艺术字字形设置为波形 1,艺术字填充颜色设置为黄色,艺术字线条颜色设置为白色。

③ 按样文【6-3B】,设置第 10 张幻灯片中文本占位符中的项目符号为◆,大小为文本的 105％。

④ 按样文【6-3B】,利用幻灯片母版视图设置除标题之外的所有幻灯片的页脚均为"加强师德师风责任心建设",并将字体设置为楷体。

（2）演示文稿插入设置

在第 1 张幻灯片中插入声音文件 C:\Win2010GJW\KSML3\KSWJ6-3B.MID，在单击时播放，循环播放。

（3）设置幻灯片放映

① 设置全部幻灯片切换效果为随机水平线条、速度为慢速、换片方式为单击鼠标时。

② 设置第 1 张幻灯片中的艺术字为"进入"选项下"弹跳"的动画效果，速度为中速，单击鼠标时启动动画。

③ 设置第 5、第 7、第 8 张幻灯片标题文本为"进入"选项下"飞入"的动画效果，方向为自顶部，速度为快速，按字/词发送，10％字/词之间延迟，单击鼠标时启动动画。

【样文 6-3A】

【样文 6-3B】

4. 在 PowerPoint 中打开 A6.PPT，按如下要求进行操作。

（1）设置页面格式

① 按样文【6-4A】，将所有幻灯片全部应用设计模板"Echo"。

② 按样文【6-4A】，将第 1 张幻灯片中标题字体设置为隶书、48 磅、深红色字体。

③ 按样文【6-4A】，在标题下占位符中的文本设置为楷体、加粗、20 磅、蓝色字体。

④ 按样文【6-4B】，在第 4 张幻灯片中插入图片 C:\Win2010GJW\KSML3\KSWJ6-4A.jpg。

（2）演示文稿插入设置

在第 1 张幻灯片中插入声音文件 C:\Win2010GJW\KSML3\KSWJ6-4B.MID，在单击时播放，循环播放。

（3）设置幻灯片放映

① 设置全部幻灯片切换效果为横向棋盘式、速度为中速，换片方式为单击鼠标时。

② 设置第 4 张幻灯片中的图片为"进入"选项下"飞入"的动画效果，速度为中速，方向自右下部，单击鼠标时启动动画。

③ 设置第 1 张幻灯片中标题下 2 行文本占位符为"进入"选项下"伸展"的动画效果,打字机的声音,方向自左侧,速度为慢速,动画文本按整批发送,单击鼠标时启动动画。

【样文 6-4A】

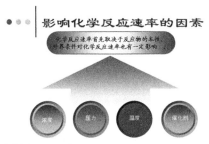

【样文 6-4B】

5. 在 PowerPoint 中打开 A6. PPT,按如下要求进行操作。

(1) 设置页面格式

① 按样文【6-5A】,将所有幻灯片全部应用设计模板"Fireworks"。

② 按样文【6-5A】,将第 1 张幻灯片中标题字体设置为幼圆、48 磅、加粗、黄色字体。

③ 按样文【6-5A】,在第 1 张幻灯片中的标题下面添加副标题"效果图片大全",并设置字体为隶书。

④ 按样文【6-5B】,在第 4 张幻灯片中插入图片 C:\Win2010GJW\KSML3\KSWJ6-5A. jpg。

(2) 演示文稿插入设置

按样文【6-5B】,在第 4 张幻灯片中插入动作按钮,"后退或前一项"动作按钮链接到上一张幻灯片,"前进或下一项"动作按钮链接到下一张幻灯片。

(3) 设置幻灯片放映

① 设置全部幻灯片切换效果为扇形展开、速度为慢速、换片方式为单击鼠标时。

② 设置第 3 张幻灯片中图片为"进入"选项下的"翻转式由远及近"的动画效果,速度为中速,单击鼠标时启动动画。

③ 设置第 1 张幻灯片中标题文本为"进入"选项下"飞入"的动画效果,方向为自右侧,速度为快速,按字/词发送,10％字/词之间延迟,打字机的声音,单击鼠标时启动动画。

【样文 6-5A】

【样文 6-5B】

6. 在 PowerPoint 中打开 A6. PPT, 按如下要求进行操作。

(1) 设置页面格式

将幻灯片背景全部应用 C:\Win2010GJW\KSML3\KSWJ6-6A. jpg, 忽略母版背景图形。

① 按样文【6-6A】, 设置第 1 张幻灯片中标题的文本格式为楷体、72 磅、粉红色字体。

② 按样文【6-6A】, 在第 1 张幻灯片中的标题下面添加副标题"——首推的八大景点", 并将字体设置为隶书、36 磅、白色字体。

③ 按样文【6-6B】, 在第 3 张幻灯片中插入图片 C:\Win2010GJW\KSML3\KSWJ6-6B. jpg。

(2) 演示文稿插入设置

按样文【6-6C】, 在第 2 张幻灯片中插入动作按钮, "后退或前一项"动作按钮链接到上一张幻灯片, "前进或下一项"动作按钮链接到下一张幻灯片, 并设置动作按钮的填充颜色为紫罗兰色, 线条颜色为黄色。

(3) 设置幻灯片放映

① 设置全部幻灯片切换效果为盒状收缩、速度为中速、换片方式为单击鼠标时。

② 设置第 3~5 张幻灯片中的图片为"进入"选项下"翻转式由远及近"的动画效果, 单击鼠标时启动动画。

③ 设置第 1 张幻灯片标题占位符中的文本为"进入"选项下"菱形"的动画效果, 速度为中速, 声音为照相机, 单击鼠标时启动动画。

【样文 6-6A】

【样文 6-6B】

【样文 6-6C】

7. 在 PowerPoint 中打开 A6.PPT,按如下要求进行操作。

(1) 设置页面格式

① 按样文【6-7A】,将第 1 张幻灯片中标题设置成艺术字:样式设置为第 4 行第 4 列,字体设置为方正姚体,字号设置为 60 磅。

② 按样文【6-7A】,在第 1 张幻灯片中的标题插入图片 C:\Win2010GJW\KSML3\KSWJ6-7B.jpg。

③ 按样文【6-7B】,将第 2 张幻灯片背景应用 C:\Win2010GJW\KSML3\KSWJ6-7A.jpg,忽略母版背景图形。

(2) 演示文稿插入设置

在第 1 张幻灯片中插入声音文件 C:\Win2010GJW\KSML3\KSWJ6-7C.MID,在单击时播放,循环播放。

(3) 设置幻灯片放映

① 设置全部幻灯片切换效果为从全黑淡出、速度为中速、换片方式为单击鼠标时。

② 设置第 1 张幻灯片中的艺术字为"强调"选项下的"放大/缩小"动画效果,速度为中速,单击鼠标时启动动画。

③ 设置第 2 张幻灯片中的文本占位符为"进入"选项下"飞入"的动画效果,方向为自左侧,速度为快速,按字/词发送,10％字/词之间延迟,打字机的声音,单击鼠标时启动动画。

【样文 6-7A】

【样文 6-7B】

附录　全国计算机信息技术考试大纲

办公软件应用模块(Windows XP)操作员等级考试大纲

第一单元　系统操作应用(10分)

(1) Windows 操作系统的基本应用:进入 Windows 和资源管理器,建立文件夹,复制文件,重命名文件。

(2) Windows 操作系统的简单设置:设置字体和输入法。

第二单元　文字录入与编辑(12分)

(1) 建立文档:在字表处理程序中,新建文档,并以指定的文件名保存至要求的文件夹中。

(2) 录入文档:录入汉字、字母、标点符号和特殊符号,并具有较高的准确率和一定的速度。

(3) 复制粘贴:复制现有文档内容,并粘贴至指定的文档和位置。

(4) 查找替换:查找现有文档的指定内容,并替换为不同的内容或格式。

第三单元　格式设置与编排(12分)

(1) 设置文档文字、字符格式:设置字体、字号、字形。

(2) 设置文档行、段格式:设置对齐方式、段落缩进、行距和段落间距。

(3) 拼写检查:利用拼写检查工具,检查并更正英文文档的错误单词。

(4) 设置项目符号或编号:为文档段落设置指定内容和格式的项目符号或编号。

第四单元　表格操作(10分)

(1) 创建表格并自动套用格式:在文档中插入指定行列的表格并使用自动套用格式功能设置表格。

(2) 表格行和列的操作:在表格中交换行和列,插入或删除行和列,设置行高和列宽。

(3) 表格的单元格修改:合并或拆分单元格。

(4) 设置表格格式:设置表格中内容的字体、字号、对齐方式等。

(5) 设置表格的边框线:设置表格中边框线的线型、线条粗细和表格内的斜线。

第五单元　版面的设置与编排(12分)

(1) 设置页面:设置文档的纸张大小、方向,页边距。

(2) 设置艺术字:设置艺术字的式样、形状、格式、阴影和三维效果。

(3) 设置文档的版面格式:为文档中指定的行或段落分栏,添加边框和底纹。

(4) 插入图片:按指定的位置、大小和环绕方式等,插入图片。

(5) 插入注释:为文档中指定的文字添加脚注、尾注。

(6) 设置页眉页码:为文档添加页眉(页脚),插入页码。

第六单元　工作簿操作(19分)

(1) 工作表的行、列操作:插入、删除、移动行或列,设置行高和列宽,移动单元格区域。

(2) 设置单元格格式:设置单元格或单元格区域的字体、字号、字形、字体颜色,底纹和边框线,对齐方式,数字格式。

（3）为工作表插入批注：为指定单元格添加批注。

（4）多工作表操作：将现有工作表复制到指定工作中，重命名工作表。

（5）工作表的打印设置：设置打印区域、打印标题。

（6）建立公式：利用建立公式程序建立指定的公式。

（7）建立图表：使用指定的数据建立指定类型的图表，并对图表进行必要的设置。

第七单元 电子表格中的数据处理（15 分）

（1）公式、函数的应用：应用公式或函数计算数据的总和、均值、最大值、最小值或指定的运算内容。

（2）数据的管理：对指定的数据排序、筛选、合并计算、分类汇总。

（3）数据分析：为指定的数据建立数据透视表。

第八单元 Microsoft Word 和 Microsoft Excel 的进阶应用（10 分）

（1）选择性粘贴：在字表处理程序中嵌入电子表格程序中的工作表对象。

（2）文本与表格间的相互转换：在字表处理程序中按要求将表格转换为文本，或将文本转换为表格。

（3）录制新宏：在字表处理程序或电子表格程序中，录制指定的宏。

（4）邮件合并：创建主控文档，获取并引用数据源，合并数据和文档。

参 考 文 献

［1］ 张福炎,孙志挥.大学计算机信息技术教程.南京:南京大学出版社,2005.

［2］ 建西,赵志勇.Office2003.北京:希望电子出版社,2005.

［3］ 赵美惠,计算机应用基础.北京:化学工业出版社,2009.

［4］ 赵树林,等.办公软件应用试题汇编.北京:科学出版社,2008.

［5］ 张建平.计算机应用基础教程.南京:东南大学出版社,2007.